教育部人文社会科学研究青年基金项目
（20YJCZH186）资助出版

聚落文化与空间遗产研究文丛

李晓峰 主编

社区营造视角下乡村聚落营建模式研究
——以长江中下游为例

Research on the Rural Settlement Construction Model from the Perspective of Community Empowerment: A Case Study of Middle-lower Yangtze Area

谢超 著

华中科技大学出版社
http://press.hust.edu.cn

中国·武汉

内 容 简 介

本书基于社区营造视角,从历时性角度重点梳理了我国不同时期乡村建设的重点及乡建模式的特征。同时,本书以重点调研的20个长江中下游村落为例,对共时性乡建模式的规律进行探索,根据不同案例之间及其要素之间的关联逻辑,提炼出乡建模式的基本特征,并结合营建主体、自然地理、产业经济、社会文化、环境景观、空间形态六要素,从有机整体的角度提出具有可操作性的乡村聚落营建的适宜模式和调适策略。

图书在版编目(CIP)数据

社区营造视角下乡村聚落营建模式研究 :以长江中下游为例/谢超著. 一武汉:华中科技大学出版社,2024.12
  ISBN 978-7-5680-7757-6

Ⅰ.①社… Ⅱ.①谢… Ⅲ.①长江中下游平原-乡村规划-研究 Ⅳ.①TU982.295

中国版本图书馆 CIP 数据核字(2021)第 239518 号

社区营造视角下乡村聚落营建模式研究——以长江中下游为例
Shequ Yingzao Shijiao Xia Xiangcun Juluo Yingjian Moshi Yanjiu 　　　　　　谢　超　著
——yi Chang Jiang Zhongxiayou Wei Li

责任编辑:王一洁
责任校对:刘小雨
封面设计:张　靖
责任监印:朱　玢
出版发行:华中科技大学出版社(中国•武汉)　　　电话:(027)81321913
　　　　　武汉市东湖新技术开发区华工科技园　　　邮编:430223
录　　排:华中科技大学惠友文印中心
印　　刷:武汉科源印刷设计有限公司
开　　本:710mm×1000mm　1/16
印　　张:18
字　　数:333千字
版　　次:2024 年 12 月第 1 版第 1 次印刷
定　　价:98.00 元

编写委员会

总　　序

聚落研究在中国建筑界越来越受到广泛关注,这是令人欣喜的。回想多年以前,当华中科技大学建筑与城市规划学院开设博士课程"聚落研究"的时候,还有朋友不甚理解,甚至质疑是否有必要开设这样一门课程。事实上,中国建筑学界关注聚落研究也是近 30 年才兴起的。随着学术界对聚落系统的认知加深,越来越多的建筑、规划及景观研究者从聚落研究的丰硕成果中获得重要启示。今天大概没人再怀疑聚落研究的意义了。

聚落是人居环境系统的一部分。广义理解,小到几户人家的村湾、庄寨,大到城镇、都市,均属聚落的不同形态。而我们惯常理解的聚落则是指县邑以下规模的住居的集聚,包括村庄、乡集与小城镇等。聚落因地理条件、人文背景及社会经济环境的不同而呈现出千差万别的形式特征,可以从不同的维度认知聚落。从地理环境的维度,可以认知与不同地理环境相适应的多种聚落类型,如山地聚落、平原聚落、高原窑居滨水聚落等;从社会环境的维度,可以认知血缘型聚落、业缘型聚落、地缘型聚落、宗教型聚落以及军防型聚落等;从空间的维度,可以探讨聚落的空间分布、聚落空间结构以及聚落内部的多样化空间场所与要素的特性;从时间的维度,还可以探讨聚落的历史变迁及其动因,可以关注传统聚落自古迄今的衍化过程,以及各历史时期呈现的不同的聚居文化品质。传统聚落具有数十年、数百年,甚至更长的历史,至今仍然是当地居民生活的家园,因此聚落实体与空间也成为人文及历史信息的沉淀集聚与物质载体。因而还可以从文化遗产的视角研究聚落。

我们这个研究团队关注聚落与乡土建筑研究也历经 20 余年。就本人来说,早在 20 世纪 80 年代留校任教初期,就对中国传统村落怀有极大兴趣。之后,从攻读硕士、博士学位的选题到所从事的教学研究方向,乡土建筑与聚落文化一直成为我研究工作的主轴。2001 年,我作为带队教师前往桂北三江、龙胜地区,开始对当地民居建筑进行专业测绘,由此对乡村聚落研究的认识得以加强。此后的每个暑期,我都会与学生们一起在乡间待上一二十天,亲手触摸、测量、记录那些弥足珍贵的传统聚落与乡土建筑。大江南北多个地区的县市村镇都留下了我们的汗水和足迹。这些基础测绘调查工作为此后系统进行聚落研究提供了丰富的样本。

2003—2012 年这 10 年间,这项工作已初见成果。随着调研资料的积累,我们发现关于乡土建筑和聚落的研究方法越来越重要,但国内建筑界尚无关于聚落研究理论与方法的系统性成果发表。这让我下决心在这方面做一些工作。欣慰的是,终于在 2005 年,我的《乡土建筑:跨学科研究理论与方法》一书作为全国高校建筑学与城市规划专业教材出版了。这大约是国内第一本引介乡土建筑及传统聚落研究理论的著述。与此同时,我们的研究团队陆续获得湖北省建设厅、湖北省文物局等政府机构和文化单位的支持,先后完成了湖北民居营建技艺抢救性研究(2005—2007 年)和峡江地区地面建筑(聚落与民居)现状、历史与保护研究(2008—2010 年)等重要课题,还完成相关传统村落保护与规划项目 20 余项,出版了《湖北建筑集粹——湖北传统民居》(2006 年)、《两湖民居》(2009 年)和《峡江民居》(2012 年)等著作。

在历史演变进程中,聚落形态变迁与聚落文化变迁及社会发展有着密不可分的关联。对聚落变迁现象及其动因以及作为历史信息载体的空间遗产的考察,一直是研究团队各项学术工作展开的主要路径。在研究团队的不懈努力下,我们先后获得了 3 项国家自然科学基金面上基金项目(汉江流域文化线路上的聚落形态变迁及其社会动力机制研究,批准号 51078158;明清江西—湖广—四川多元文化线路上的传统戏场及其衍化、传承与保护研究,批准号 51378230;多元文化传播视野下的皖—赣—湘—鄂地区民间书院衍化、传承与保护研究,批准号 51678257)和 1 项高等学校博士学科点专项科研基金(中部地区兼具地域性与时代性的村居环境营建模式及相关技术策略研究,批准号 20120142110009)的支持。这意味着探讨传统聚落实体和空间与历史和人文要素相关联的系列研究,在价值和意义两方面得到了同行专家的认可。从各项基金项目的特点来看,尽管研究的主题和目标各有侧重,但共同点也是很明显的:其一,系列课题多强调"文化线路"上的聚落文化关联研究,这是我们一直把持的一个重要线索和思路;其二,无论是关注聚落还是其中的戏场、书院等特殊的公共建筑类型,均可以多维空间遗产的视域进行探索;其三,聚落变迁与民间建筑文化传承和保护始终是我们关注和研究的重点。

在这一系列基金项目的支持下,我们团队的核心力量——多位博士、硕士,从研究方向、培养计划到项目实施与写作,都紧密围绕聚落文化与空间遗产的主题展开。自 2012 年至今,已有 10 位成员先后完成了他们的博士学位论文,从不同视角和维度拓展了这项研究的深度与广度。

张乾博士在长期田野调查与实地观测的基础上所进行的鄂东南传统聚落空间特征与气候适应性关联研究,是研究团队首篇较为系统的学术成果。以定性与定量相结合的研究使得聚落空间适应性探索有了新的突破,也是对聚落研究理论与方法体系的发展与完善。这种动态关联的研究思路,在研究团队之后的系列成果中都得到了较好的延续。

　　徐俊辉博士以明清时期汉水中游府、州、县治所城市聚落为研究对象,从城市空间形态的大、中、小三个尺度,对城镇体系的发展及其群组空间形态、治所城市空间形态分类及其要素特征和影响因素、两个典型复式治"城"的空间形态,以及三个典型功能性街区的空间形态进行研究,展现了汉水中游流域承载城市发展,并使城市之间发生紧密关联的独特河道地理与社会文化特征。**周彝馨**博士以西江流域高要地区移民村镇为研究对象,以"同构现象"为切入点,揭示并解读了西江流域聚落与自然和社会文化环境之间的"同构"关系及其深层原因,其提出的针对聚落空间形态的适应性研究,拓展了多从节能技术方向探讨建筑适应性的传统研究思路,从时空维度解读了聚落的防灾形态与"最优生存方式",针对自然灾害与人为灾害两方面的应对策略为当代聚落的形态更新提供理论依据,从新视角对乡土聚落进行了适应性发展策略研究。**方盈**博士以汉水下游江汉平原内河湖交错的地理自然环境特征为思考起点,综合本地区自明代始在社会经济历史发展中出现的"垸"这一关键要素,总结了以河湖环境中的堤垸格局为基本地理格局的聚落形态特征,从人地关系的角度考察了环境对聚落形态生成所产生的一系列影响,并揭示了水患影响下乡村聚落住居形态中建造传统和文化的缺失状态。**陈刚**博士从社会形态变迁的视角探讨了近代以来汉口的市镇空间与住居形态的转变,对近代以来汉口城市社会形态背景下的住居展开了系列研究,通过对住居"历史场景"的还原,推论住居类型的产生原因,力证有关多维度社会历时形态下不同住居模式的社会适应性的观点,揭示社会发展与住居形态变迁的互动关联。以上四位的研究同为针对聚落空间与社会文化关联特征进行的整体性探讨,对当代地域特征显著地区的城乡自然与人文环境互动发展具有重要的现实指导意义。围绕空间形态与社会文化关联性研究思路,亦有数位成员以个别建筑类型为题展开了系统研究。**邬胜兰**博士探讨了明清"湖广—四川"移民线路上的祠庙戏场从酬神到娱人的过程中祭祀与演剧空间形态的衍化,将研究对象从"戏台"转变为"戏场",对与之关联的民俗活动和地方戏剧等传统文化进行关联研究,注重物质和非物质文化遗产的双向关联,为建筑和文化的双重保护提供思路。**陈楠**博士以湘赣地区传统戏场为研究对象,讨论空间形态与其中产生的社会关系、活动内容和行为模式的对应关系;从戏曲表演的角度研究戏台形态特征与地方剧种表演形式的对应性关系,并结合戏曲人类学的观点,对戏场中的"神—人"的"看"与"被看"关系做了深层次的探讨。这两项研究格外关注建筑空间的使用者"人",不仅诠释了传统休闲文娱建筑研究的多维内涵,也有利于完善聚落文化与空间遗产的保护体系,提高保护层次。两位博士从多元文化线路的理念出发进行的传统戏场研究,突破了单一的研究区域,对传统戏场这一传统公共空间与戏曲这一传统文化艺术形式的关联性探讨,也使针对不同地域同一建筑空间类型形态特征的比对内容变得立体和丰富。此外,**罗兴姬**博士以传播学的视角,从会馆建筑的普遍性建筑特征和江西会馆的地域性特点双向角度切入,对明清江西会馆的建筑原型、类型和建筑形制进行了全面考察,以新的研究视角拓展了对江西地域文化的认识。

除在传统的建筑学领域展开研究之外,还有两位成员从跨学科背景出发探讨聚落,为全面而动态地理解聚落文化和空间遗产提供了新思路。**谢超**博士从社区营造的视角出发,以当代中国的"乡村聚落营建(以下简称为乡建)"为主题,归纳出不同时期乡村建设的重点以及其间所出现的各类乡建模式的特征,以长江中下游聚落营建的重点案例调查为据,在提炼共时性乡建模式类型的基本特征与关键要素的基础上,进行了模式的量化评价和比较分析,尝试建构适宜的营建模式和采取相应的策略,突破了以往乡村聚落营建的建筑学研究中注重"建"而忽视"营"的局限性。**陈茹**博士以长江中游传统聚落及其中的乡村公共建筑为研究对象,通过运用"语境-文本"的研究理念和方法建立聚落研究对象之间的逻辑关系,尝试揭示聚落中存在的由浅及深、内外关联、互动互生的基本运行规律,并提出应从一个更为宏观、综合的视角解读传统聚落的本质特征。

"聚落文化与空间遗产研究文丛"首批著述出版,既是对既往研究的一次检视,也是未来研究的一个新的起点。目前,我们的聚落研究工作仍在继续,并且有所拓展。不久的将来,还将有关于传统书院建筑的系列研究成果,以及由此拓展的中国建筑教育史、近代校园空间遗产的研究成果呈现。这一系列有关聚落公共建筑和空间问题的探索是聚落文化研究的重要切片,也是空间遗产研究的重要组成部分。

从事聚落研究的这 20 多年间,我个人的研究兴趣已悄然成长为整个研究团队的专研方向,作为指导教师,着实感到欣慰! 这 10 本著作呈现了围绕聚落空间和文化展开的多元的历史现实,其中不乏对人类聚居环境变迁与发展问题的深入思考。这些探索不仅揭示了传统聚落之于当代空间营建的意义,汇聚了有关建成环境的民间智慧,而且以一个个生动的案例解析了客观环境与聚落主体乃至更宏大的社会文化环境间的错综复杂的关系。

特别需要提出的是,"聚落文化与空间遗产研究文丛"系列成果能够完成,得益于华中科技大学文化遗产研究中心多位教授及相关老师多年来对我们研究团队的支持与帮助。一方面,前述相关研究的先期出版物,多是相关老师们与本人合作研究的成果,为这一系列博士著作的撰写奠定了良好的基础;另一方面,研究团队的每一位博士在读期间,无论是选题、调研,还是论文修改,直至答辩,都得到了诸位老师的指导。作为文丛的主编,在此对他们表示衷心感谢! 同时也对湖北省文物局、湖北省古建筑保护中心的领导与专家一直以来给予的大力支持表达我们的真诚谢意! 希望这套文丛的出版,能够展现内涵丰富的聚落研究体系的冰山一角,成为系统探讨聚落文化与空间遗产诸多课题的良好开端。期待日后有更多研究者因此而受益,在聚落研究这一经久不衰的课题方向上取得更丰硕、更卓越的成果。

李晓峰

2018 年春于喻园

序

或久无害,稍筑室宅,遂成聚落。

——《汉书·沟洫志》

据汉语字义:聚,汇聚也;落,居也,人所聚居之处。如此,"聚落"是一个复合词,谓聚居也。《辞源》云:聚落,犹云村落。

早期(约当旧石器时代)的人类居止无外乎穴居、巢寝,由于种植业的产生,方出洞、下地,筑室而居。由于人们的群体意识,乐于聚居,聚居者增多,便形成了聚落。聚落的规模自有大小不一。

聚落,属于人类的一种居止形态。由于地域的不同,种族、民俗、民情的差异,聚落既有其内涵,又有其特色,从而形成了聚落文化。

随着人类生活、生产方式的发展和演变,剩余产品的交换,贫富、阶级的出现,治道的必然,部落的争斗,以至于国家的建立,城与市的结合形成了城市,但聚落依然存在。

聚落,属于一种人类古老而又传统的居住形态,它的内涵和文化随着人类文明的进程不断演化。

聚落研究既涉及建筑史、城市史、文化史,又属于人类学、社会学范畴。人居环境的优化是人类的永恒追求,研究聚落的重要意义不言而喻。

当前,中国的"新农村建设"和"新型城镇化"正处于一片热潮中,面对"两新",中国的传统村镇——聚落竟被以日以数十计的速度予以铲除,也就是说,中国建筑文化实即中华文化最广泛又重要的载体面临湮没。

华中科技大学建筑与城市规划学院李晓峰教授有见及此,率领其博士科研团队,围绕其主持的 3 项国家自然科学基金项目和 1 项高等学校博士学科点专项科研基金项目,确立了"聚落文化与空间遗产研究"这一主题,经过了 12 年的艰辛努力(含广泛的田野实测、调研),始毕其功,凝铸成了这一文丛。

该文丛广涉不同的领域、不同的历史时段,贯通城乡,分列 10 个专题,系列完备,在中国聚落研究领域是一项创新型的系统工程,开辟了新的研究天地,不但具有较高的学术价值,且具现实意义。凡建筑学、城市学人,岂可错过。有关政府工作人员若因览阅本书而拨云见日,从而推动我国传统聚落遗产保护工作的开展,不亦幸乎。以为序。

2018 年 4 月 21 日

前　言

面对城市化进程所衍生的环境、就业、交通和住房等问题，"回归乡野，到乡村去"逐渐成为当前人们的向往和追求。然而那个"生于斯，长于斯"的乡村似乎已经回不去了，随之而来的却是与"文化乡愁"相伴而生的失落感。为了满足人们的寻根记忆与情感诉求，乡村营建成为一种最为应景的方式。学界开始转向乡建领域的研究，社会各界如火如荼地开展各类乡建实践，建筑师们也纷纷在此轮乡建热潮面前跃跃欲试，概莫能外。在这些"热"行动之前，亟待进行的是"冷"思考，进而厘清为何建、为谁建、谁来建、怎样建等关键问题。如果说城市化进程尚有章可循，那么当代乡建因其复杂性和特殊性则无范本可依。基于此，针对乡建模式的研究更像是在探寻一种乡村聚落营建的潜在逻辑和秩序，让人们能够按图索骥，找到适合各自村落特点的营建方式、策略和做法。

2008年著者开始关注乡村聚落的田野调查和研究，在工作中渐渐发现长江中下游聚落存在一定规律，希望能够找寻乡村聚落营建的特征、类型和模式。传统乡村是一个完整且复杂的社会系统，而当代乡村聚落的营建则是涉及这个系统各方面内容的时代命题，因其复杂性尚无统一范本以供遵循，由此也造成部分村落在营建过程中混乱无序的现状。

近年来，海峡两岸建筑学术交流不断深化，朱蔚怡[1]、侯新渠[1]、黄瑞茂[2]、黄声远[3]、吴光庭[4]等一批学者分享了台湾地区社区营造的相关理念和经验做法，引发著者将社区营造的理念与当代乡建进行关联研究的思考。因此，本书将社区营造作为研究的视角是出于对乡村聚落营建所涉及因素复杂性的综合考虑，立足于乡建的整体层面对社会、文化、经济、环境等要素与空间要素进行关联研究，通过建筑学与社会学、生态学等相关学科方法和理论的整合运用，尝试在乡村社会经济、乡

---

① 朱蔚怡，侯新渠. 谈谈社区营造（上）[M]. 北京：社会科学文献出版社，2015.

② 黄瑞茂. 社区营造在台湾[J]. 建筑学报，2013(4)：13-17.

③ 黄声远. 自在、活力、探索，连接乡野和城市的生活市集——宜兰西堤社福馆及屋桥[J]. 风景园林，2011(5)：54-56.

④ 吴光庭. 传统·本土·社区营造——1990之后台湾建筑/地景之变迁[J]. 世界建筑，2009(5)：16-21.

土资源、生活模式、文化观念与空间建造之间的诸多错综复杂的关联中寻求一种逻辑和秩序，探寻具有可操作性的营建模式和策略，为乡村的可持续营建提供参考依据。

本书围绕乡村聚落营建模式的研究分别从乡建模式的历史经验梳理与总结、社区营造相关理论延展、共时性乡建模式的分类与比较、适宜模式和调适策略的建构4个方面逐层推进。首先，本书通过文献资料梳理了清末时期至21世纪初期以来我国乡村建设的6个阶段，以时间为线索分别归纳不同时期乡村建设的重点及乡建模式的特征。历史各时期乡建模式的经验是开展当代乡村聚落营建模式研究的重要参照。其次，本书以建筑学与社会学相关理论为基础，结合系统论、自组织理论、公众参与理论、生态学理论，在援引并厘清社区营造的相关理念和指导思想的同时，将其应用到乡村营建的研究中，建立了社区营造视角下乡村聚落营建的评价体系。再次，本书以重点调研的20个长江中下游村落为例，对共时性乡建模式的规律进行分类探索。基于不同案例之间及其要素之间的关联逻辑，本书提炼出长江中下游乡建模式的基本特征，继而结合社区营造视角下的客观评价体系和村民的满意度调查结果对主要乡建模式进行量化评价和比较分析，并且归纳总结出5种典型模式的关键要素。最后，本书在模式比较的基础上，综合营建目标、营建阶段、基本路径、主要做法等内容对适宜模式进行建构，并以湖北龙马村、郑家山村、熊万隆湾为例加以论证，针对模式调适策略提出乡村聚落营建的6项整体层面的可持续性策略和10项空间层面的适宜性策略。

本书通过模式分类—模式比较—模式建构—模式调适的研究路径开创了乡建模式系统化研究的全新思路，并且力图将多学科方法理论、社区营造所涉及的理论和要素整合融入乡建模式的研究，研究成果能够为长江中下游的当代乡村聚落营建提供具有一定针对性的理论支撑和实践引导，同时对其他地区的乡建实践与研究也能提供参考。本书的研究仅为一孔之见，期待引发各界对乡建模式研究更广泛的关注和思考。

谢　超

2023 年 7 月于广州

目　　录

1 绪 论

1.1 研究的背景与缘起

1.1.1 乡村建设的背景

中国拥有悠久的乡土文明和农耕传统,传统中国社会是乡土性的[①],乡村因此构成了支撑中国社会结构和经济体制的基本面。然而,改革开放以来乡村社会的快速转型引发了农业生产、农民生活、土地利用等方面的剧变,让这个稳定的乡土社会结构受到强烈冲击,乡村由此陷入困境:城市空间的无序蔓延使生态环境遭到破坏,乡村生产要素向城市单向流动导致城乡二元格局愈演愈烈,人口大规模迁移造成地方归属感和群体性缺失等。乡村问题随之成为中国城镇化与现代化问题的核心。对此,中共中央在1982年至1986年连续五年发布以农业、农村和农民为主题的中央一号文件,对农村改革和农业发展作出部署,2004年起每年发布以"三农"为主题的中央一号文件,并针对乡村建设出台了多项政策和措施。

2005年10月,十六届五中全会在《中共中央关于制定国民经济和社会发展第十一个五年规划的建议》中提出"建设社会主义新农村"这一历史任务,要求各地乡村结合实际情况和村民意愿,达到"生产发展、生活宽裕、乡风文明、村容整洁、管理民主"的要求。随后,在政府自上而下的推动下,新农村建设在各地陆续开展,乡村风貌和居住条件得到一定改善,但由于缺乏可操作性的指导范本,在实施过程中出现了一些偏差。一方面,部分村民认为新农村建设属于政府工程,产生了"坐等靠要"的心理,缺乏主动参与意识;另一方面,部分地方政府将风貌整治作为新农村建设的主要目标,对农村产业发展、环境改善、地方文化发扬、公共服务提升和组织管理优化等方面有所忽视。

2012年11月,党的十八大报告提出"美丽中国"的概念,强调把生态文明建设放在突出地位,融入经济建设、政治建设、文化建设、社会建设各方面和全过程。美丽乡村建设正是实现美丽中国的重要内容。2015年6月1日,《美丽乡村建设指南》(GB/T 32000—2015)正式实施,为我国乡村建设提供指导性框架,也鼓励各乡

---

① 费孝通.乡土中国[M].北京:人民教育出版社,2021.

村结合资源禀赋进行创新发展。美丽乡村建设被认为是新农村建设的升级版,将生态文明建设融入新农村建设,从而实现宜居、宜业、宜游的目标,然而,在实践过程中也出现了村民主体缺位、缺乏整体和持续的计划、同质化建设等问题。

为解决城乡矛盾和"三农"问题,党的十八大报告提出坚持走中国特色新型工业化、信息化、城镇化、农业现代化道路[①]。新型城镇化重点强调人的"城镇化",在内涵上实现社会待遇的"平权化"、资源配置的"均衡化"、生态环境的"优质化"、地域空间的"差异化"、乡村生活的准"城镇化"[②],并强调规划建设与经济社会发展、地方文化和土地利用紧密结合[③]。与此同时,基于当代乡村建设和发展的问题,"乡村复兴"的系统概念应运而生。"乡村复兴"不仅注重物质空间层面的建设和整治,更重要的是还注重乡村产业、经济、社会、文化和管理等的重振。党的十九大报告提出乡村振兴战略,按照产业兴旺、生态宜居、乡风文明、治理有效、生活富裕的总要求,全面推动乡村振兴。在这些政策之下,针对乡村建设的实践和探索就成为时代命题。

随着乡建实践如火如荼地推进,为了避免过去因缺乏指引和参照所产生的建设问题,各地纷纷在实践经验的基础上探寻各自的乡村建设模式,如浙江省开展了对安吉模式、永嘉模式等一系列模式的探讨;江苏省推出了高淳模式、江宁模式等;湖北省开展了对乡贤带动的四位一体模式的探讨等。2014年,中国农业部(现农业农村部)科技教育司综合各地丰富的经验和案例,总结出产业发展型、生态保护型、城郊集约型、社会综治型、文化传承型、渔业开发型、草原牧场型、环境整治型、休闲旅游型、高效农业型10种美丽乡村的创建模式[④]。这些模式代表了不同类型的乡村在各自的资源、社会、经济、产业和文化等条件下开展乡村建设的路径。

"十三五"以来,随着工业化、城镇化发展和乡村建设的加速推进,城乡资源与人口的频繁流动为乡村城镇化带来了契机。"十四五"时期提出优先发展农业、农村,全面推进乡村振兴,乡村迎来新的转型和发展趋势,乡村建设再度回归大众视野。政府、企业、NGO[⑤]和建筑师等纷纷投身各类乡建实践,乡村建设由此进入一

---

① 资料来源:http://theory.people.com.cn/n/2013/0715/c40531-22204737.html。
② 周彦国,钱振水,王娜."新型城镇化"的概念与特征解读[J].规划师,2013(A2):5-7.
③ 宋春华.新型城镇化背景下的城市规划与建筑设计[J].建筑学报,2015(2):1-4.
④ 资料来源:http://www.moa.gov.cn/。
⑤ NGO 是英文"non-government organization"一词的缩写,是指在特定法律系统下,不被视为政府部门的协会、社团、基金会、慈善信托、非营利公司或其他法人,是不以营利为目的的非政府组织,强调志愿精神。

个寻求乡村自身需求的崭新阶段[①]。在这个阶段，乡建模式的探索对于推动乡村的可持续发展尤为必要，将乡村营建过程中的基本特征和规律总结成模式，可为各地的乡村建设提供有效的参考和借鉴。

1.1.2　问题的提出

近年来，随着以城带乡机制的建立，乡村的本源价值逐渐显现。然而，乡村的生产力水平、公共设施建设水平、总体发展程度等相对城市较低，并长期处于一种封闭、内部竞争机制失衡的状态。因此，在快速工业化和城镇化的背后，乡村的发展和建设出现了一系列问题。

1.1.2.1　乡村的衰败与异化

在城乡二元结构背景下，当代乡村出现了被动和主动两种蜕变路径。第一种表现为乡村衰败，即"空心村"和"空废化[②]"的普遍现象。由于城市的吸附作用，乡村原有的自组织结构被打乱，而传统农耕的逐步弱化进一步造成乡村土地、资金、青壮年劳动力等生产要素的流失。第二种表现为乡村异化，此类乡村多套用城市的规划方式进行村落空间布局，于是"兵营式"乡村比比皆是。此类乡村虽然在行政和产权上属于乡村，但在产业发展、土地利用、建筑形式等方面却是"城市样式"，本质上是工业化驱动下异化的"超级村庄"[③]。

1.1.2.2　乡建实践的混乱与无序

当前大规模的乡建实践在一定程度上激发了乡村活力，改善了村民的居住现状，但也存在诸多问题。一类实践受过度追求城乡建设用地增减挂钩的影响，在建设过程中出现违背村民意愿（如村民被迫进城、"上楼"）的现象，致使涉农政策无法回馈村民主体。另一类实践是在普遍推行的乡村人居环境整治工程中偏重于道路交通、环境卫生和通信设施等乡村表层建设，未建立深层次的动力机制和"造血"功能。这两类实践都造成了乡村风貌的混乱与无序。

1.1.2.3　乡村主体意识的缺位

村民是乡村生活的主体，也是乡村建设的核心动力。村民根据生产生活的实

①　唐军，钱慧逸.谁的乡愁？谁的乡村？——乡村建设热潮和一个县域样本的观察与思考[J].新建筑，2015(1)：12-16.

②　雷振东.整合与重构：关中乡村聚落转型研究[M].南京：东南大学出版社，2009.

③　折晓叶，陈婴婴.社区的实践："超级村庄"的发展历程[M].杭州：浙江人民出版社，2000.

际需求进行自主建设是一种价值观和主体意识的体现,能够让乡村建设更具意义和活力。然而,政府自上而下的统筹建设改变了乡村传统的建设方式,村民的主体意识逐渐被忽视。但是,村民的主体性对于乡村的可持续营建至关重要。

1.1.2.4 地域文化的瓦解

地域文化是在特定地域内发端、流行并历经长期积淀形成的地方文化,包含物质文化和非物质文化,是物质文明、精神文明及生态文明的总和①。乡村地域文化是对农耕文明和历史传统的记忆,然而,在乡建实践中存在一些急功近利的做法,侧重物质空间的建设而忽视地域文化的传承,造成"千村一面"和异国风貌在乡村涌现的现象,乡村地域文化由此陷入传承危机和瓦解境地。在全球化浪潮冲击下,地域文化的价值和内涵也在逐渐消解。

1.1.2.5 土地资源的空废

由于村民外迁及新建住宅不断向村落外缘扩张,乡村聚落内部的中心区域逐步荒废,乡村土地的利用呈现出整体松散的格局,"空心村"由此形成。与此同时,乡村住宅之外的公共建筑、传统农业生产用房等设施不可避免地被闲置,造成乡村资源和土地的大量空废。

1.1.2.6 产业发展的局限

乡村产业在总体上以农业为主,但传统农业的产出效率、科技水平和产业链相较高效的现代农业产业存在差距。其中,种植业的规模和辐射面较小;养殖业仍以初级农产品为主,缺乏龙头企业的带动和品牌效应;不够健全的市场服务体系导致产业发展受到限制。各地往往依赖"输血"式的产业扶持,缺乏三产融合的"造血"式产业,乡村产业发展遭遇瓶颈。

1.1.2.7 居住环境的恶化

乡村聚落空间形态是人与自然环境相互适应和长期作用的结果。当代乡村建设过于注重速度和效率,导致环境问题凸显。虽然"填池挖山"的方式曾获得大量的建设用地,但对环境造成了不可逆的破坏,而乡村工业的发展加重了对空气、水、土壤的污染,进而造成乡村居住环境恶化。

1.1.2.8 空间形态的无根

不同的社会背景、经济水平、区域环境和文化观念决定了乡村独特的空间形

---

① 曹云,周冠辰.城镇化进程中乡土文化的保护困境与有效传承策略[J].现代城市研究,2013(6):31-34.

态,空间所呈现的地域性特征蕴藏着传统和地方文化。然而,当代乡村建设出现了"照搬城市模式"和"复制传统民居"等误区,导致建筑形态的趋同及乡村空间形态的无根。

乡村面临诸多问题,无论是乡村现状、乡建实践等整体层面的问题,还是主体、文化、土地、产业、环境和空间等具体层面的问题,其解决都刻不容缓。因此,亟待进一步进行如下思考:①在快速工业化与城镇化的进程中,城乡人口流动与经济社会发展要素交互作用下,乡村该如何利用资源优势,对社会文化、产业经济、环境景观、空间形态等方面进行整体性的模式建构;②能否充分发挥村民的主体作用,超越乡村物质空间的营建,找到具有价值回归、社会认同、自身"造血"功能的乡村可持续营建方式;③中国现阶段的乡村存在社会经济差异大、发展不平衡的现象,能否找到不同区域范围内乡村营建的共性规律和个性特征;④如果将长江视为一条社会历史发展的形态线索,长江中下游地区正处于工业化时期甚至后工业化时期[①],具有开展乡村建设的时间较早、成果与类型丰富等特征,那么该地区当代乡村的营建是否存在一定的逻辑、规律、秩序与模式;⑤通过对乡建模式的引导,能否实现村民认同、参与、乐业、安居的目标。鉴于以上问题的迫切性和重要性,开展关于长江中下游乡村聚落营建模式的探讨是非常必要的。

1.2　国内外相关研究综述

乡村聚落的相关研究涉及多个学科,从不同学科视角切入能够深入了解乡村聚落研究的现状和发展方向,而对国内外相关理论与实践的研究可以获知前沿学术动态和国际实践结果。在此基础上开展乡村聚落营建模式研究,其成果将具有现实意义和多学科交叉的理论意义。

根据中国知网文献指数统计,2000年以来,关于"乡村聚落"和"乡村建设"的发文量整体呈现上升趋势,尤其在2005—2007年、2012—2013年出现两次大幅度增长(图1-1),而这两个时间段恰好是新农村建设和美丽乡村建设推行的开创时期。这一方面说明关于乡村聚落的研究与政府相关政策出台的时代背景紧密相关;另一方面说明从整体趋势来看,乡村聚落及乡村建设的相关研究将持续成为学界和业界关注的热点。另外,从学科覆盖的角度来看,针对"乡村聚落"的相关研究

---

① 王冬.族群、社群与乡村聚落营造——以云南少数民族村落为例[M].北京:中国建筑工业出版社,2013.

中,建筑科学与工程类占 56.5%,社会学及统计学类占 9.4%,旅游类占 8.5%,农业经济类占 7.8%。而针对"乡村建设"的相关研究中,建筑科学与工程类占 12.0%,社会学及统计学类占 4.0%,旅游类占 8.6%,农业经济类占 35.0%(图1-2)。从数据统计中可以看出,乡村聚落和乡村建设的相关研究涉及多个学科,其中建筑学及相关学科领域的研究成果占有较大比重。相较于乡村聚落的研究,乡村建设的研究呈现逐渐上升的趋势,具有更大的研究空间。

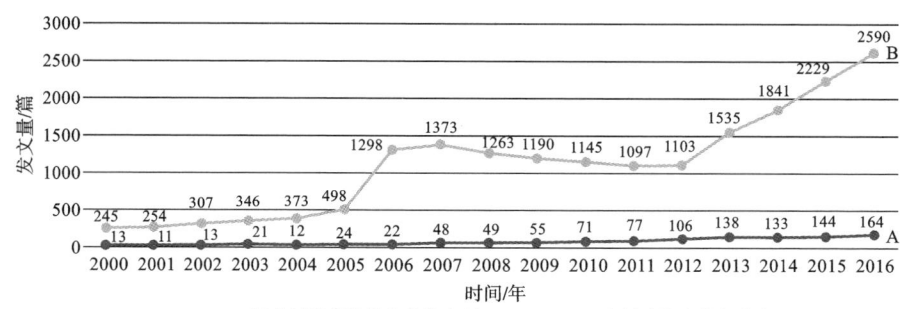

图 1-1　以"乡村聚落"和"乡村建设"为篇名检索数据统计示意图①

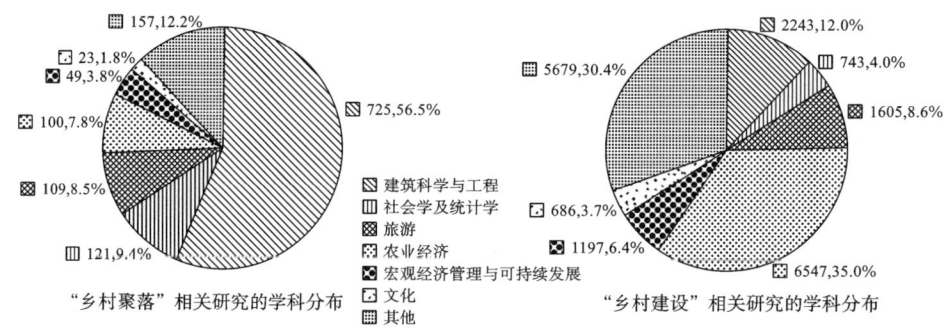

图 1-2　关于"乡村聚落"和"乡村建设"研究的学科分布示意图②

多学科交叉的整合研究作为一种研究思路不断应用于乡村聚落及乡村建设的相关研究中。建筑学科结合社会学、地理学、传播学、人类学、生态学等学科视角观察乡村聚落,深入挖掘聚落的自然地理和社会文化资源,探寻聚落变迁、衍化和更新的规律,这些研究成果呈现出全面综合的趋势。国内不乏学者从多学科视角切

---

① 本书图表未注明来源的均为著者自摄或自绘。

② 检索数据统计截至 2017 年 9 月 9 日。

入对乡村聚落的研究。李晓峰在《乡土建筑——跨学科研究理论与方法》(2005)中,分别从社会学、人文地理学、传播学及生态学等多维学科的理论视野,系统性地提出乡村聚落与乡土建筑的研究方法[①]。浦欣成从生态学、地理学、考古学、历史学、人类学与社会学的角度对目前乡村聚落的研究成果进行系统梳理[②]。此外,不少学者从跨学科的视角对乡村聚落及其建设的具体层面进行研究。李贺楠从文化生态学的视角探讨农村聚落分布与形态变迁的特征和规律[③]。朱炜从地理学的角度切入自然环境与聚落的互动关系,探寻乡村聚落建设的方法和理论[④]。黄丽坤借鉴文化人类学的相关理论,建立多层级的乡村营建策略体系[⑤]。

1.2.1　多学科整合视角下的乡村聚落研究

从建筑学科领域出发,乡村聚落的研究涉及共时性构成形态和历时性发展保护两方面。一方面,共时性的聚落构成与形态解析研究通常从村落的历史文化、自然地理和社会经济等宏观背景开始,然后开展聚落选址、组团结构和街巷格局等中观层面的分析,最后进行公共建筑和典型民居形制、构造和材料等微观内容的解析,从而形成从整体空间到局部形态的系统研究[⑥]。另一方面,历时性的聚落发展变迁与保护更新研究,需要将建筑学与社会学、历史学、地理学、人类学等学科进行交叉整合,属于乡村聚落研究的新领域[⑦]。

1.2.1.1　建筑学科范畴内的乡村聚落研究

(1)乡土建筑单体与聚落物质形态的研究

从建筑学学科本体出发的乡村聚落研究始于对乡土建筑单体的研究。以梁思成、刘敦桢等为代表的营造学社自 20 世纪 30 年代起,对四川、云南等地区的传统建筑进行测绘调查工作,成为中国乡土建筑研究的开端和基础[①]。随后,学者们广泛开展了民居建筑的测绘调查工作,包括平面布置、平面类型、构造做法和材料等研究内容。这一时期的研究主要集中于民居建筑的调查方面。

20 世纪 80 年代,乡土建筑研究在深度和广度上均有所拓展,研究对象以地方

①　李晓峰.乡土建筑——跨学科研究理论与方法[M].北京:中国建筑工业出版社,2005.
②　浦欣成.传统乡村聚落二维平面整体形态的量化方法研究[D].杭州:浙江大学,2012.
③　李贺楠.中国古代农村聚落区域分布与形态变迁规律性研究[D].天津:天津大学,2006.
④　朱炜.基于地理学视角的浙北乡村聚落空间研究[D].杭州:浙江大学,2009.
⑤　黄丽坤.基于文化人类学视角的乡村营建策略与方法研究[D].杭州:浙江大学,2015.
⑥　刘伟.城固县上元观古镇聚落形态演变初探[D].西安:西安建筑科技大学,2006.
⑦　刘致平.中国建筑类型及结构[M].3 版.北京:中国建筑工业出版社,2000.

民居为主,代表性研究成果有《丽江纳西族民居》(朱良文,1988)、《广东民居》(陆元鼎等,1990)等。1989 年,以陈志华[①]、楼庆西、李秋香为代表的乡土建筑研究组开始了乡土建筑与乡村聚落的调查研究,将建筑置于乡村聚落的社会、历史和文化环境中,探讨这些因素与聚落之间的互动关系,进而使得研究成果更为综合与系统,代表性研究成果有《诸葛村》等。

20 世纪 90 年代,研究对象由乡土建筑逐渐向乡村聚落层面转换,多元化的思潮带来了多维研究视野,研究的理论和方法逐渐受到重视。张玉坤关注聚落的自然和社会属性,提出聚落具有生物、经济、政治和文化等多重属性的观点,并探讨了聚落与住居单体的关联性[②]。常青关注建筑人类学、风土建筑与聚落的研究[③]。蒋高宸和杨大禹等通过对云南地区乡土建筑与聚落的个案研究,建立了云南地域文化特征影响下的民族住屋研究体系[④][⑤]。

2000 年以来,学界关注乡土建筑与乡村聚落研究中新理论和新方法的运用,围绕本源探索、乡土再生和绿色更新等主题,从多学科交叉的视角展开综合性研究。

(2)乡村聚落物质形态结合非物质形态的研究

彭一刚认为地区气候、地形、文化习俗和宗教信仰等因素决定了村镇聚落景观的基本特征[⑥]。陆元鼎和吴庆洲[⑦]开启了借鉴人类学、社会学等学科理论,并将其运用到岭南乡土建筑与聚落研究中的新局面,对建筑和聚落的关注延伸至族群发展、社会组织结构、家族关系、社会生产和宗教意识的相互关系等方面。赵群、刘加平对黄土高原绿色建筑体系与基本聚居单位模式进行了理论与实践的研究,以此探讨地域基因的概念[⑧]。李立以江南地区为对象,提炼了乡村聚落形态的内涵与特征,并以乡村变迁发展为脉络,深入探讨聚落发展演化的动力机制及乡村聚落的研究方法[⑨]。魏秦从整体的自然、经济、社会文化等多维动态的视角探讨了聚落系

① 陈志华.乡土建筑研究提纲——以聚落研究为例[J].建筑师,1998(4):43-49.
② 张玉坤.聚落·住宅——居住空间论[D].天津:天津大学,1996.
③ 常青.建筑人类学发凡[J].建筑学报,1992(5):39-43.
④ 蒋高宸.云南民族住屋文化[M].昆明:云南大学出版社,1997.
⑤ 杨大禹.云南少数民族住屋——形式与文化研究[M].天津:天津大学出版社,1997.
⑥ 彭一刚.传统村镇聚落景观分析[M].北京:中国建筑工业出版社,1992.
⑦ 吴庆洲.客家民居意象研究[J].建筑学报,1998(4):57-58,75.
⑧ 赵群,刘加平.地域建筑文化的延续和发展——简析传统民居的可持续发展[J].新建筑,2003(2):24-25.
⑨ 李立.乡村聚落:形态、类型与演变——以江南地区为例[M].南京:东南大学出版社,2007.

统的整体构成关系①。林志森将社区结构研究视为一种传统聚落的认知方法,探讨了社会空间与聚落形态之间的关联与互动规律②。张楠将聚落形态视为社会结构的表征,将人的社会结构也物化为聚落形态,从"社会—空间"角度解读传统聚落形态③。雷振东根据"空废化"的现状分析,提出乡村聚落现代转型过程中整合与重构的理念和对策④。张乾立足于生态学的相关理念,将聚落的空间特征与气候适应性进行关联研究,以此建构具有地域特征的聚落范式⑤。周彝馨基于乡村聚落中的同构现象,分别从自然环境和社会文化环境的角度切入移民聚落空间形态的探讨⑥。

（3）乡村主体及乡村聚落研究的新方法和新方向

段进、董卫、高峰等运用拓扑等数学理论,在传统聚落环境中关注空间结构形态,运用地理信息系统分析传统村落保护规划,这类科学技术手段也被逐渐运用到对乡村的各项研究中⑦⑧⑨。浦欣成借鉴景观生态学、分形几何学、计算机辅助编程及数理统计的方法,对乡村聚落进行科学量化研究,建立了乡村聚落平面形态的量化方法⑩。

随着乡建热潮的来袭,乡村聚落营建的相关研究逐渐成为学界关注的重点。王竹等多年来专注于长江三角洲地区乡村聚落的营建体系和建造模式的研究,主要围绕浙江地区的乡村聚落积累了丰富的实践经验和理论成果⑪⑫。王冬阐述了传统"族群"式微并逐渐演变到当代"社群"组织的过程,并从社会与技术层面探讨

① 魏秦.黄土高原人居环境营建体系的理论与实践研究[D].杭州:浙江大学,2008.

② 林志森.基于社区结构的传统聚落形态研究[D].天津:天津大学,2009.

③ 张楠.作为社会结构表征的中国传统聚落形态研究[D].天津:天津大学,2010.

④ 雷振东.整合与重构:关中乡村聚落转型研究[M].南京:东南大学出版社,2009.

⑤ 张乾.聚落空间特征与气候适应性的关联研究:以鄂东南地区为例[D].武汉:华中科技大学,2012.

⑥ 周彝馨.移民聚落空间形态适应性研究:以西江流域高要地区移民村镇为例[D].武汉:华中科技大学,2013.

⑦ 段进,季松,王海宁.城镇空间解析:太湖流域古镇空间结构与形态[M].北京:中国建筑工业出版社,2002.

⑧ 董卫.一座传统村落的前世今生——新技术、保护概念与乐清南阁村保护规划的关联性[J].建筑师,2005(3):94-99.

⑨ 高峰."空间句法"在传统村落外部空间系统分析中的应用——以徽州南屏村为例[D].南京:东南大学,2004.

⑩ 浦欣成.传统乡村聚落二维平面整体形态的量化方法研究[D].杭州:浙江大学,2012.

⑪ 王竹,范理杨,陈宗炎.新乡村"生态人居"模式研究——以中国江南地区乡村为例[J].建筑学报,2011(4):22-26.

⑫ 王竹,钱振澜.乡村人居环境有机更新理念与策略[J].西部人居环境学刊,2015(2):15-19.

了乡村聚落营造的模式、策略和方法①。此外,王冬等剖析村民、政府与建筑师等主体之间的关系,进而从社会关系的视角探讨了村落建造共同体的建立及建筑师在乡村社区营造中的角色与作用②③④。王韬建立了村民主体认知视角下的研究框架,并尝试梳理乡村聚落营建与村民主体认知之间的关系⑤。

当前大陆与台湾地区之间学术交流频繁,社区营造作为台湾地区的一种普遍性做法,为大陆的乡建研究提供了一种新的思路和方向。龚恺分别对都会型和乡村型社区营造案例进行分析,从中获知台湾地区社区营造的工作重点和方法⑥。丁康乐等对台湾地区社区营造进行全面剖析,包括发展阶段、内容、机制与困境等方面,并明确大陆社区规划应以社区的可持续发展为目标⑦。黄璐通过对社区营造相关理论的认知和运用,提炼出古村落的营造策略⑧。周颖从社区营造理念出发,建立了具有社区营造特征的乡建机制与研究框架⑨。诸多学者的相关研究夯实了社区营造在地化延展的基础。

1.2.1.2　社会学视角下的乡村聚落研究

社会学的研究内容既包括宏观层面的社会系统与环境变迁,又包括微观层面的个体与群体之间的关联互动。在乡村社会的整体结构中,社会经济关系是核心,观念形态是基础,建筑形态则为表层。因此,社会学为乡村聚落及乡村营建的研究提供了理论依据和方法论基础。

苏格兰学者盖迪斯(P. Geddes)最早将社会学运用于人类聚居环境的研究。美国学者盖尔平(C. Galpin)和吉勒特(G. M. Gillette)对 1937 年美国农村社会学会的成立影响深远,其后相关研究不断发展,研究范围扩大至世界各地。

从总体上看,中国针对乡村聚落的社会学研究起源于 20 世纪 20—30 年代,成长于 20 世纪 30—40 年代,重塑于 20 世纪 80 年代。初期研究成果有陈翰笙的《广东农村生产关系与生产力》(1935)。20 世纪 30 年代,以晏阳初、梁漱溟等为代表

---

① 王冬.族群、社群与乡村聚落营造——以云南少数民族村落为例[M].北京:中国建筑工业出版社,2013.

② 王冬.乡村社区营造与当下中国建筑学的改良[J].建筑学报,2012(11):98-101.

③ 苏月,王冬.景迈乡土风貌营造——斡旋于村民与政府之间的反思[J].华中建筑,2015,33(2):153-157.

④ 王冬,施红."三"村论道——从"大曼糯"到"纳卡"到"洛特"[J].西部人居环境学刊,2015(2):20-24.

⑤ 王韬.村民主体认知视角下乡村聚落营建的策略与方法研究[D].杭州:浙江大学,2014.

⑥ 龚恺.随风潜入夜,润物细无声——台湾地区的社区营造[J].建筑与文化,2013(7):8-15.

⑦ 丁康乐,黄丽玲,郑卫.台湾地区社区营造探析[J].浙江大学学报(理学版),2013,40(6):716-725.

⑧ 黄璐.社区营造视角下的梅州客家古村落保护与更新策略研究[D].广州:华南理工大学,2012.

⑨ 周颖.社区营造理念下的乡村建设机制初探——基于三个乡村建设案例[D].重庆:重庆大学,2016.

开展的乡村建设运动是一次大规模实验。晏阳初等创建的中华平民教育促进会在河北定县开展实验,梁漱溟则领导乡村建设研究院在山东邹平进行实验探索,尝试以乡村改良和重建来解决中国的社会问题。20 世纪 30 年代末至 40 年代,吴景超、吴文藻、费孝通和林耀华等致力于探索社会学的中国化。吴文藻运用社区调查和功能学派的方法进行社区研究。1939 年费孝通基于其博士论文出版的《江村经济》以功能主义为纲,通过局内观察法进行了长时间的田野调查,呈现出江村内部的经济体系与特定地理环境,细致描述了经济和地理环境与社区社会结构之间的交错关系。此阶段的研究成果还包括费孝通的《乡土中国》(1948)和林耀华的《金翼》(1948)等。早期的乡村社会学研究围绕乡村聚落的实证分析展开,并以乡村社会结构为主要研究内容。

20 世纪 80 年代以来,乡村社会变迁的不断加剧引起人类学家与社会学家的广泛关注。其中,最具代表性的乡村社会学研究成果是黄宗智的《华北的小农经济与社会变迁》和《长江三角洲小农家庭与乡村发展》。陆学艺、王晓毅、郑杭生、唐军、贺雪峰等学者相继开展了对中国农村社会组织、权力关系等问题的深入调研和探讨[①],他们的学术思想大致分为以下几种:一是以林毅夫为代表的"公共投入与拉动内需"说;二是以温铁军为代表的"农民合作"说;三是以贺雪峰为代表的"农民福利"说等。这些成果从不同角度丰富了中国乡村社会研究的内容。

将乡村视为由多个要素构成的复杂系统是乡村社会学研究的主要观点,相关研究主要关注社会结构组织等要素之间的关系,以此探讨乡村社会发展变迁的规律,研究内容包括乡村社会结构、土地问题、人口流动、居住模式和社会生活的互动、生活方式与居住形态的转换等[②]。李捷阐述了社会结构的转型是乡村聚落形态变迁的重要因素,并将社会结构分为政治、经济、文化三个子系统进行乡村聚落形态变迁的分析[③]。范霄鹏论述了乡村的凋敝与乡村社会的变迁有密切关联,物质空间的建造要与社会组织建设相对应才能更加有效和持续[④]。

乡村经济的研究主要围绕乡村工业化展开,重点探索乡村经济的结构、体制、运行机制和发展状况等内容,相关研究成果有《中国农村工业:结构、发展与改革》(林青松等,1989)等。由于乡村经济的多样化特征,乡村发展也呈现出多元模式,

① 林志森.基于社区结构的传统聚落形态研究[D].天津:天津大学,2009.

② 李贺楠.中国古代农村聚落区域分布与形态变迁规律性研究[D].天津:天津大学,2006.

③ 李捷.社会结构因素影响下乡村聚落形态初探:以改革开放后的苏南地区为例[D].天津:天津大学,2008.

④ 范霄鹏.社会组织:乡村规划及乡村建设的基础[J].西部人居环境学刊,2016,31(2):18-22.

相关研究成果包括《中国农村区域经济模式比较研究》(陆立军,1989)、《苏南模式发展研究》(朱通华等,1994)等。近年来,乡村农业产业发展与乡村聚落的关联研究备受学界关注,姚尚远以农业产业资源的利用效率为导向,建构当代乡村聚落布点的系统方法[①]。靳亦冰探寻农业发展与乡村聚落营建之间的相互关系,进一步揭示不同阶段的农业发展过程中聚落形态演进的动力机制[②]。吴雷等通过思辨乡村聚落与乡村产业的关系,提出乡村产业发展的策略与乡村规划的方法[③]。

综上所述,社会学视野下的乡村聚落研究主要体现在以下方面:一是对乡村社会结构要素的研究,即对乡村社会的构成要素及其状态进行研究,并关注各要素之间的相互作用和影响;二是对乡村社会发展和变迁的研究,即对社会结构中各要素发展变化的过程与结果的研究,通过对乡村社会流动、分化以及问题的研究,探寻人与群体之间冲突与适应的互动过程,以此阐释乡村社会的演化和变迁;三是对乡村社会管理的研究,乡村社会管理是对乡村社会各要素之间关系的组织与协调。为保证乡村社会生活的正常发展,研究还包括乡村社会制度和社会保障等内容。

1.2.1.3　文化人类学视角下的乡村文化研究

文化人类学是人类学中对社会和文化现象进行描述、分析和阐释异同的分支学科[④]。它关注人类的文化现象,比如不同文化人群的行为方式与思维模式。1901年,美国学者霍尔姆斯(W. H. Holmes)首次提出文化人类学这个术语。随后,摩尔根(L. H. Morgan)在对印第安人家室生活的研究中将文化人类学与建筑进行关联,提出"人类空间关系学",聚落和住宅的形成与发展问题作为研究对象开始被文化人类学领域关注[⑤]。

从文化人类学出发的乡村聚落研究既关注聚落空间形态的静态分析,也关注乡村变迁的过程与动力要素。近年来相关研究成果还包括《文化的适应和变迁:四川羌村调查》(徐平,2006)、《乡村社会权力和文化结构的变迁》(张鸣,2008)、《乡村文化与新农村建设》(李小云、赵旭东、叶敬忠,2008)等。这些成果从不同角度探讨

---

①　姚尚远.农业产业结构调整下的当代乡村聚落布点研究——以江汉平原地区为例[D].北京:北京建筑工程学院,2012.

②　靳亦冰.农业转型视角下西北旱作区传统乡村聚落更新营建模式研究[D].西安:西安建筑科技大学,2013.

③　吴雷,雷振东.基于产业发展的西部欠发达乡村规划设计研究——以青海省洪水泉村为例[J].华中建筑,2015,33(5):72-76.

④　科塔克.人类学:人类多样性的探索[M].黄剑波,方静文,等译.12版.北京:中国人民大学出版社,2012.

⑤　王绚.传统堡寨聚落研究——兼以秦晋地区为例[D].天津:天津大学,2004.

了乡村文化的变迁过程以及文化建设的方法。

在文化人类学的研究基础上,常青提出的建筑人类学为建筑学相关研究提供了新的理论途径。他系统阐述了建筑人类学的概念、意义及其与当代建筑思潮的关系[1][2]。张晓春从文化习俗与建筑、文化模式与建筑模式的关系角度展开论述[3]。田长青、柳肃认为传统家族制度是一种制度文化,进而分析了家族制度与乡村聚落格局之间的关联和影响[4]。唐亮基于村民社会生活方式与规律进行深入调查,找寻聚落空间形态与社会生活形态各要素之间的投射关系[5]。

人类学的认识论和方法论中所包含的适应观和整体观对乡村聚落营建研究具有重要启发作用。适应观强调人与环境之间的和谐关系,包括通过改变生活方式等相关文化特征实现人与自然及社会环境的协调共生。人类学学者哈里斯(M. Harris)从方法论、功能主义、综合性以及过程角度对整体观进行阐释,明确了整体观作为人类学研究的基本立场和观察方法,应关注局部和整体的有机结合(亦即应考察社会的各方面),同时应关注群体、文化的形成演化及起因分化等内容[6]。

1.2.1.4 地理学视角下的乡村人地关系研究

地理学较早涉及乡村聚落的研究。聚落地理学是揭示聚落的形成机理和地域特征的学科,其中的人地关系理论和地域空间理论关注聚落的形成、发展和分布规律,以此展开乡村聚落空间关系的研究,对于观察分析乡村聚落空间形态具有重要的借鉴意义。

德国学者科尔最早针对乡村聚落进行系统性的地理研究,其著作《人类交通居住与地形的关系》(1841)针对不同类型村落进行梳理归纳,对区位与土地关系进行阐述。"聚落地理"的概念是1906年由德国学者施吕特尔(O. Schlüter)在《对聚落地理学的意见》一书中首次提出的。随后,多位学者进行推动,如法国学者白吕纳(J. Brunhes)在《人地学原理》(1935)中以埃及村落为例,系统论述了聚落形态与地理环境的关系;法国学者德芒戎(A. Demangeon)偏重乡村聚落的类型、分布和演变的研究[7]。随后的20年里,早期聚落地理研究在世界范围内得到广泛开展,并

---

① 常青. 建筑人类学发凡[J]. 建筑学报,1992(5):39-43.
② 常青. 人类学与当代建筑思潮[J]. 新建筑,1993(3):47-49.
③ 张晓春. 建筑人类学之维——论文化人类学与建筑学的关系[J]. 新建筑,1999(4):67-69.
④ 田长青,柳肃. 浅析家族制度对民居聚落格局之影响[J]. 南方建筑,2006(2):119-122.
⑤ 唐亮. 文化人类学视野下的舍米湖村空间形态解析[D]. 武汉:华中科技大学,2013.
⑥ HARRIS M. Theories of culture in postmodern times[M]. London:Altamira Press,1999.
⑦ 德芒戎. 人文地理学问题[M]. 葛以德,译. 北京:商务印书馆,1993.

形成不同的研究方向——英国学者主要关注聚落历史地理与区位；德国学者以景观论为特色；法国学者注重社会经济对聚落的影响；美国学者则偏重聚落的实际调查研究。诸多学者对乡村聚落的类型、分布、演变以及与农业系统的关系进行研究，形成地理学中研究乡村地区人文历史和经济发展的学科分支。德芒戎将村落划分为线型、块型、星型和趋向分散型4种类型，这种分类的影响持续至今。由于依据聚落形态来划分类型具有一定的片面性，有学者尝试使用多种指标来确定乡村聚落的类型。英国学者霍斯金斯（W. G. Hoskins）认为乡村聚落的空间分布受土地的富饶程度和原居民点类型的影响[①]。苏联学者科瓦列夫在1959年提出社会经济基础是聚落6个综合分类中最为重要的因素[②]。希尔（M. Hill）针对乡村聚落的空间分布，总结出规则型、随机型、集聚型、线型、低密度型和高密度型6种类型[③]。

中国关于乡村聚落的地理学研究起步于20世纪30年代，至20世纪80年代逐渐发展成熟，研究重点为人地、空间和区域，成果包括《农村聚落地理》（金其铭，1988）、《中国乡村地理》（陈兴中等，1989）等。近年来，建筑学界也有学者从地理学视角切入来研究乡村聚落。朱炜针对乡村地理条件进行研究，尤其对地形地貌特征进行分析与梳理，探寻融合地域特征的乡村聚落空间营建思路与方法[④]。

乡村聚落的地理学研究重点包括两方面：一是聚落地理环境与其空间形态、分布格局之间的关系；二是聚落的空间结构、规模等级、职能体系等。乡村聚落的地理学研究通过实地调查，结合乡村的自然、经济、社会进行系统分析，并根据不同类型的比较研究来探讨乡村聚落发展的趋势和模式。

1.2.1.5 生态学视角下的乡村环境营建研究

生态学由生物学分化而来，同样是关注生物和周围环境关系的学科。这一概念由德国学者海克尔（E. Haeckel）在1866年首次提出。随后，英国学者坦斯利（A. G. Tansley）将生态学的研究对象阐释为"生物与环境构成的整体"，"生态系统"的概念由此产生。美国学者奥德姆（E. P. Odum）在1953年发表的《生态学基础》中指出生态系统也适用于人类社会。

美国建筑师索勒里（P. Soleri）最早将生态学与建筑学进行整合研究，并在

---

① HOSKINS W G. The making of the English landscape[M]. London：Hodder & Stoughton，1955.

② 陈宗兴，陈晓键. 乡村聚落地理研究的国外动态与国内趋势[J]. 世界地理研究，1994，3(1)：72-79.

③ HILL M. Rural settlement and the urban impact on the countryside[M]. London：Hodder & Stoughton，2003.

④ 朱炜. 基于地理学视角的浙北乡村聚落空间研究[D]. 杭州：浙江大学，2009.

Arcology:the City in the Image of Man(《生态建筑学:人类理想中的城市》)中提出"生态建筑学"(arcology,由 architecture 和 ecology 组合而来)的概念①。生态建筑学以人、建筑、自然和社会协调发展为目标,通过生态学原理和方法的运用,有节制地利用和改造自然,寻求最适合人类生存和发展的建筑环境②。西方学者较早地将生态学思维引入乡村聚落的理论研究。1991 年,丹麦学者吉尔曼(R. Gilman)提出"生态村(eco-village)"的概念,认为生态村是基于人类尺度,将人类活动融入自然环境,并支持健康开发资源以进行持续发展的聚落③。

中国"师法自然"和"天人合一"的朴素生态观在乡村聚落中存续数千年。当代学者相继提出"村落生态系统""乡村生态学""乡村聚落生态系统"等概念,系统阐述了生态学视角下乡村聚落研究的总体特征和对象,强调了人、建筑与村落环境之间的关系④⑤⑥。

此外,生态学领域的相关研究侧重从理论方法层面论述乡村聚落的结构、功能及演化过程。李晓峰运用现代生态学理论中的系统与平衡、循环与再生、适应与共生三种方法,对聚落的结构与功能、环境观念和资源利用等内容进行分析,并认为按照生态控制论原理控制聚落发展是解决文化传承和持续发展问题的有效途径⑦。周秋文等尝试构建农村聚落生态系统健康评价指标体系,并参照新农村、生态村和农村全面小康等标准将评价等级分为一至五级⑧。徐明提出农村聚落与生态修复关联建设的四种模式⑨。李钰立足自然生态环境的适应与利用,提出对乡村聚落与资源、经济、社会之间的矛盾进行协调,并建立符合区域整体特征和生产生活规律的乡村人居环境⑩。

乡村聚落生态学研究的核心理念可归纳为三个方面:一为系统与平衡,将生态环境中各要素视为相互作用的整体,研究生态环境的变化与发展、结构与功能、系

---

① SOLERI P. Arcology:the city in the image of man[M]. Cambridge:MIT Press,1969.
② 李晓峰. 乡土建筑——跨学科研究理论与方法[M]. 北京:中国建筑工业出版社,2005.
③ GILMAN R. The eco-village challenge[J]. Living Together,1991,29(2):10-11.
④ 王智平,安萍. 村落生态系统的概念及其特征[J]. 生态学杂志,1995,14(1):43-48.
⑤ 周道玮,盛连喜,吴正方,等. 乡村生态学概论[J]. 应用生态学报,1999,10(3):369-372.
⑥ 陈勇,陈国阶. 对乡村聚落生态研究中若干基本概念的认识[J]. 农村生态环境,2002,18(1):54-57.
⑦ 李晓峰. 以生态学观点探讨传统聚居特征及承传与发展[J]. 华中建筑,1996(4):36-41.
⑧ 周秋文,苏维词,张婕,等. 农村聚落生态系统健康评价初探[J]. 水土保持研究,2009,16(5):121-126.
⑨ 徐明. 陕北黄土丘陵区农村聚落建设与生态修复关系研究[D]. 西安:西北大学,2009.
⑩ 李钰. 陕甘宁生态脆弱地区乡土建筑研究——乡村人居环境营建规律与建设模式[M]. 上海:同济大学出版社,2012.

统平衡与调控机制,同时将乡村聚落及其所处的社会、经济、文化及自然环境作为一个复合的生态系统来研究;二为循环与再生,乡村聚落在发展过程中应注重物质与资源的循环利用;三为适应与共生,聚落环境包括自然环境、人工环境和社会环境三个子系统,子系统之间应体现适应与共生的关系。以上理论和原则构成乡村聚落环境研究的基础。将生态学相关理论应用于聚落空间形态演变规律的研究,不仅有助于乡村聚落研究理论的深化,还将探索出乡村聚落更新与可持续发展的模式[1][2][3]。

从上述理论研究成果可以发现,各学科领域对乡村聚落研究的深度和广度都在不断加强,但往往借助外部力量来探寻乡村聚落蕴含的"隐形逻辑",缺乏一种走进乡村和村民的研究思路和观察视角。总体而言,乡村聚落研究多采用局部切入的方式,在综合性和系统性上有所欠缺。本书尝试在梳理各领域已有研究成果的基础上,以一种更全面的新视角进行乡村聚落营建模式和规律的探究。

1.2.2 我国乡村建设相关实践与研究

1.2.2.1 大陆的乡村建设实践与研究

(1)"美丽乡村建设"研究

近年来,国家层面倡导展开的美丽乡村建设成为乡村生态文明建设的新载体,相关理论研究成果颇为丰富,各地积极探索具有当地特色的美丽乡村建设模式。邹志平基于对浙江安吉美丽乡村建设模式的解读,从乡村旅游、集体经济发展、土地综合整治和生态文明建设等方面探索乡村的经营模式[4]。王卫星通过对美丽乡村建设主要问题的论述,提出在建设过程中需要重点把握的几对关系,分别为政府主导与农民主体、政府与市场及社会、一事一议财政奖补与美丽乡村建设、统一标准与尊重差异、乡村"硬件"建设与"软件"建设等[5]。吴理财等通过对浙江省安吉县、永嘉县和江苏省南京市高淳区、江宁区的乡村建设模式的案例调研,总结了这些地区的乡建模式的特征和问题,其中的共同经验包括政府主导、社会参与、规划

① 李晓峰.适应与共生——传统聚落之生态发展[J].华中建筑,1998(2):108-110.
② 邓晓红,李晓峰.生态发展:中国传统聚落未来[J].新建筑,1999(3):3-5.
③ 邓晓红,李晓峰.从生态适应性看徽州传统聚落[J].建筑学报,1999(11):9-12.
④ 邹志平.安吉中国美丽乡村模式研究[D].上海:复旦大学,2010.
⑤ 王卫星.美丽乡村建设:现状与对策[J].华中师范大学学报(人文社会科学版),2014,53(1):1-6.

引领、项目推进、产业支撑、乡村经营[①]。上述成果多从社会整体层面对乡村建设进行研究,偏重乡村经营的研究,在空间建造的研究上有待补充。

(2)社会团体、NGO及个人层面的乡建实践

1987年,山西省教育委员会和山西陶行知研究会等机构在柳县前元庄建立实验学校,通过乡村教育和村校一体的运行机制改善民风村貌[②]。1989年,山东青州南张楼村开展巴伐利亚"城乡等值"实验,通过制定发展规划、整理土地、大力发展工业企业和服务业等一系列措施留住当地村民,被认为是"就地城镇化"的样本[③]。1993年,茅于轼与林毅夫等在山西临县龙水头村设立扶贫基金,被称为茅于轼龙水头模式。1993年,杜晓山等在河北易县进行复制尤努斯模式[④]的本土实验,探索出一套服务农村的金融体系[⑤]。21世纪初,温铁军在河北定州的翟城村组建"晏阳初乡村建设学院",开展"新乡村建设"实验。山西蒲州镇寨子村通过建设"农民协会[⑥]"实现乡村整体发展。与此同时,何慧丽的河南兰考实验、高战的苏北农会实验等均取得一定成果。另外,还有大量志愿者、实业家、大学生、村民以及NGO也以各自的方式参与乡建实践。

(3)地方政府层面的乡建实践

各地政府开展的乡建实践已经积累了一定经验,这些实践包括浙江"千村示范、万村整治"工程、江西赣州新农村建设、湖南乐和乡村建设、四川巴中扶贫新村建设、海南省文明生态村建设等。由地方政府推动的乡建方式在一定程度上改善了村落现状,但在提高村民实际生活水平及促进乡村可持续发展方面仍存在不足。

(4)建筑、规划及文化艺术层面的乡建实践

近年来,随着"设计下乡""规划下乡""艺术下乡"等活动的不断推进,建筑师、规划师及各界文化人士纷纷参与乡建实践,从不同专业的角度对乡村文化的修复、社会组织的重构、乡村产业的重振、建成环境的改造及乡土建筑的更新等进行了有益探索,并逐渐成为推动乡村建设的重要力量。宋庄艺术村是"艺术下乡"的典型案例,村落因艺术家的聚集改变了原有的产业结构和社会结构,也改变了当地村民

① 吴理财,吴孔凡.美丽乡村建设四种模式及比较——基于安吉、永嘉、高淳、江宁四地的调查[J].华中农业大学学报(社会科学版),2014(1):15-22.

② 王伟强,丁国胜.中国乡村建设实践的历史演进[J].时代建筑,2015(3):28-31.

③ 李增刚.以城乡等值化实现就地城镇化——山东青州南张楼村的案例研究[J].理论学刊,2015(8):32-42.

④ 尤努斯模式即小额信贷的模式。

⑤ 资料来源:http://finance.sina.com.cn/review/mspl/20130714/104716116273.shtml。

⑥ 农民协会是由农民组成的团体。它是介于政府与市场之外的第三部门,属于非政府、非营利组织。

的生活方式,为乡村文化注入了新的内容①。欧宁在碧山村实施的"碧山计划"通过知识分子的回归,对村落的历史遗存、乡土建筑、聚落文化和民间手工艺进行普查、激活和再生设计,以此唤起公众对乡土文化的关注,恢复和重建了乡村公共生活②。渠岩的"许村计划"鼓励村民积极参与乡建,尝试用艺术的方式延续乡村传统③。娄永琪的"设计丰收"是针对乡村可持续社区设计的研究,主张设计支持农业和创业,通过引导设计创意社群进驻乡村来改善乡村整体状况。朱胜萱发起的"莫干山计划"引入了生产、生态、生活"三生"一体的建设模式,在莫干山建立了包含农园、乡居和集镇的乡村生态圈,以此活化乡村④。

与此同时,还有诸多优秀的建筑师投身乡建实践,以其作品回应对乡村建设的思考。谢英俊与晏阳初乡村建设学院合作成立乡村建筑工作室,基于"就地取材、简化构法、协力建屋"的建设理念,致力于研究一种能融合乡村社会经济和村民主体参与的建设模式⑤。朱竞翔开发出新芽系统、箱式系统、板式系统和框式系统四种不同的建造系统,尝试将其运用于乡村建设⑥。王澍等在浙江文村开展乡村建设实践,尊重村民的建设意愿,并寻求传统建筑技术和材料的创新,延续村落文化与空间的多样性⑦。陈浩如在浙江双庙村太阳公社的建造实践中,把对建筑的研究方式引入社区营造、乡村社会更新和农业重建等社会性实验⑧。何崴等在河南新县建造西河粮油博物馆及村民活动中心,通过植入新的功能,让改造更新后的建筑成为村落新经济发展和产业重塑的支撑点,从而逐步提高村民生活质量⑨。

此外,乡村建设中的建筑实践还包括李晓东主持的福建下石村桥上书屋⑩、云南丽江玉湖完小等项目,华黎主持的四川德阳孝泉镇民族小学灾后重建、云南高黎贡手工造纸博物馆、武夷山竹筏育制场等项目⑪⑫⑬,魏浩波等主持的贵州车田村文

---

① 王小斌,李宝山.北京宋庄艺术聚落与典型建筑空间探析[J].华中建筑,2014,32(11):166-170.

② 欧宁.碧山共同体:乌托邦实践的可能[J].新建筑,2015(1):17-22.

③ 渠岩."归去来兮":艺术推动村落复兴与"许村计划"[J].建筑学报,2013(12):22-26.

④ 王伟强,丁国胜.中国乡村建设实验演变及其特征考察[J].城市规划学刊,2010(2):79-85.

⑤ 谢英俊,张洁,杨永悦.将建筑的权力还给人民——访建筑师谢英俊[J].建筑技艺,2015(8):82-90.

⑥ 朱竞翔.轻量建筑系统的多种可能[J].时代建筑,2015(2):59-63.

⑦ 王澍,秋落.那山 那水 那村 浙江富阳文村改造[J].室内设计与装修,2016(11):86-91.

⑧ 陈浩如.乡建六法 乡村自然营造法则[J].时代建筑,2015(3):36-39.

⑨ 何崴,陈龙.当好一个乡村建筑师——西河粮油博物馆及村民活动中心解读[J].建筑学报,2015(9):18-23.

⑩ 李晓东.福建下石村桥上书屋,福建,中国[J].世界建筑,2010(10):32-39.

⑪ 华黎.微缩城市——四川德阳孝泉镇民族小学灾后重建设计[J].建筑学报,2011(7):65-67.

⑫ 华黎.建造的痕迹——云南高黎贡手工造纸博物馆设计与建造志[J].建筑学报,2011(6):42-45.

⑬ 华黎.武夷山竹筏育制场[J].建筑学报,2015(4):10-17.

化中心及其外部空间群、摆陇苗寨民俗综合体等项目①②，徐甜甜等主持的浙江松阳县平田农耕馆和手工作坊、大木山茶室、樟溪红糖工坊等项目③④⑤。上述实践案例只是众多乡建实践中的一部分，其中既包括外源式和内生式的行动，也包括个人和集体的行为，各界所开展的这些乡建实践和研究都是对乡村现状和问题的有益探索。

1.2.2.2 台湾地区的社区营造实践与研究

社区营造的概念于 20 世纪 70 年代日本的"造町运动"中正式提出。社区营造是为了应对当时经济高速发展带来的城乡落差加大、人口疏密失衡、环境与文化弱化等问题。"machitsukuri"一词大致出现于当时，根据日语发音划分，"machi"对应"町、街"，"tsukuri"对应"作、造"，该词在大陆被译为街区改造，而在台湾地区被译为社区（总体）营造。街区侧重于有形的物质空间，而社区则侧重于无形的意识形态。改造强调硬件工程的更新，以及与过去的决裂，而营造则兼顾物质和精神两方面的继承与积累，提倡循序渐进的改造，实现可持续、可循环的经营式建造⑥。20世纪 90 年代，台湾地区引入日本造町的概念，提出社区总体营造的理念⑦，强调草根性的地方发展和民众参与，经由设计参与，民众共享成果和回忆。台湾大学建筑与城乡研究所夏铸九认为社区营造的目标其实是人的改造和提升。刘雨菡认为社区共同体的意识源自居民对社区事务的共同参与。社区营造的关键在于步步为营的策划和经营过程，社区文化、产业、环境、教育和公共行政等方面的整体全面发展是关注重点⑧。淡江大学建筑系黄瑞茂认为社区营造是在政府部门的政策和资源的推动下，居民自主参与社区事务的工作模式，并强调专业人员以专业技能与认知主动介入空间营造。同时，社区营造包含"人、文、地、景、产"五个维度的社区发展含义，涉及文化、产业、社会等议题⑨。

① 魏浩波.石头记——西线工作室"上山下乡"系列之车田村文化中心[J].西部人居环境学刊,2015,30(3):124-129.

② 魏浩波,欧明华.摆陇苗寨民俗综合体[J].城市环境设计,2015(Z2):206-211.

③ 徐甜甜.平田农耕馆和手工作坊[J].时代建筑,2016(2):115-121,114.

④ 徐甜甜.大木山茶室[J].时代建筑,2016(1):74-81.

⑤ 徐甜甜,汪俊成.松阳乡村实践——以平田农耕博物馆和樟溪红糖工坊为例[J].建筑学报,2017(4):52-55.

⑥ 邓奕.灾后区域复兴的一种途径:"社区营造"——访规划师小林郁雄[J].国际城市规划,2008(4):53-56.

⑦ 黄健敏.台湾民众参与的社区营造[J].时代建筑,2009(2):36-39.

⑧ 刘雨菡.中国台湾地区社区总体营造及其借鉴[J].规划师,2014,30(S5):200-204.

⑨ 黄瑞茂.社区营造在台湾[J].建筑学报,2013(4):13-17.

（1）主体参与

支文军认为只有有效促成政府、开发商和投资者、规划和设计人员及居住者等多方的参与和互动，才能逐渐实现完善社区营造的目标[①]。陈统奎基于对台湾桃米村社区营造的经验分析，认为大学教授、返乡大学生、中产阶级等精英分子是社区营造的中坚力量[②]。丁康乐、黄丽玲等认为社区营造应基于公众参与和公私协力的营造机制，以及政府、NGO和社区居民三者之间的良性互动和相互合作[③]。赵民认为社区规划师应与社区成员多互动，不仅要继续承担社区物质性的筹划、设计和管理，还应该自觉介入社会发展领域，在这个过程中重新实现角色的定位和价值[④]。张璐瑶通过分析台北市油杉永康丽水生活圈绿生活营造的公众参与机制，提出社群协力式公众参与方式及官产学民共同合作的营造方式[⑤]。杨芙蓉、黄应霖详细分析了台湾地区社区规划师的工作内容、基本特征和服务范围，并以社区规划师制度的实践为大陆乡村建设的公众参与模式提供参考[⑥]。黄健敏基于永康公园和士林福林社区民众参与的营造方式，论述了社区建筑师的角色转换[⑦]。

（2）社区营造的类型与实践

罗家德认为社区营造包括三种模式：一为政府推动模式，二为NGO帮扶模式，三为返乡知识青年主导模式。这三种模式的成功率呈依次递增的状态。龚恺将台湾地区的社区营造分为都会型和乡村型，并选取了四个案例进行深入阐述，包括位于城市的台北市以棚户区改造为重点的宝藏岩社区、宜兰市以唤醒民众的传统认知为特色的鄂王社区，以及位于乡村的新竹市以历史街坊改造为特色的大溪镇社区、南投县灾后重建的桃米社区[⑧]。张明珍通过分析NGO模式下的社区营造实践案例，总结出NGO总负责型、技术团队总负责型、社区主导型、NGO机构与技术团队共同参与型四种社区营造模式[⑨]。罗异铿通过对台湾南投县桃米社区、嘉义县板头社区、台南市土沟社区三个案例的分析，提出四个方面的转型，分别是

① 支文军.社区营造[J].时代建筑,2009(2):1.

② 陈统奎.再看桃米:台湾社区营造的草根实践[J].南风窗,2011(17):58-61.

③ 丁康乐,黄丽玲,郑卫.台湾地区社区营造探析[J].浙江大学学报,2013,40(6):716-725.

④ 赵民."社区营造"与城市规划的"社区指向"研究[J].规划师,2013,29(9):5-10.

⑤ 张璐瑶.台北市油杉永康丽水生活圈绿生活营造之公众参与机制研究[D].广州:华南理工大学,2013.

⑥ 杨芙蓉,黄应霖.我国台湾地区社区规划师制度的形成与发展历程探究[J].规划师,2013,29(9):31-35,40.

⑦ 黄健敏.台湾民众参与的社区营造[J].时代建筑,2009(2):36-39.

⑧ 龚恺.随风潜入夜,润物细无声——台湾地区的社区营造[J].建筑与文化,2013(7):8-15.

⑨ 张明珍.NGO模式下的社区营造——以农户主导式永芝绿色乡土建筑实践为例[D].昆明:昆明理工大学,2011.

在编制上由精英导向转为公众主导、在实施上由政府短期投入转为在地组织长期营造、在管理上由自上而下的资源分配转为自下而上的资源竞争、在组织上由横向的统筹缺失转为有效协同①。

（3）其他方面

刘嵘对大陆的乡村建设和台湾地区的社区营造进行比较分析，进而从台湾地区的案例中获得以下改善性的措施和方法：第一，重视培养居民的社区意识及自主设计、建造和维护管理的能力；第二，建筑师在"画图"之余，去发现和解决更多"小问题"，居民有机会提出设计建议并参与社区的维护和发展；第三，政府通常只是发起人，仅在必要时提供少量经济援助，将主动权交还村民②。有学者以桃米生态社区为例，探讨了居民在参与社区营造的过程中如何建立认同型信任。还有学者结合社区资本的概念展开社区营造的相关讨论，建立了社区资本要素架构，主要包括人力资本、社会资本、环境资本和经济资本四个方面的内容，每项内容由若干相关要素构成。张婷婷等认为"造景、造产、造人"是社区营造的核心目标，具体措施包括基础设施的完善和环境的营造、社区软件与硬件的均衡发展、公众参与、多方合力机制等③。

随着海峡两岸学术交流与互动的深入开展，学界和业界展开了社区营造理念的探讨及实践经验的分享。台湾地区的社区营造能为大陆乡村建设研究提供一种新的思路和方法。从文献综述来看，目前大陆学者所做的相关研究主要围绕部分宏观策略展开，如"社区共同体""公众参与""社区规划机制"等，缺乏针对大陆乡村的实际情况的在地化拓展研究，尤其是对社区营造深层次、系统性及其与乡村建设的关联性的研究尚显不足。

1.2.3　国外乡村建设相关研究与实践

1964 年，美国学者鲁道夫斯基（B. Rudofsky）在纽约现代艺术博物馆举办"没有建筑师的建筑"主题展览并出版同名著作，开启了对民间乡土建筑魅力的关注④。1976 年，拉普卜特（A. Rapoport）的著作《住屋形式与文化》开创了建筑演化

---

① 罗异铿.协同治理：社区营造视角下美丽乡村的规划建设[C]//中国城市规划学会.城乡治理与规划改革：2014 中国城市规划年会论文集.北京：中国建筑工业出版社，2014：1311-1322.

② 刘嵘.参与模式——实现社区营造目标的有效途径[J].建筑与文化，2013(11)：96-97.

③ 张婷婷，麦贤敏，周智翔.我国台湾地区社区营造政策及其启示[J].规划师，2015，31(s1)：62-66.

④ 鲁道夫斯基.没有建筑师的建筑：简明非正统建筑导论[M].高军，译.天津：天津大学出版社，2011.

发展与社会文化因素关联研究的先河。1982 年,邦斯(M. Bunce)在 *Rural Settlement in an Urban World*(《都市世界的乡村聚落》)中论述了乡村聚落的形成是由功能、形式、建筑类型、构造材料及空间布局决定的,并对乡村聚落的类型学进行了初步阐述①。印度学者曼达尔(R. B. Mandal)归纳了乡村聚落的 5 种研究方法②。

日本学者原广司提出需要对聚落各部分进行计划和设计的观点,他认为看似偶然的风格或自然呈现的风情都是经过周密计算之后再设计的结果③。日本学者藤井明采用文化人类学的方法实地调研了世界各地丰富的聚落形态,用关键词的形式提炼了各民族的空间概念和聚落形态所具有的象征特性,从文化角度出发关注形态中的空间秩序,揭示了其传达的制度、信仰、宇宙观等内在本质④。日本学者西村幸夫从历史保护和社区营造的视角来研究乡村建设,阐述了每一个城镇都有其固有特性和状况的观点,因此城镇所面临的问题和散发的魅力也具有独特性⑤。

此外,在聚落设计实践中,较具代表性的有埃及建筑师法赛(H. Fathy)的新古尔纳村、葡萄牙建筑师西扎(A. Siza)的马拉古埃拉居住区、印度建筑师柯里亚(C. Correa)的贝拉布尔住宅区⑥。

综上所述,国外关于乡村聚落的研究起步较早,经历了从简单到复杂、从单一到综合的阶梯式发展过程,研究内容从物质空间形态向更丰富的社会、环境等层面转变,研究方法从定性到定量与定性相结合转变。

与此同时,国外针对乡村建设实践也开展了丰富的探索,虽然国情不同,但其乡村建设的理念、模式和经验具有一定的参考价值。其中较有代表性的是韩国"新村运动"模式、日本"造村运动"模式、印度"乡村开发运动"模式、美国"农工协调"模式、德国"乡村更新计划"模式及法国"农村改革"模式等⑦。

1.2.3.1 韩国"新村运动"模式

20 世纪 70 年代,韩国面临与中国新农村建设时期相似的背景,如工业化进程

---

① BUNCE M. Rural settlement in an urban world[M]. New York:St. Martins Press,1982.

② MANDAL R B. Systems of rural settlements in developing countries[M]. New Delhi:Concept Publishing Company,1989.

③ 原广司.世界聚落的教示 100[M].于天祎,刘淑梅,马千里,译.北京:中国建筑工业出版社,2003.

④ 藤井明.聚落探访[M].宁晶,译.北京:中国建筑工业出版社,2003.

⑤ 西村幸夫.再造魅力故乡——日本传统街区重生故事[M].王惠君,译.北京:清华大学出版社,2007.

⑥ 张一婷.新聚落设计方法初探:以西柏坡华润希望小镇为例[D].北京:中国建筑设计研究院,2011.

⑦ 万怀韬,蔡承智,朱四元.中外农(乡)村建设模式研究评述[J].世界农业,2011(4):26-29.

加快、乡村青壮年往城市大规模迁移、城乡差距日渐悬殊等,乡村原有的文化和秩序受到强烈冲击。随后,韩国政府提出"新村运动"模式。这种模式以政府支援、村民自主和项目开发为基本动力,带动村民参与并自发建设乡村,涉及加强基础设施的建设和合作互助等精神文化的建设两方面内容。郭静芳认为韩国"新村运动"分为启动、转型和发展三个阶段。启动阶段由政府主导,改善村民的居住条件、完善基础设施、增加农民收入等是主要目标。转型阶段由政府主导实施建设活动转变为以民间自发为主开展建设活动,更为注重活动内涵、发展规律和社会实效。发展阶段则是对有关政策与措施进行调整,建立"新村运动"的民间组织;在政府层面对制定规划、提供支持及协调各方关系等工作进行把控和推动,进一步改善乡村整体环境,实现城乡收入基本平衡的目标[①]。

韩国"新村运动"模式相关经验与启示:①充分发挥村民的主体作用,激发村民参与的积极性与自主性;②转变政府在乡村建设中的主导角色,建立科学系统的决策机制;③加强工业支持农业、城市反哺农村的力度;④重视乡村基础设施与公共服务设施的建设,注重传统文化和地域特色的延续。

1.2.3.2 日本"造村运动"模式

20世纪50—60年代,随着日本乡村的青壮年大量涌入城市,传统乡村社会不断瓦解。日本政府为了缓解这种状况,一方面制定相应的政策法规,如《山村振兴法》《向农村地区引入工业促进法》等;另一方面加大对农业和公共基础设施建设的投入。同时,为了改善乡村生活环境、缩小城乡差距,提出"村镇综合建设示范工程",其内容包括综合建设构想(前景展望、产业振兴、环境建设、社会重构、地区经营等)、建设计划(土地功能划分、基础设施、公共服务设施等)、地区行动计划等。开始于20世纪70年代的"造村运动",即"造町运动",是振兴乡村产业、促进经济社会持续发展的乡村建设活动。王玉莲对日本乡村建设所经历的三个典型阶段进行了探讨。第一阶段是在第二次世界大战后日本农民的收入水平低、农村的基础设施水平低及人口流失严重等背景下的"新农村"建设构想阶段,这一计划在1956年被纳入日本国家计划。第二阶段始于1967年制定发布的《经济社会发展计划》,在均衡发展经济产业的指导思想下,将"把农村建成具有魅力的舒畅生活空间"作为发展目标。第三阶段是以最具影响力的"一村一品"战略为代表的"造村运动"阶

---

① 郭静芳.我国新农村建设的可持续发展研究——基于韩国新村运动的对比分析[J].山西财经大学学报,2012,34(201):41-42.

段,在挖掘村落自身优势的基础上,注重品牌的培养与特色产业的发展①。

日本"造村运动"模式相关经验与启示:①完善乡村的法律法规体系和政策;②明确村民在乡村建设中的主体地位,提高村民参与的积极性、创造性与自主精神,加强对村民的教育培训;③兼顾乡村物质形态和非物质形态的建设,包括合作组织的建立、传统文化的传承、特色农业与产业的发展、环境保护与资源的利用等内容,实现乡村全面可持续发展②。

1.2.3.3 印度"乡村开发运动"模式

印度的乡村建设经历了三个阶段。第一阶段,印度政府进行了以调整生产关系为主的土地革命,以此改变不合理的土地所有权和制度,实现社会的公平公正。第二阶段被称为"绿色革命"阶段,通过改进农业生产技术、培育高产品种、加强农田水利设施的建设等发展路径,提高农业生产的效率和产量。第三阶段,实行经济改革和对外开放的政策,促进乡村经济发展。侯彦全等将印度乡村建设的重点内容总结为土地制度的完善、农村人口问题的重视及建设管理法规体系的建立③。

印度"乡村开发运动"模式相关经验与启示:①加大对农业及生产设施的投入;②制定农业生产相关政策,采用多种方式发展农村信贷机构;③重视对农业技术的研发与对农业人才的培训和教育。

1.2.3.4 美国"农工协调"模式

美国在城市化和工业化进程中,注重城乡之间以及工农之间关系的协调。农业的发展不仅能促进工业的发展,也为乡村社会经济提供了原料和资本。在注重大都市圈和城市建设的同时,还应注重小城镇的建设。大城市人口的分流让小城镇得到充分发展,在此基础上卫星城和城乡一体化格局逐渐形成。叶齐茂将美国乡村建设的特点归纳为以下几点:①政府对乡村公共设施建设提供引导性资助,其建设资金按照金融市场运行规则来运作;②建设项目以自下而上的方式进行,来源于乡村,体现乡村的实际需求;③建设项目依照法律程序申请,减少人为干预的可能性,从而保证资金使用的公正性与合理性④。

美国"农工协调"模式相关经验与启示:①从战略上将乡村建设与产业发展进

---

① 王玉莲.日本乡村建设经验对中国新农村建设的启示[J].世界农业,2012(6):24-27.
② 颜毓洁,任学文.日本造村运动对我国新农村建设的启示[J].现代农业,2013(6):68-69.
③ 侯彦全,姜亚彬,李安康,等.国外新农村建设模式的分析研究及其启示[J].农业经济与科技,2001,22(5):95-97.
④ 叶齐茂.美国乡村建设见闻录[J].国外城市规划,2007,22(3):95-100.

行综合规划,一方面将乡村建设纳入城乡一体化格局,另一方面统筹三大产业的发展;②明确政府、村民、NGO等主体在乡村建设中的角色和作用;③提升农业生产的专业化与产业化,注重对村民的培养。

1.2.3.5 德国"乡村更新计划"模式

20世纪60年代末,德国开始实施乡村更新计划,强调在政府提供政策与资金支持及村民积极参与的基础上因地制宜地进行乡村更新。20世纪80年代末,德国进入以生态农业促进乡村发展的新阶段,大力推广沼气能源等生态农业技术,农业生产逐渐向生态农业转型。

德国"乡村更新计划"模式相关经验与启示:①完善乡村建设中的相关法律法规,确保村民的权益;②充分发挥村民在乡村建设中的主体作用,加强政府部门的沟通、引导和支持作用;③融入可持续发展的理念,兼顾乡村生态环境、历史文化和产业经济等方面的协同发展。

1.2.3.6 法国"农村改革"模式

20世纪50年代,法国政府采取以发展一体化农业、开展领土整治为主要内容的"农村改革"举措。1960年,法国颁布《农业指导法》,逐渐重视农业技术及技术体系的发展,经过20世纪60—70年代的快速发展,实现了农业现代化。随后,法国出台了乡村可持续发展的政策,保护乡村环境和引导村民合理利用资源成为首要任务,具体措施包括兴建电力设施、开发利用生物能源等。

法国"农村改革"模式相关经验与启示:①加大政府对乡村基础设施建设的支持力度;②完善村民教育、农业技术研发与推广体系,并通过制定政策来支持青壮年留在乡村发展;③制定农业的相关保护政策,加大对农业的支持。

除上述各国推行的模式外,瑞典"合作社"模式通过建立农民合作社,为农产品销售搭建交易平台,从而提高农民收入。英国"城乡协调发展"模式通过城市与区域规划的引导及大规模的新镇建设,促进城乡一体化发展。虽然各国在乡村建设的路径上作出的选择不同,但都需要政府和政策的支持,也离不开乡村自身优势的充分发挥、农业与其他产业的协调发展及乡村建设主体的积极参与等因素。

1.2.4 乡村聚落类型与乡村建设模式相关研究

1.2.4.1 乡村聚落类型研究

不同类型的乡村聚落在自然条件、经济社会、产业结构和空间形态等要素上也存在明显差异,进行乡村聚落类型的研究有助于把握乡村建设过程中的关键内容,亦可为乡建模式类型划分提供参照和依据。

常见的乡村聚落类型的分类方法:按乡村聚落的形态特征划分为点状、线状及块状聚落;按社会组织划分为血缘型、地缘型和业缘型村落;按经济结构划分为农村、山村、牧村、渔村及兼业村落等。

业祖润根据空间形态将传统乡村聚落归纳为集中型、组团型、带型、放射型、象征型和灵活型6种基本类型[①]。崔明等依据城市和乡村发展水平评价结果的叠加,将乡村聚落划分为发达型、相对发达型、发展中型、相对落后型和落后型5种类型,并分别探讨了各类型乡村建设的重点和模式[②]。刘自强等依照乡村地域系统的职能和价值,将乡村聚落划分为城郊型、农产品基地型、特色产业型、生态保育型和文化价值型5种类型[③]。李裕瑞等利用自组织特征映射人工神经网络聚类算法划分乡村类型,具体分为工商业主导-发达型、农工业主导-发达型、农工业主导-中等发达型、农工业主导-相对发达型、农业主导-轻度欠发达型、农工商均衡-轻度欠发达型、农业主导-中度欠发达型、农业主导-严重欠发达型8种类型[④]。可见乡村聚落类型的研究呈现出由单一因素(如形态、社会组织、经济结构等)向多种因素综合的分类方式转变的特征,研究成果日渐丰富。

1.2.4.2 乡村建设模式研究

费孝通曾提出"模式"的概念,即在一定地区、一定历史条件下,乡村建设应具有特色的发展路子[⑤]。虽然这种定义侧重经济发展层面,但可作为乡村建设模式概念的参考。依据乡村建设动力要素中的外来要素和内在要素,可将乡村建设模式划分为外源式和内生式两种模式。然而,乡建模式的形成是多种因素综合作用的结果,不少学者针对模式及其类型展开研究。蒋和平等依照乡村建设的典型特征和动力要素,将乡村建设划分为政府主导型、城市带动型、村企互动型、支部带动型、能人领导型、科技园区带动型、主导产业带动型和高效农业带动型8种类型[⑥]。沈莹将城中村改造模式的类型划分为综合治理模式、分类改造模式、控制调整模式和拆除重建模式等[⑦]。王金霞等对定县模式和北碚模式进行解读,认为定县模式

① 业祖润.中国传统聚落环境空间结构研究[J].北京建筑工程学院学报,2001(1):70-75.
② 崔明,覃志豪,唐冲,等.我国新农村建设类型划分与模式研究[J].城市规划,2006,30(12):27-33.
③ 刘自强,李静,鲁奇.乡村空间地域系统的功能多元化与新农村发展模式[J].农业现代化研究,2008,29(5):532-536.
④ 李裕瑞,刘彦随,龙花楼.黄淮海地区乡村发展格局与类型[J].地理研究,2011,30(9):1637-1647.
⑤ 费孝通.从实求知录[M].北京:北京大学出版社,1998:201.
⑥ 蒋和平,朱晓峰.社会主义新农村建设的理论与实践[M].北京:人民出版社,2007.
⑦ 沈莹.西安市城中村居住形态更新改造模式研究[D].西安:西安建筑科技大学,2011.

是立足于农业发展和自身完善的乡村改造模式,而北碚模式则是走乡村城市化道路的建设模式①。万怀韬等对黑龙江"兴十四"模式、江苏华西村模式、安徽夏刘寨村模式、浙江温州模式以及贵州遵义模式等乡村建设模式的类型与特征进行评述,以此探讨乡村建设模式的发展方向②。

针对各地区新农村建设模式的研究成果较为丰富,多个学科领域对此均有涉及。赵国锋分别以基础设施建设和产业发展为突破口,总结出可供西部地区新农村建设选择的资源带动型、旅游带动型、小城镇带动型、移民搬迁型、专业特色型和中心村落型6种模式③。朱新方对各地新农村建设模式进行比较分析与经验总结,认为新农村建设模式必须坚持多样化原则、规划先行原则和建立长效机制④。傅忠贤等认为新农村建设不应该"模式化",立足本地实际进行各种模式的多样化整合才是新农村建设的现实出路⑤。刘兰君提出由政府与企业联合开展新农村建设的模式,即"政企合作"模式,这种模式主张政府主导、企业参与、村民自愿和市场运作,以此实现多方共赢⑥。冯德显等回顾了新农村建设的历史背景和演化历程,并对新时期新农村建设的模式、内涵、类型和动力机制作出系统分析与比较⑦。

随着社会的发展和乡村政策的不断推出,学者们从不同视角对乡村营建模式进行研究。赵紫伶依据建筑师在建设过程中的不同角色划分出两种灾后重建模式,一种是以企业、建筑师、灾民和政府为主体的"合作式",另一种是由建筑师、灾民和志愿者共同建造的"协作式"。这两种模式都强调资源的整合利用,并将灾后重建纳入社会、经济、人文和生态等系统视野中,最终形成完善的营建体系⑧。王冬分析了云南少数民族地区族群演变与村落空间建造模式之间的相互关系,并基于"族群"视角提出了血缘族群村落建造的"惹罗"模式、地缘族群村落建造的"元—本主"模式和业缘族群村落建造的"公本芝"模式⑨。靳亦冰分析了农业发展与乡

①　王金霞,赵丹心.定县模式——北碚模式:两种不同乡村建设模式的取舍[J].河北师范大学学报(哲学社会科学版),2005,28(3):10-14.

②　万怀韬,蔡承智,朱四元.中外农(乡)村建设模式研究评述[J].世界农业,2011(4):26-29.

③　赵国锋.技术进步视野下西部地区新农村建设模式及路径选择[D].西安:西安建筑科技大学,2007.

④　朱新方.新农村建设模式的比较与分析[J].长江大学学报(自然科学版),2008(8):95-98.

⑤　傅忠贤,易江莹.我国新农村建设模式比较研究[J].天府新论,2009(5):94-98.

⑥　刘兰君.政企合作的新农村建设模式与策略研究——以武汉市东西湖区柏泉农场为例[D].武汉:华中科技大学,2009.

⑦　冯德显,梁少民.新农村建设模式及动力机制研究[J].地域研究与开发,2011,30(6):33-36,41.

⑧　赵紫伶.灾后重建的营建模式探究[J].新建筑,2008(4):57-60.

⑨　王冬.族群、社群与乡村聚落营造——以云南少数民族村落为例[M].北京:中国建筑工业出版社,2013.

村聚落营建之间的关系,挖掘了西北旱作区乡村聚落营建智慧,并结合能源利用和营建技术体系,探讨了适宜的营建模式[①]。李孜论述了村民结合新媒体和地域认同进行乡村凝聚力再生的过程,以此探寻契合信息化时代背景的乡村可持续发展模式[②]。潜莎娅以多元主体参与为研究视角,从政府主导、村庄自治组织主导和开发公司主导的建设方式中寻求一种权力与利益平衡分配的乡村建设模式[③]。

综上所述,学界对乡村建设模式的研究逐渐从局限于地区内的单一模式研究转为具有普适意义的多元化模式研究,并对乡村非物质要素与物质空间要素进行联合分析,融入多学科研究视角,研究方法和内容趋于完善。

1.2.5　乡村建设研究的不足

近年来,建筑学领域逐渐将乡建研究融入城乡一体化发展及当代乡村社会剧变的语境中,重视村民参与、环境改善、文化传承、空间建造和技术创新等内容。尽管建筑学的研究多以小而微的乡建实践为研究的切入点和对乡村问题思考的回应,然而,从目前所做的一些研究和探索来看,还存在以下问题。

1.2.5.1　单一学科研究的局限与多学科研究的宽泛

建筑学科结合其他学科的视角进行乡村聚落营建的研究已成常态,通常从某一学科的视角介入乡村社会、文化、地理、环境及营建等综合问题,然而诸如文化消退、村落空废等问题都不是单一学科能够解决的,因此,当前相关研究成果呈现出片段化和零散化的状况,缺少从多学科综合的角度进行的系统性研究。同时,其他学科的介入在一定程度上弱化了建筑学科相关理论研究的统一性,也将引发研究视角过于宽泛的问题。

1.2.5.2　当代乡村聚落营建模式研究的不足

目前的研究多侧重于传统乡村聚落,对当代乡村聚落的研究有所不足。社会学、地理学、生态学等学科视角有助于对乡村聚落的生产方式、经济建设和社会组织等非物质层面要素进行定性研究和宏观把控,而建筑学科主要关注乡村聚落的布局方式、空间形态与特征、营建技术等物质层面要素的研究。目前缺乏一种融合

---

①　靳亦冰.农业转型视角下西北旱作区传统乡村聚落更新营建模式研究[D].西安:西安建筑科技大学,2013.

②　李孜.可持续乡村社区营建模式探讨——互联网下的地域认同[J].西部人居环境学刊,2015,30(3):18-22.

③　潜莎娅.基于多元主体参与的美丽乡村更新建设模式研究[D].杭州:浙江大学,2015.

多学科内容的整体性研究视角,以及针对乡村聚落营建模式及其构成要素的系统性研究。

1.2.5.3 缺乏可操作性和普适性的乡建模式探讨

乡村建设模式的研究常表现在人居环境营建体系或者乡村聚落建成环境层面,虽然涉及乡村营建及建造技术的方法和策略,但是较少针对可操作性的营建模式进行探讨。目前展开的乡村实践与理论探索多为个案研究,往往存在一定的特殊性,难以形成具有推广和指导价值的可操作模式。而既往研究在案例数量与有效性方面有所欠缺,在此基础上形成的理论和经验不具有普适性,因此无法形成完整的实践指导框架。

总体来看,目前针对乡村聚落营建模式的系统性和整体性研究并不多。由于乡村聚落营建涉及经济、社会、文化等诸多领域,本书注重建筑学与乡村社会学、文化人类学、地理学、生态学等学科的结合,对乡村聚落营建模式的类型划分、构成要素、工作路径、主要做法和调适策略等内容进行研究,基于乡村营建的实际问题,以社区营造这一创新视角展开营建模式研究。

1.3 研究对象与概念界定

1.3.1 研究对象与视角选择

长江是中国第一大河,长江流域具有历史悠久、文化多元、经济繁荣等特点。其干流按河道特征及流域地形,可划分为上游、中游和下游三段。长江干流自发源地至湖北宜昌为上游,长 4504 千米,流域面积 100 万平方千米。宜昌至江西湖口为中游,长 955 千米,流域面积 68 万平方千米。湖口至长江入海口为下游,长 938 千米,流域面积 12 万平方千米①。

从区域总体特征来看,长江中下游跨鄂、湘、赣、皖、苏、浙、沪六省一市,包含中游的湖北江汉平原、湖南洞庭湖平原、江西鄱阳湖平原,以及下游的苏皖沿江平原、巢湖平原、苏浙沪之间的长江三角洲平原,具有气候温和、水资源丰富、交通便捷、城镇密集、经济发达等特点,是中国重要的农业和工业基地②。

从乡村聚落的特征来看,在地理背景下,长江中下游地区兼具丘陵平原与湖泊湿地等地形地貌以及夏热冬冷的气候条件,因这些地理背景,地区内的乡村聚落既

---

① 资料来源:https://baike.so.com/doc/5614174-5826784.html。

② 资料来源:https://baike.so.com/doc/5613969-32332405.html。

呈现出共同特征,又存在微观差异。在民系背景下,长江中下游地区经历了远古苗蛮集团、百越之地、"江西填湖广"等民系演变历程,包含荆楚民系、江淮民系、吴越民系、湖湘民系和江右民系等,促进了该地区多元文化形态的形成。在文化背景下,长江中下游地区主要受到中游的荆楚文化、湖湘文化和下游的吴越文化,以及宋明理学、风水民俗等不同时期和形态的文化影响,为乡村聚落地域文化的形成与发展奠定了基础。在经济背景下,长江中下游地区有"鱼米之乡"之称,在农业、工业、第三产业等方面优势较为明显。

首先,长江中下游地区的乡村聚落在社会、经济、地理和文化环境方面具有共性与个性,而既往研究多集中于东部发达的沿海地区或西部欠发达的生态脆弱地区中的某个特定区域,针对长江流域相邻区域乡村聚落的整体关联性研究存在一定缺失,因此,本书选择长江中下游为研究的主要地域范围。其次,在乡村建设方面,长江中游地区与中国其他大部分地区的乡村存在类似的发展和转型状态,正处于大力推进乡村建设的整体态势之中,也是承接长江上游和下游地区乡村发展建设的关键力量,对于该区域内的乡建模式的探讨,更具有推广和应用的价值。此外,长江下游地区美丽乡村建设起步较早,拥有类型丰富的实践案例和经验,而对该区域乡建模式的研究更多的是探寻指导意义和借鉴价值。于是,本书将长江中下游乡村聚落营建模式作为研究对象进行整体研究,具有重要的现实意义。最后,台湾地区的社区营造开展于 20 世纪 90 年代,积累了较多的案例和经验。近年来,大陆也开始关注和引入社区营造的概念,而长江中下游地区针对社区营造的实践和研究较少,因此,以社区营造为视角进行长江中下游乡村聚落营建模式的研究合适且必要。

另外,以社区营造为研究视角还源于以下考量。

第一,乡村聚落的营建不仅包括物质空间的建造,还涉及社会、文化、经济和生态等的全面振兴。以社区营造为研究视角不仅能将营建过程中所涉及的内容以及营建模式的构成要素进行系统整合,还有助于各学科相关理论和方法的融贯运用,并为当代乡村聚落营建提供有效途径和创新思路。

第二,既往研究者多以客体身份介入乡村营建的实践和探索,难以感知乡村营建过程中的实际问题和需求。社区营造强调多元主体参与的立场及"乡村营建共同体"的概念,并在此基础上寻求不同动力驱动下的适宜营建模式。

第三,社区营造是一种自下而上推动社区进行整体营造的理念和方式,不仅强调运用政府的力量和市场的调节来解决问题,还重视组织民间力量和资源来促进乡村发展。大陆以往的研究较少涉及自下而上推进乡村营建的整体层面的研究内容。因此,以社区营造为研究视角,使研究既覆盖乡村"硬件"层面(如基础设施、建筑空间等),又涉及乡村"软件"层面(如产业发展、文化教育等),既是研究内容的全面考量,也是相关研究的有益补充。

1.3.2 相关概念界定

1.3.2.1 社区与社区营造

社区(community)的字源为拉丁文 communitas,原意为普遍的、共同的[①],在日本则译为"共同体"。1887 年,德国学者滕尼斯(F. Tönnies)在《共同体与社会》中将 gemeinschaft 一词运用于社会学范畴,认为社区是指具有共同价值观的同质人口组成的,关系密切、富有人情味的社会关系和社会团体。在西方经典社会学理论中,社区是指一定地理区域内的社会生活共同体,是一种与社会相对的概念。社区以一定的地域为基础,生活在此的人们具有相同的价值观、共同的风俗习惯、相对密切的交往与相互关联的情感纽带关系。社区是社会的一种缩影,区别于现代法理性的、缺乏交流关怀的契约关系。

20 世纪 30 年代,中文"社区"一词由中国社会学者根据英文意译而来。费孝通结合原文的"社群性"(社)和"地域性"(区)两个基本含义,自创了"社区"一词,意为一定地理区域内的社会群体生活。在不同观念的影响下,社区有不同的定义。在空间、地理或地域观念中,社区是地理、社会与地域组织的单位,也是在特定地理范围内居民互相依赖、共同生活并具有地缘感或集体意识的人口集团;在心理、情感与意识观念中,社区是具有社群、认同感或共同价值观的人群进行日常生活活动与社会互动的情感单位。社区的范围与规模并不相同,村落、城镇、居住区、街道都是社区,甚至国家都可以称为社区。伴随着时代的变迁,社会发展日益趋向多元化,特别是在社会经济从计划经济向市场经济转型的阶段,社区开始受到重视,而这与整个社会的发展进步相契合[②]。社区包含的核心内容有以下四个方面:①社区服务的主要对象——社区内的全体成员的发展;②对社区主体情感、心理上的认同感及共同意识的培养——培育社区文化,促进社区成员之间的互动联系;③持续经营、管理、维系,协调社区组织及成员间的关系,推动社区组织管理的完善;④改

---

① WILLIAMS R. Keywords:a vocabulary of culture and society[J]. Science and Society,1977,41(2):221-224.

② 赵民."社区营造"与城市规划的"社区指向"研究[J]. 规划师,2013(9):5-10.

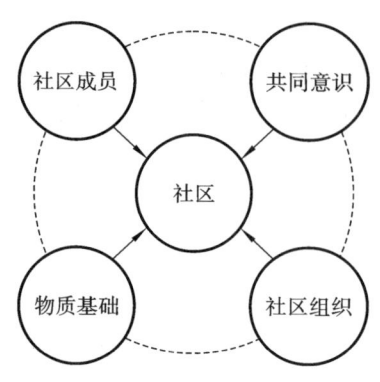

图1-3 社区涉及的主要内容示意图

善社区环境与提升公共服务设施,保障社区成员的物质需求,保障他们拥有一定的物质基础(图1-3)。

"社区营造"作为外来名词主要结合了日本的"造町"、英国的"社区建造"(community building)与美国的"社区设计"(community design)等概念,强调社区生命共同体意识、社区参与和社区文化等内容。1994年台湾地区正式提出"社区总体营造"这一新概念,这也成为台湾地区重要的社会改造运动,并逐渐深化为一种共同的社会经验。"社区营造"提倡居住在同一地理区域内的成员将社区发展事务视为共同事业,以全体成员的共同行动来回应社区生活中的各种问题,在问题得到解决的同时也创造了共同的生活福祉,进而逐步建立居民之间以及居民与社区环境之间的密切联系[1]。其中,"社区"是指在地理上集聚的人群间形成的"生命共同体",包含地区性的居住环境及附于其中的生活、历史、产业、文化与环境等多维度的意义,并隐含"故乡"的情感意识[2]。"营造"则是强调自发性与共同参与的行动[3]。营造并不只是物质空间建造,更为重要的是人与人、人与环境之间关系的建立,以及居民社区感的建立。因此,社区营造就是营造人与人、人与地之间社会心理联系的过程[4],旨在将居民住区建成一个有场所认同感和人文关怀感的家园。

1.3.2.2 参与式设计

参与式设计的概念与社区营造紧密相关,其核心是居民的沟通和参与,是对过去在设计中忽视空间使用者的行为的反思。台湾地区参与式设计的发展始于20世纪70年代。为缓解当时因社会快速发展而引发的环境、文化、生活等问题,大量基层NGO逐渐形成和壮大,并深入民心。而建筑与设计领域则针对传统设计方式进行了全面反思,随之开展参与式设计实践,并得到政府的支持和推动[5]。

社区建筑师和社区规划师逐渐成为社区营造的主力和纽带,从过去面向业主转而面向众多空间使用者和公务人员。他们基于地域性和社会性进行居民参与式

① 庄优波.社区营造与遗产地发展 台湾"桃米村"社区营造案例分析[J].世界遗产,2015(7):106-107.
② 黄瑞茂.社区营造在台湾[J].建筑学报,2013(4):13-17.
③ 刘嵘.参与模式——实现社区营造目标的有效途径[J].建筑与文化,2013(11):96-97.
④ 曾旭正.台湾的社区营造[M].新北:远足文化事业股份有限公司,2007:11-18.
⑤ 林婉仪.台湾参与式设计的过程观察及其启示[D].广州:华南理工大学,2013.

设计的引导,以此改善社会群体之间的权力关系。建筑师与居民建立互动协作的机制,共同参与设计和建造过程。而居民通过自下而上的设计介入,增强了主体意识及对设计建造的理解。

1.3.2.3 聚落、乡村与乡村聚落

聚落是人类聚居和生活的场所,原指有别于都邑的居民点,现指人类生活地域中的村落、乡镇和城市[①]。聚落是在特定的地理环境和社会经济背景中,人类活动与自然相互作用的综合结果[②],它既是空间系统,也是复杂的文化和经济系统。而在社会学中,聚落所对应的范畴就是社区。

乡村是聚落的一种基本类型。乡村由"乡"和"村"组成。乡是我国行政区划体系层级中最低层次的行政区划单位,概指县和县级市以下以及除建制镇以外的以农业人口为主的农村行政区域,一般是由若干个村组成的。同时,乡蕴含了家乡和归属的文化本意。按照城乡空间地域划分,乡村可分为三种:第一种是城中村,顾名思义,泛指城市中的村庄,即位于城镇规划建设用地范围内的村落,这类村落已伴随城市的快速发展步入城镇化的进程,但生活水平又滞后于时代,影响了城市发展,现仍由城镇统一规划;第二种是城郊村,处于城镇规划建设用地范围边缘的乡村地域,未完全融入城市,但是这类村落与城市衔接,未来很有可能被征用或改造,作为城镇远景规划用地;第三种是乡村,一般情况下远离城镇建设用地范围,农业是其经济发展的主要形式,这种类型的村落是本书的主要研究对象。

对于"乡村"与"农村",在二者的概念上,众多专家学者认为不管是乡村还是农村都只是相对于城市来说的,因此,在用词上二者并不存在差异。袁镜身指出,乡村是相对于城镇等不同规模的居民点的一个社会区域概念,由于主要是农业生产者居住和从事农业生产的地方,所以在某种层面上乡村等同于"农村"。此外,也有学者提出乡村与农村的概念应是有差别的,如秦志华认为乡村与农村在意义和范围上虽然有很大的重叠,但我国乡村所指向的范围似比农村大,乡村的绝大部分都是农村地区。农村以农业为经济基础,是从产业区域层面定义的;而乡村是乡镇政权管理的地区,是从管理区域层面定义的。综上所述,对二者应从不同角度来理解,乡村更多是从生活方式的角度来理解,带有浓厚的文化气息;而农村则是从生产的角度来理解,意为以农业为生的人群聚落。因此,乡村中的居民并不一定等同于农民。本书不强调"农村"与"乡村"二词的差异性,两者相似对等。乡村应该理解为城市以外的地区,主要产业为农、林、牧、渔业,且具有浓烈的乡土文化氛围。

[①] 李晓峰.乡土建筑——跨学科研究理论与方法[M].北京:中国建筑工业出版社,2005.
[②] 余英,陆元鼎.东南传统聚落研究——人类聚落学的架构[J].华中建筑,1996(4):42-47.

乡村聚落则可以理解为村落,其在职能、文化和地域上与农业紧密关联,是以农业生产为核心经济体制的县级以下的人口聚居地。本书所指的乡村聚落不以地域性和城乡空间距离界定,而是大量普遍存在并将长期存在的一般性村落。具体而言,乡村聚落是以自然村落为主体,包括了耕作农田和自然山林的乡间[①],是一个生产与生活相结合的社会组织基本单元。本书淡化其行政归属及规模上的概念,而强调其丰富的内涵和研究上的开放性。乡村聚落不仅包括自然生态要素和人工要素等物质要素,同时也包含与生活相关的社会组织、政治制度、经济状况、文化概念及生活方式等非物质要素(图 1-4)。

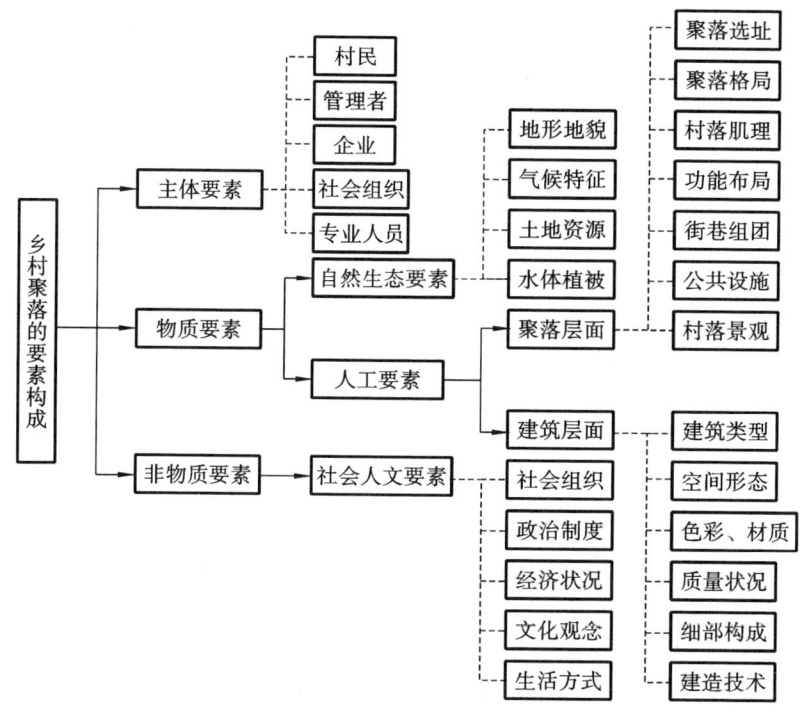

图 1-4　乡村聚落的要素构成

1.3.2.4　类型、模式与营建模式

"类型"一词在《现代汉语词典》中被定义为具有共同特征的事物所形成的种类;而"模式"的英文翻译为 pattern 或者 mode,被定义为某种事物的标准形式或让人可以照做的标准样式,它蕴含了事物之间隐藏的规律与关系。二者之间差异甚大,类型是对具有共同特性的事或物的客观分类和描述;而模式则与规律有关,是

---

① 　赵辰.对当下中国乡村复兴的认知与原则[J].建筑师,2016(5):8-18.

对前人经验的抽象和升华,同时也是解决问题所提炼的经验,由此产生能够作为参考的标准样式。结合费孝通"发展模式就是发展路子"的观点,模式是指在特定的文化、历史、社会、地理条件下,地区特有的发展思路。

本书采用"营建"而非"建设"一词,是因为"建设"带有一些急于在物质层面进行提升的意味,但这并不是当前中国乡村真正需要的。"营建"可拆分为"营"和"建",其中"营"指经营、管理、策划、设计、建设,甚至包括统筹规划的含义,而"建"指建造。因此,营建既包括宏观层面的统筹策划和经营管理,如社会协作、特色产业发展等,又包括微观层面的建筑学科中"造"涉及的内容①,如空间形态、材料利用、构造组合等。因此,"营建模式"是一个地区在特定的生活场景,即特有的历史、经济、文化等背景下所形成的建设标准、样板和范式。

1.3.2.5　乡村建设与乡村聚落营建

乡村建设一词可以追溯到 1929 年卢作孚发表的论著《乡村建设》。1931 年,梁漱溟将"乡村建设"一词学术化使用。当时的乡村建设并不只是建设乡村或解决乡村问题,而是解决整个中国的社会问题,是包括乡村救济、新文化创造、乡村组织、政治制度和经济建设等内容的综合概念。当代的乡村建设是一项针对乡村经济、社会、文化和环境等全方位发展的系统工程与建设活动。相比之下,乡村聚落营建的内容更为具体和微观。为了避免与不同历史阶段及其他学科中的乡村建设概念相混淆,本书采用乡村聚落营建这一概念,它由乡村经营和空间建造两部分内容组成,既包含乡村聚落的非物质要素,又包含乡村聚落的物质空间要素,涉及乡村产业经济、社会文化、自然地理、村民主体、环境景观和建筑空间等多方面的内容。乡村聚落营建模式是各地区根据自身特点而选择的乡村营建的战略方式和行动策略②。

1.4　研究目的与意义

1.4.1　研究目的

1.4.1.1　建立社区营造视角下乡建模式研究的系统框架

当代乡村聚落营建应该以综合全面的发展为目标,然而伴随着乡村建设量大

---

①　张晓波,江嘉玮.近十年乡土营建的若干典型案例与社会效应分析[J].时代建筑,2015(3):32-35.

②　王兆君,蔡苏文,张占贞,等.中国东部沿海地区社会主义新农村建设问题研究[M].北京:中国书籍出版社,2013.

面广地推进,在诸多实践中出现了一些急功近利和片面追求效率的做法,引发生态环境破坏、文化与产业缺位等乱象。一方面,社区营造涉及村民主体、文化保育、人地和谐、产业调整、生态还原、空间延续等内容,结合社区营造提炼的相关理念和延展的理论有助于对乡村聚落营建的内容和构成要素进行整体把控;另一方面,在社区营造理念整合应用的基础上,建立模式分类—模式比较—模式建构—模式调适的研究路径,能够实现乡建模式研究系统性框架的建构。

1.4.1.2 引导长江中下游乡村聚落开展可持续营建

乡村聚落营建是一个持续渐进的过程,需要村民的自发参与和各方主体的协力共建。然而目前的乡建实践多为地方政府主导的"引进式"示范工程,或村民"自发式"的建造。由于缺乏可持续的专业引导,这些营建结果与乡村的实际生活之间存在诸多的不适应。本书针对乡村聚落营建模式及其相关要素进行探讨,基于社区营造相关理念的重新整合与应用,提炼出关于聚落营建的一系列做法、路径和策略,为长江中下游乡村聚落营建提供针对性的专业引导。以村民为主体的参与式设计方法的运用能够促进人与人、人与环境的协调平衡,从而达到引导乡村聚落可持续营建的目的。

1.4.1.3 提供乡村聚落营建的可操作模式与策略

本书在长江中下游乡建案例调查分析和评价比较的基础上,结合乡村聚落营建体系中营建主体、自然地理、产业经济、社会文化、环境景观、空间形态等要素,建构并提炼出具有可操作性的模式和策略。其中,模式的基本路径可为乡村规划设计提供不同阶段的合理取向与偏重方向,整体层面和空间层面的主要做法能为乡村经营与建造过程提供具有引导作用的实施内容,而模式调适的策略将有助于建筑和规划专业人员对乡建实施过程进行修正和完善。

1.4.2 理论意义

1.4.2.1 探寻当代乡村聚落营建研究的理论方向

当代乡村面临土地利用方式、产业发展模式和消费结构的转变,逐渐重视内涵式发展及农业产业的提升。传统的营建方式难以适应乡村的发展和转变,尽管乡村规划得到重视,但目前的乡村聚落营建仍然缺乏可供遵循的具有普适性和可持续性的引导方式。在此背景下,进行乡村聚落营建模式的研究非常迫切和必要。乡建模式的研究涉及乡村的各个方面及多个学科领域的内容,不仅促进了建筑学与其他相关学科的整合研究,在一定程度上也丰富了建筑学关于乡村聚落营建研究的内涵。

1.4.2.2 运用与验证既有基础理论体系,促进理论的创新发展

乡村聚落是一个有机整体,乡建模式的研究需要对主体层面、非物质层面和物质空间层面的内容进行综合分析。其中,在长江中下游乡村聚落营建案例的特征总结以及社区营造相关理论的延展分析中涉及多学科理论的整合运用,这个过程使既有理论体系得到验证,并推动了当代乡村聚落营建相关理论的创新与发展。同时,本书注重乡建模式的系统性和现实性研究,这也是长江中下游乡村聚落营建研究的基础性工作。

1.4.2.3 探索可推广的乡村聚落营建的理论研究范式

本书首先对中国乡村建设的发展历程进行梳理,以时间为线索总结出不同时期代表性乡建模式的特征和规律,这可成为模式研究的背景和基础;其次在共时性的案例研究中,一方面尽可能让选取的案例覆盖长江中下游各地区范围,另一方面尝试探寻各案例之间的共性和特征,并以此为基础进行模式的类型划分;再次建立社区营造视角下的评价体系并对各模式进行评价和比较,以此提炼典型模式和建构适宜模式;最后根据实证研究的反馈,探索模式调适的策略。本书结合时间和空间维度进行乡建模式的分类、比较、建构和调适的研究过程为乡建模式研究提供了一种理论研究范式,并可作为其他地区相关研究的理论借鉴和研究参照。

1.4.2.4 乡村聚落物质要素与非物质要素的关联研究

乡村聚落营建涉及物质层面的内容(如空间)和非物质层面的内容(如社会文化、产业经济和乡村生活)。聚落与建筑的形态受到各种因素的影响,既包括显性的自然环境因素,也包括隐性的社会、经济、文化等因素。社区营造的理念切合这种物质形态与非物质形态双向关联的研究思路,从内在的关联机制中寻找共同体建构层面、意识层面、产业经济层面、文化层面及空间建造层面之间的关系,对后续乡村聚落营建的研究具有启发意义。

1.4.3 现实意义

1.4.3.1 为长江中下游乡村聚落营建寻求适宜的发展途径

既往研究中单一因素的模式分类存在局限性,缺乏对乡村聚落营建的系统整合与全面思考。本书基于营建主体和目标两类决定性因素对长江中下游乡村聚落的典型案例进行营建模式分类,通过评价和比较最终提炼出政府主导以村民需求

为导向的激活与复兴模式、能人引导以村民收益为导向的农业产业发展模式及专家引导村民主体参与的激活与复兴模式三种适宜模式,并结合营建目标、营建阶段、基本路径和主要做法建构各模式的主要内容,以此探寻长江中下游乡村聚落营建适宜的发展路径和方向。

1.4.3.2 为其他地区乡村聚落营建提供参考

本书虽然是以长江中下游乡村聚落营建为例展开研究,但针对的是乡村普遍存在的问题和营建内容,所提炼出的适宜营建模式及其相关调适策略具有普适性和可持续性,这些研究成果对于其他地区的乡村聚落营建而言同样具有参考价值,有助于推动各地区乡村聚落全面合理的营建,此为更广泛的实践意义。

1.4.3.3 为当代乡村聚落营建提供相关策略和指导

适宜模式能为当代乡建实践提供方向性的指导框架,而整体层面的可持续性策略和空间层面的适宜性策略能为营建实施提供引导细则。其中,整体层面的策略强调营建主体、自然地理、产业经济、社会文化、环境景观和空间形态要素之间的协调与适应,而聚落空间、街巷、公共空间和宅院空间层面的策略,涉及空间与环境的顺应关系、多元主体协作的方式、小微渐进式建造、地域性与时代性考量等内容,将为当代乡建实践提供指导。

1.5 研 究 框 架

1.5.1 研究内容

本书的研究可分为三大部分。第一部分为研究背景,从时代出发,发现当前乡村聚落营建中存在的问题,提出营建模式研究的必要性,并通过对既往研究的全面梳理探知社区营造及乡建模式研究的不足,为后续研究的开展奠定基础。第二部分为研究主体,包括分析问题和解决问题,围绕模式类型—模式比较—模式建构—模式调适的研究路径展开。第三部分为研究总结,提出发展性的建议和方向。

第二部分的研究主体具体包含以下四个方面的内容。

第一,乡建模式的历史经验梳理与总结。以时间为线索分别归纳不同时期乡村建设的重点及各时期所出现的各类乡建模式的特征,为适宜模式的建构提供支撑和参考。

第二,社区营造相关理论的延展。对社区营造相关理论进行系统梳理与归纳演绎,结合乡村聚落营建进行在地化的理论延展和要素分析,探索社区营造在长江中下游乡村聚落营建模式研究中的运用。结合社区营造的相关理念提出乡村聚落营建体系的六个构成要素,分别为营建主体要素、社会文化要素、产业经济要素、自然地理要素、环境景观要素和空间形态要素,为乡村聚落营建案例的调查以及模式的评价比较提供了分层展开的思路和方法。

第三,共时性乡建模式的分类与比较。对长江中下游代表性乡建案例进行田野调查,结合类型学的方法及营建目标、营建主体两个决定性因素进行乡建模式的类型划分与分类诠释,这成为模式比较与建构的基础。同时,结合社区营造的相关理念和村民满意度调查结果建立评价体系和标准,通过对现有模式的客观评价和主观评价提炼典型模式和关键要素,作为适宜模式建构的依据。

第四,适宜模式与调适策略的建构。从营建目标、营建阶段、基本路径和主要做法四个方面进行适宜模式的建构,分别结合湖北龙马村、郑家山村和熊万隆湾对三种适宜模式进行实证研究,尝试总结乡建整体层面的可持续性策略和空间层面的适宜性策略,以此进行模式调适。

1.5.2　研究方法

1.5.2.1　跨学科研究法

乡村聚落的营建是涉及多学科、多因素的复杂系统,开展相关研究需要一种开放、多元的方法,将建筑学与社会学、文化人类学、地理学、生态学等学科方法整合运用,充分考虑乡村聚落营建系统中各要素之间的相互作用,进而突破建筑学单一学科针对乡村聚落空间和形态研究的局限性。

建筑学方法是本书开展研究的基础,针对乡村聚落的建成环境及空间形态的研究主要运用实地测绘、案例调查、设计实践和图纸绘制等方法。本书还运用了社会学的问卷调查及量化分析方法,首先确立调查点,然后根据抽样原理发放调查问卷,在问卷数据整理之后,以图表分析的方式对相关问题进行定量研究。社会学方法主要用于乡建案例中的村民满意度调查;文化人类学方法主要用于考察乡村的社会与人文背景,通过田野调查、访谈、问卷调查等人类学方法来获取村民生产与生活的信息,是社会文化要素和产业经济要素调查的主要工具;地理学方法有助于分析乡村聚落在时间与空间中的变迁发展,还涉及历史事件的影响和人的参与,对于乡建模式历史经验总结有重要作用;生态学方法用于探索乡村聚落在营建过程中与社会环境、自然环境的相互关系,有助于对乡村聚落营建体系各构成要素进行联动探讨。

1.5.2.2 比较研究法

比较研究法是确定研究对象之间差异点和共同点的逻辑方法,包括类型比较法(横向)和历史比较法(纵向)两种。不同历史阶段、地域环境、经济条件、社会背景下的乡村营建模式具有明显差异,因此,本书针对乡村建设发展历程中不同时期的营建模式进行纵向比较,并对长江中下游不同区域的各类模式进行横向比较,以期获得乡村聚落营建模式在营建主体、自然地理、社会文化、产业经济、环境景观和空间形态等要素上的特征规律。

1.5.2.3 类型学方法

类型学方法是一种分组归类方法,通过假设的各个属性来识别对象,在属性之间相互作用并形成系统。分组归类方法有助于各种现象的关系建立和探索。多次运用类型学方法,如各时期乡村建设实践分析、乡村聚落营建体系构成要素类型划分、营建模式分类等,对研究过程进行分类来识别对象,能够有针对性地研究相关内容和归纳总结相关经验。

1.5.2.4 定性研究法

定性研究法是对研究对象进行"质"的分析,具体包括归纳和演绎、分析与综合、抽象与概括等方法。其中,归纳是通过以往发生的事情来推断将要发生的事情,将零散的资料归整,从而获知全面的情况;而演绎则是通过观察大量现象和事件对结果进行综合,从而找出一个定则和发现一种模式,一定程度上给出了现象或事件的秩序。本书在文献和调查资料收集整理的基础上,全面把握社区营造相关理念及特征,进而系统探讨乡村聚落营建案例分析以及模式建构的理论推导方法。

1.5.2.5 实证研究法

本研究所依据的资料主要来自笔者深入乡村实地访谈、观察、测绘和问卷调查等所获取的一手资料,通过对具体乡建案例的分析和考察获得客观数据信息,从而揭示包含营建主体、自然地理、社会文化、产业经济、环境景观和空间形态等要素层面在内的工作路径和营建重点,在此基础上探索各类型适宜模式的逻辑和特征,最后以龙马村、郑家山村和熊万隆湾的营建为例,通过社区营造延展理论的应用验证长江中下游乡村聚落营建模式的适宜性,并提出模式调适的相关策略。

1.6 本章小结

本章通过对我国乡村建设时代背景及相关政策的综述,结合乡村建设存在的问题,提出开展乡村聚落营建模式研究的紧迫性和必要性;同时,对多学科视角下的乡村聚落研究、乡村建设、社区营造、国内外实践、乡村聚落类型、乡村建设模式等研究主题和方向进行了文献综述和总结,从中发现目前乡村聚落营建相关研究中针对具体可操作的营建模式的研究相对匮乏,并且缺乏一个系统整体的研究视角;基于对这些问题的思考,提出研究视角、对象、目的和意义,并确立了本书关于社区营造视角下乡村聚落营建模式研究的理论框架,以期为长江中下游等地区的乡建实践及研究提供具有可持续意义的参考样本和引导思路。

2 演进与启示：乡村聚落的变迁 与乡村建设经验

中国的乡村建设兴起于 20 世纪初，随后发展成为一种社会思潮和社会运动，并呈现出多种理论与实践并存的状态。而 21 世纪初的新农村建设可以认为是乡村建设在新时期的延续。一个世纪以来，乡村建设的诸多思想和运动反映出不同时期乡村及农业的发展问题，也揭示了社会发展的方向和本质规律。本章对中国乡村社会发展变迁、乡村聚落演变及乡村建设规律进行关联性探讨，以期获得对乡村建设的整体认知。同时，本章以时间为线索对各历史时期乡村建设代表模式的主导力量、类型、建设举措、特征与成效等内容进行系统分析，一方面可以了解乡村建设在社会演变的过程中所呈现出的规律和发展方向，另一方面可以获得各类乡建模式的特征规律和经验启示，并为当代乡建模式建构提供参照和借鉴。

2.1 中国乡村社会的发展

2.1.1 乡村社会的结构变迁与人口流动

中国乡村长期存在"自上而下"的政府治理体系与"自下而上"的宗族治理体系相互渗透的治理模式，只是在不同时期这种模式因时空差异而有所侧重。传统乡村社会以血缘、地缘为纽带，通过教化伦礼建立秩序，实行宗族自治。"王权止于县政"使传统皇权制度下的行政力量未深入乡村社会，而是以征派税役等方式存在于乡村之外，乡村的生产生活主要依靠地方习俗和乡规民约进行自我整合。清朝晚期，传统乡村社会随国家的动荡而日渐衰落。中华人民共和国成立后实行了乡村土地集体所有制，乡村并未因此而蜕变，其"蜂窝式"的社会结构遭遇强烈冲击。改革开放以来，随着生产力的解放和市场经济体制的建立，乡村社会的血缘和地缘关系日趋淡化。在快速城镇化的持续影响下，维系乡村社会的纽带分崩离析，传统乡村社会组织逐渐瓦解。

从清末民初开展乡村建设运动开始，中国乡村大致经历了土地改革、农业合作化运动、人民公社化运动、家庭联产承包责任制等多种制度性变迁。20 世纪 30 年代，以梁漱溟、晏阳初等为代表的知识分子推动了乡村建设的开展，尝试建立乡村社会组织，通过振兴乡村来解决中国的社会问题，然而各地的实验以"乡村运动，农民不动"的失败而告终。从中华人民共和国成立后的农业合作化运动到人民公社化运动和"大跃进"，国家通过人民公社的方式将行政力量贯彻到乡村社会。人民公社集中了行政、经济、社会、生产生活管理等复合功能。村民的生产工具和生产资料归公社所有，公社进行统一经营和管理，村民在统一安排下生产劳作，人与人之间的生产关系彻底改变，传统乡村社会的生产要素、经济基础、宗族制度逐渐瓦解，乡村的人居环境、公共服务设施和农宅的总体建设也处于停滞状态[①]。直到1985年人民公社正式解体，36年间，中国乡村的治理模式表现出以"自上而下"为主导的性质。

1983年，家庭联产承包责任制推向全国，调动了乡村生产的积极性。1984年底，乡政府和村民委员会大规模建立。1985年，人民公社制度正式退出历史舞台，乡村由行政主导转为基层自治，宗族意识及族长在乡村社会组织结构和社会生活中的重要作用再次被呈现，家庭式的生产功能和以家庭为基础的乡村社会结构关系得到恢复，乡村社会发生了根本性的变化。产业经营方式的多样化带来了乡村贫富差异。与此同时，大量乡村青壮年涌入城镇，从而使乡村劳动人口构成发生改变，出现了男工女耕、壮工老耕的现象。

改革开放以来，中西部地区的乡村人口呈现出"孔雀东南飞"的状态，青壮年劳动力选择离土离乡的方式前往东南沿海城市工作。而如今，更多人愿意选择离土不离乡的方式。人口迁移模式折射出产业发展趋势和模式的转变，反映出产业经济由东部向中西部发展的趋势。随着国家产业布局的调整，劳动密集型产业正在逐步由经济发达地区向中西部地区转移。在城镇化建设的加速推进下，乡村的就业机会逐渐增多，人口的迁移模式也随之发生改变。人口流动与经济发展是一个互动的过程，乡村人口与劳动力的转移源于乡村产业结构的变化。乡村人口的变化使得从事小农生产的家庭组织被瓦解，进而使乡村社会组织和社会秩序发生改变，"空心村"、乡村人口老龄化等社会现象也随之出现，这种乡村社会结构性的变化成为当前开展乡村聚落营建研究的前提和基础[②]。

2.1.2 乡村社会的转变与经济组织的兴起

随着改革开放的不断深化，市场经济得到稳步发展。乡村在村民增收、基础设施建设、特色农业与产业结构调整、市场经济体系建立等方面均取得了一定进展。

---

① 王冬. 族群、社群与乡村聚落营造——以云南少数民族村落为例[M]. 北京：中国建筑工业出版社，2013.

② 叶露，黄一如. 资本动力视角下当代乡村营建中的设计介入研究[J]. 新建筑，2016(4)：7-10.

然而,乡村经济发展的内在动力因素具有多元综合的特点,其中乡村产业结构的变化就属于此类关键因素之一。产业结构的调整一方面能够提高乡村生产力水平,并促进乡村社会经济的全面发展,另一方面也能使人们的生产关系发生变化,进而引起乡村社会发生转变。例如一个家庭要从事养殖业,可能将与银行、信用社等金融机构产生信贷关系,从而获得资金支持;将从与外界的信息交流中学习新的技术知识;在对风险、投入与利益共享等问题的考量中,将涉及与其他家庭或个人的合作关系。因此,个人、家庭及乡村之间的关系不再局限于以往单一的血缘、地缘和业缘关系,而是融入了商品经济、生产合作、雇佣契约和信息交往等内容的复合关系。产业结构变化引起乡村社会转变,超越传统农业生产,向着更为开放的现代社会转变。

20世纪末以来,乡村的产业结构发生了一系列变化。第一,注重传统农业产业结构的调整和现代农业产业的培育。传统农业、林业、牧业、渔业等依托种、养、加工一体化和农、工、贸产业链的良性循环方式,逐渐发展成乡村的支柱产业。第二,第二、三产业的发展势头要大于第一产业,并呈现出一二三产业融合发展的趋势。第三,乡镇企业与乡村工业不断发展,改变了单一的农业产业结构,乡村经济得到加强,进一步增加了乡村的就业机会和村民收入。第四,乡村自然景观和民俗文化等资源的合理利用,促进了乡村旅游、文化和创意等产业的蓬勃发展。伴随着乡村产业结构的改变,农业产业化逐渐形成规模,乡村合作经济组织及股份合作制等形式悄然兴起。乡村社会经济是乡村聚落形态及其演变的决定性因素,不同时代背景下的社会经济形式决定了乡村聚落营建的目标和建设水平[①]。

2.2　乡村聚落演变的规律与特征

乡村聚落形态作为乡村社会变迁的表征,是自然地理条件、风水理念、宗族制度等要素长期综合作用的结果,在乡村聚落形成和演变的过程中,常表现出内向性的血缘和地缘特征。随着乡村社会和经济的发展,乡村聚落整体呈现出从血缘型、地缘型向业缘型演变的趋势。业缘型村落中的主体通常具备一定的专业知识和技能,并因从事相同职业而聚集。随着对外交通条件的改善,乡村与外界之间的物质和信息交流增多,乡村聚落结构日益外向和开放,主要表现为道路系统突破了原有聚落空间结构的限制、村民的交往与活动不再局限于家族和邻里之间、乡村聚落空间和居住空间由内向转为外向。现代乡村聚落已转向以业缘群体为主导,血缘、地

---

① 李晓峰.乡土建筑——跨学科研究理论与方法[M].北京:中国建筑工业出版社,2005.

缘和业缘多元并存的后业缘状态[①]。

在文化层面,由于农耕文明循环稳定的作用,传统乡村聚落以单一均质的文化形态为特征。21世纪以来,乡村社会受到多元文化的冲击,村民的生活方式、价值观念和聚居模式发生了极大变化。尤其当现代传播媒介进入乡村生活后,村民与外界的信息和文化交流日渐频繁,乡村聚落文化逐渐呈现出多元化特征。而乡村聚落的建设则是内生的乡村社会与文化力量的体现。近年来,大量的乡建实践多采用综合村落要素进行规划设计的方式,使得乡村聚落的建设具备了一定的规范性和计划性,乡村聚落建立了初级秩序。然而,社会变迁、人口流动和产业结构变化依然是乡村聚落演变的重要驱动力。当前乡村社会经济和空间环境快速发展,形成了多样化的产业经济模式和职业,并导致了社会阶层的分化,乡村聚落由此朝着多元开放的方向演进。

2.3　中国大陆乡村建设的发展历程与典型模式

既往研究中,王伟强等认为中国乡村的建设可分为四个时期:帝制时期、民国时期、中华人民共和国成立至改革开放前的时期、改革开放后的时期。同时,乡村建设实验实现了三个转变:从传统到现代的转变、从乡绅主导到政府领导的转变、从单一到综合的转变[②]。王先明详细整理了20世纪以来关于中国乡村建设的思想、主张、实践和历史沿革,展现了中国乡村建设各时期之间的内在关联[③]。这些研究成果均有助于本书针对乡村建设发展历程及乡建实践的系统梳理,有助于厘清不同历史阶段开展乡村建设的原因、特征、成效、演进机制等问题。

2.3.1　清末时期(1840—1912年):乡绅制度下的乡村自组织建设阶段

清末时期,政权更迭,社会环境处于动荡与剧变之中,国家与社会的关系主要表现为保甲制与"乡治"力量的较量,在乡土组织的坚守下,多数地方的保甲制形同虚设。此时的乡绅及地方精英纷纷参与乡村建设和地方自治事务,涉及办学、卫生、农工商务、水利与道路工程、社会救济等方面,并成为国家与农民之间联系的纽带。这一时期的乡村建设在传统乡绅制度的背景下呈现出自组织特征,并形成典型的乡绅式乡村建设模式。然而,这种乡村自组织建设更多表现为村社组织和地

---

①　李晓峰.乡土建筑——跨学科研究理论与方法[M].北京:中国建筑工业出版社,2005.
②　王伟强,丁国胜.中国乡村建设实验演变及其特征考察[J].城市规划学刊,2010(2):79-85.
③　王先明.中国乡村建设思想的百年演进(论纲)[J].南开学报(哲学社会科学版),2016(1):1-26.

方自治相结合的模式。这一时期具有代表性的乡村建设案例是 1904 年米鉴三、米迪刚父子在河北定县翟城村创办的"村治"实验模式(1904—1916 年),开启了以行政村为单位的地方自治的先河。

1914 年 11 月,米迪刚首次向定县知事孙发绪提及"村治"一词,强调地方自治效果好坏影响着国家的强弱。随后的十余年,米迪刚不断丰富"村治"的内涵,使之成为一套国家与社会的重构方案。米氏父子等以吕氏乡约为村治的依照,组织村民共同制定规约和自治章程,如《看守禾稼规约》《翟城村保护公有井泉规约》《翟城村村治组织大纲》《卫生所规约》《共同保卫章程》等,并组建了德业实践会、改良风俗会、勤俭储蓄会、辑睦会、爱国会等组织。历经 12 年的"翟城村治"实践主要包括以下内容:①政治方面,讨论制定村治纲要、户口登记制度、地产核查制度、村治考评办法等,建立村管理部门与民意部门,管理公共财产等;②教育方面,筹建小学,筹措教育经费,提高教育覆盖面;③生计方面,提升农业生产水平,倡导农村家庭开展副业,成立因利协社;④风俗方面,专门成立崇尚实践和改良风俗的组织;⑤环境建设方面,建立医疗、沐浴和休闲等场所[2](图2-1)。

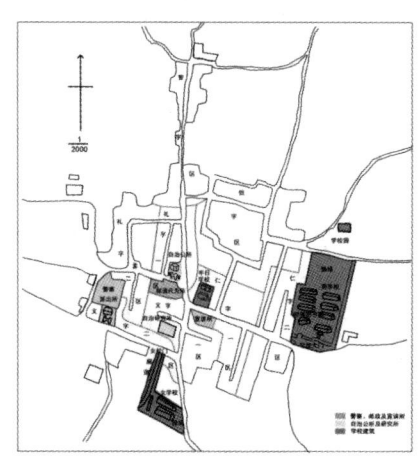

图 2-1 翟城村总平面图及其公共设施分布图

(来源:文献①)

翟城村治革除旧敝、移风易俗、创办学堂,获得了较好的成效,并成为传统绅治与近代地方自治相结合的范例,对此后乡村建设运动的兴起具有一定影响。定县知事孙发绪后迁任为山西省省长,并将翟城的村治模式带到山西,从而成为"山西村治"的肇始。总体而言,清末时期的乡村自治主要是创造性地完善传统乡约,使乡村治理制度化,以此实现乡村秩序的重构。

2.3.2 民国时期(1912—1949 年):中国乡村运动实践阶段

民国时期,由于西方外力的作用,中国乡村的传统生活方式和社会结构遭受强

① 徐甜甜,汪俊成.松阳乡村实践——以平田农耕博物馆和樟溪红糖工坊为例[J].建筑学报,2017(4):52-55.

② 王俊梅,张菁.中国近代乡绅的乡村现代性实践——米迪刚的"村治"[C]//中国城市规划学会,贵阳市人民政府.新常态:传承与变革——2015 中国城市规划年会论文集.北京:中国建筑工业出版社,2015.

烈冲击。在对教育弊病、农民运动及知识分子自身问题的反思中,农村经济和社会问题进一步凸显,改变乡村现状和推进乡村建设随之成为时代诉求。民国初期是乡村建设运动形成的关键时期,主要由知识分子和教育机构发起。1927 年,一场以救济乡村为核心的社会改良运动兴起,这一运动由从美国、日本留学归来的有识之士所主导,代表人物有梁漱溟(图 2-2)、晏阳初(图 2-3)、黄炎培、陶行知(图 2-4)和卢作孚等。1932 年,南京国民政府通过了县政改革案,国家力量开始介入乡村,并在鲁、浙、冀、苏四省成立五个县政实验县,乡村建设由此进入全面开展阶段。至 1934 年,全国从事乡村建设工作的团体达 600 余个,各地的乡村建设实验区达 1000 多处①。

图 2-2　现代新儒学早期代表
人物之梁漱溟

(来源:网络②)

图 2-3　留学归来的晏阳
初骑驴下乡

(来源:网络③)

图 2-4　创办育才学校的
陶行知

(来源:网络④)

2.3.2.1　乡绅模式下的乡村自治实验阶段(1912—1927 年)

此阶段的乡村建设具有团体多样、模式丰富的特点,主要表现为民间组织、地方军阀、乡绅等主导的乡村自治,在农民教育、乡村组织化程度、乡村互助合作、农业技术等方面获得提升,代表案例为阎锡山的山西村治。

阎锡山早年曾留学日本,日本町村制下的乡村社会及管理体制,为其村本理论的提出和山西村治的推行提供了参考。1917 年阎锡山担任山西省省长,开始了对村治模式的探索实践。山西村治(1917—1928 年)是在阎锡山的主导下由山西省行政当局进行的地方行政改革、乡村社会改革与建设运动,其内容包括建立"村本

---

① 刘重来.卢作孚与民国乡村建设研究[M].北京:人民出版社,2007.

② 资料来源:https://www.thepaper.cn/newsDetail_forward_4217742。

③ 资料来源:https://baijiahao.baidu.com/s? id=1803516107662300288&wfr=spider&for=pc。

④ 资料来源:https://www.sohu.com/a/485913625_701814。

政治"、实施"六政三事"和实行"村自治"制度。村治政策的延续,既能保持当时政策的稳定性和连续性,也是阎锡山乡村管理思想的体现。

山西村治可分为以下两个阶段:一为官办村政阶段(1917年9月—1922年3月),由山西省政府颁布编建行政村的章程制度,建立具有行政功能的编村和"村-闾-邻-农户"村级组织管理体系,并成立行政机构推行"六政三事"制度,此阶段乡村的经济社会环境得到改善,农业生产水平有所提升,村民的生产生活趋于安定;二为村民自办村政阶段(1922年3月—1928年),阎锡山提出"村本政治",把政治放在民间,村治主体由政府转向村民,充分体现了"行政之本在于村"的思想,随后山西全省的乡村开始实施"村政"。

山西村治凸显了以下三方面的改革宗旨:一是从"村本政治"出发,运用行政力量将乡村社会事务纳入国家行政体系,充分发挥了国家行政在乡村自治事业中的作用,建立了"官治"下的"村治",实现了整合国家行政与乡村建设的政治改革宗旨;二是通过扶持、改造和利用等行政手段,将其他各种社会势力纳入国家行政体系,实现了整合乡村社会势力的基层社会改革宗旨;三是运用行政力量推动乡村文化变革,引进西方推崇的"德先生"(民主)和"赛先生"(科学),有选择地改良儒家理念[①],践行了以"人治"为体、以"法制"为用的乡村文化构建宗旨。

在政府推动的地方自治制度中,山西村治在当时成效最大,具有强制推行的特点,在理论上糅合了乡约、社仓、保甲、社学和地方自治等制度。1928年9月起,南京国民政府以山西村治为蓝本,将乡村自治运动推向全国,并参照山西村治实行新县制改革,将基层建设纳入地方行政改革范畴。山西村治以乡村自治制度化为重要特点,是对传统乡绅模式的传承和发展,对于近代民主自治变革具有重要意义。

2.3.2.2 知识精英主导下的乡村改造运动阶段(1927—1937年)

20世纪20—30年代,由于军阀混战和社会动荡,大量士绅离村进城,一些劣绅进入乡村掌握政权,导致了乡村衰败、社会关系恶化、农民生活日益贫困等问题。以梁漱溟、晏阳初为代表的知识分子,借由采取改善教育、农业、金融、区域合作、地方自治、卫生保健制度和风俗等方面的举措,开展了救济乡村的社会改良运动。在持续十余年的社会改良运动中,参与的团队与实验区数量繁多。总体来看,这一时期乡村建设的内容包括教育、卫生、政治和农业四个方面,各地的实践有不同侧重,但多采用教育方式,让农民的观念、知识、能力和思维适应发展要求。代表性案例主要包括卢作孚的北碚模式、陶行知和中华教育改进会的晓庄模式、晏阳初和中华

---

① 祖秋红."山西村治":国家行政与乡村自治的整合(1917—1928)[D].北京:首都师范大学,2007.

平民教育促进会的定县模式、黄炎培和中华职业教育社的徐公桥模式、梁漱溟和山东乡村建设研究院的邹平模式、高阳和俞庆棠的无锡模式、彭禹廷和别廷芳的宛西模式。各种思想影响下的模式反映出乡村建设的不同主张和特点[①]。

(1)卢作孚的北碚模式

1927年,卢作孚担任北碚峡防局局长,在以北碚为中心的嘉陵江三峡地区进行了约20年的乡村建设实验。卢作孚最先修建北川铁路,将交通建设放在经济建设的首位,具有重要意义和先行作用[②]。卢作孚的思想经过了由"教育救国"到"实业救国"的转变历程,不同于晏阳初、梁漱溟、陶行知、黄炎培等人注重教育和乡村自治的乡建模式,卢作孚采取将经济建设放在各项建设之前的"乡村现代化"建设模式,并认为乡村建设的目标是通过兴办实业、发展工业、创造现代的物质建设组织和社会组织,进而实现乡村现代化。北碚模式以实业救国为基本路线,具体包括以下措施:①建设了峡区的机械工业;②补充了专门人才;③将发展农业和工业作为乡村建设的重点。

卢作孚强调以经济建设为中心,结合政治建设和文化建设,从而实现物质文明和精神文明的共同发展,重点发展文化教育事业,建立现代科学研究机构、社会教育机构和学校,倡导通过对人的观念和行为的教育(即人的"改造"),实现人的心理、思想和行为方式的现代化转变,最终完成整个社会从观念、秩序到生活方式的现代性嬗变。

在建设成效上,卢作孚带领村民治河修路、开矿办厂、引资引智、通邮通电,大力推动文化建设、教育建设、医疗建设和城市建设,使北碚从一穷二白的小村镇蜕变为初具现代化的城市。

(2)陶行知和中华教育改进会的晓庄模式

1927年3月15日,晓庄师范的创立成为陶行知生活教育理论运用于乡村教育改革和乡村生活改造实践的开端,并逐渐形成晓庄模式。随后,陶行知发表了《中国教育改造》《知行书信》《教学做合一讨论集》等论著,阐述了以教育带动乡村变革的思想。在总体特点上,晓庄模式一方面以拯救教育为目的从事乡村生活改造;另一方面将乡村教育与乡村改造有机结合,以发展乡村师范教育为手段,进行全面乡村建设。

---

①　吴星云.乡村建设思潮与民国社会改造[M].天津:南开大学出版社,2013.

②　刘重来.卢作孚与民国乡村建设研究[M].北京:人民出版社,2007.

在主要内容上,晓庄模式包括师资培训和乡村改造。其中,师资培训的工作分为三个步骤:首先,在全国范围内招收有志青年,充实乡村生活改造队伍;其次,师生自力更生,共同建设晓庄学园村;最后,以乡村生活为课程,实践生活教育的主张①。在乡村改造方面,当地设立了改善乡村生活的晓庄医院、晓庄剧社、晓庄商店、联村卫生会、救火会、武术会、自卫团等机构和组织。

在建设成效上,尽管晓庄模式实验时间短,但以改造乡村生活为目标的乡村建设方式为此后的乡村师范学校确立了办学方向,证明了由乡村学校改造乡村生活的实践途径具有开创性的价值,并推动了教育界乡村建设运动的开展。

(3)晏阳初和中华平民教育促进会的定县模式

1923年,中华平民教育促进会(简称平教会)在北京成立。1926年,晏阳初开始从事以乡村为单位的平民教育实验,并扩充平民教育的内容,使之与改造乡村社会结合起来。而在乡村改造过程中通过教育来培养人的创造力、组织力、建设能力的理论,是晏阳初乡村建设思想的精髓。晏阳初和平教会运用乡村建设理论指导在定县的实验,被称为定县模式。

晏阳初认为"人"的问题是中国的根本问题,而乡村建设对于人的重塑具有深远的意义,因此,其乡村建设思想中存在诸多关于"人"的问题的思考,为开展平民教育工作奠定了基础。晏阳初及其团队在定县的社会调查中发现,当时乡村普遍存在"愚、贫、弱、私"四个方面的问题。具体而言,愚是指多数民众目不识丁;穷是指人们连最低要求的生活都难以维持;弱是指缺乏卫生知识和医疗保障;私即散,指缺乏团结合作与团体生活的习惯。为了解决这些问题,晏阳初领导的平教会在定县实验中以整体提高农民的知识力、生产力、强健力和团结力为目标,并相应推行文艺教育、生计教育、卫生教育和公民教育四大教育。晏阳初认为乡村改造的主体是农民,知识分子去农村可以调动农民自主建设乡村的积极性②。与"四大教育"相伴出现的是"三大方式"。"三大方式"是实施教育的基本方法,包括学校式、社会式和家庭式。其中,学校式注重个人的教学,社会式注重团体的共同教学,家庭式教育在中国既特殊又必要。

定县模式所倡导的以"四大教育"为内容、以"三大方式"为方法的乡村建设,是切合乡村生活实际的开创性事业,体现了从人的"再造"到民族的"再造"的社会改革思想。定县模式的特征主要体现在以下方面:首先,以科学研究的精神致力于建

---

① 吴星云.乡村建设思潮与民国社会改造[M].天津:南开大学出版社,2013.
② 左靖.碧山 02:去国还乡[M].北京:金城出版社,2013.

设"中国化"的社会科学研究；其次，在海内外寻求合作与支持；最后，始终保持平民教育团体的特征。

（4）黄炎培和中华职业教育社的徐公桥模式

黄炎培和中华职业教育社在徐公桥、黄墟等地进行了乡村生活改进实验，其中徐公桥试验区的成效最为显著，其改造模式被称为徐公桥模式。1927年底黄炎培提出的"大职业教育主义"确立了当时职业教育社会化的发展方向，并成为职教派开展乡村建设的指导思想，即职业教育活动与社会运动相结合，改进农业和乡村生活。1928年4月成立了徐公桥乡村改进会，下设总务、建设、农艺、教育、卫生、娱乐和宣传7个部门。在乡村改进会的组织下，徐公桥实验区开展的具体乡建实验包括以下方面：①发展乡村经济，通过建立农事试验田，推广农业良种、新农具和新技术来改良农事，并建立信用、借贷、生产合作社，增强农民的自治意识；②促进教育和文化事业的建设，兴办学校，开展义务教育和民众教育，提升农民的文化水平，扫除文盲；制定《卫生公约》，改善公共卫生条件；开展家庭工艺训练，组织娱乐活动，移风易俗，禁绝烟赌等；③发展地方交通，修路造桥。

在建设成效上，徐公桥模式立足于农民的生计问题，通过职业教育的推广和改良，实现了"无业者有业，有业者乐业"的目标。

（5）梁漱溟和山东乡村建设研究院的邹平模式

20世纪30年代，以梁漱溟为代表的乡村建设派在山东进行了为期7年的乡村建设实验。1931年6月，山东乡村建设研究院在邹平成立，标志着山东乡村建设运动的开始。山东乡村建设运动以梁漱溟的思想为指导理论，在邹平、菏泽、济宁等地先后进行了实验，其中邹平实验取得的成效和经验被称为邹平模式，并成为这一时期各地开展乡村建设的参考样板。

为了应对当时乡村破败和文化衰颓的状况，社会组织重建与文化创新成为梁漱溟乡村建设理论的重要内容，因此，邹平模式的核心工作为乡村组织的建设。梁漱溟将传统乡村的家庭组织扩大为更具团队合作精神的村组织和乡组织，村学、乡学随之产生。在功能上，首先，村学、乡学是一种综合性的乡村学校，带领村民改革原有的乡村教育体系。其次，它倡导和推动了乡村各项社会建设事业，如兴办合作社、推广良种、引进现代农业技术、植树造林、兴修农田水利等[1]。再次，它是乡村自卫力量的管理者。乡村自卫组织是村学、乡学的下属组织，其建立将推动乡村其他事业的发展。最后，它还是乡村旧风俗的改良者。村学、乡学既体现了乡村政治

---

① 吴星云.乡村建设思潮与民国社会改造[M].天津：南开大学出版社，2013.

的现代化变革,也体现了乡村社会组织的革新。

邹平模式在整个乡村建设运动中占有重要地位,在理论与实践上具有以下特点:一是富有浓郁的中国文化气息,这与梁漱溟的个人背景和思想有关;二是重视乡村组织建设;三是体现了乡村自救的原则,注重乡村自身力量的唤醒。邹平模式在村学、乡学、棉作推广、合作事业和乡村自卫等方面取得了一定成效。

(6)高阳和俞庆棠的无锡模式

民众教育思想起源于中国传统的"教化"思想。清末时期的民众教育思想是民国初期中西方文化碰撞的产物。1930年,江苏省立教育学院正式成立,高阳担任院长并将其设址于无锡,此地成为当地教化民众的重要场所。高阳、俞庆棠等人和江苏省立教育学院先后在无锡的黄巷、惠北、北夏成立民众教育实验区,开展以民众教育为核心的乡村改进实验。由于成效斐然,逐渐形成自身的特点,这种实验模式被称为无锡模式。

无锡模式的主要内容:①普及教育,开设面向大众的学习场所进行扫盲;对义务教育进行改革,让更多的乡村幼儿接受教育;注重青年的培训和发展,重视乡村青年领袖的培养等;②乡村自治,协助各地设立乡村改进会,进而开展乡村各项事业,如建立合作社、组织地方自卫、发展家庭副业、推广良种和现代农具等;江苏省立教育学院从旁协助,负责农业推广、农事合作指导等工作;③乡村社会风俗改良,配备琴、棋、书、报等健康娱乐设施,并定期举办民众娱乐活动,培养农民的兴趣和健康生活习惯;设立公共卫生机构,改善乡村医疗卫生条件[①]。

无锡模式的重点是政治教育与生产教育,侧重于组织的训练及生产的促进。在建设成效上,无锡模式通过民众教育实现国民力量、自治基础、农业生产水平、经济组织规模和民众生活水平的提升。

(7)彭禹廷和别廷芳的宛西模式

20世纪30年代,河南宛西乡村建设最突出的特点是实施了以地方自治为基本内容的体制改良,包括建立各级具有政权性质的自治组织、调整地亩和赋税体制、改革民事诉讼体制等。宛西模式的重要标志是以绅治取代官治,进行了政权和体制上的适度变更,使自治组织具有政权性质。

宛西模式基于彭禹廷的"三自主义"思想,即自卫、自治、自富。它既是三个步骤,又是三个政策,以自卫保卫自治,以自治促进自富,以自富根治穷乱。由于匪患

---

① 吴星云.乡村建设思潮与民国社会改造[M].天津:南开大学出版社,2013.

严重，乡村建设首先从自卫入手，具体做法包括加强民团组织建设、清剿地方匪患、建立息讼委员会、编查保甲以加强对地方的管理。自治是实现民权政治的基础，通过提高民众的自治常识，使之具备行使职权和管理地方的能力，并不断完善保、甲、镇等自治性的社会组织，建立自治机构以取代"官治"①。自治组织又可分为区域性自治组织、县级自治组织和基层自治组织三个级别。自富主张从整顿契税、设立金融机构、改良农业、提倡家庭副业、植树造林、整修交通、改地造田、振兴工业等地方事业入手，使人们的生活初步富裕，并实现"生产有办法，分配有办法"。

在建设成效上，宛西模式超过了邹平模式和定县模式，主要表现在以下方面：①体现乡村自治的体制改良，有力推动了乡村各方面的发展迈上新台阶；②突出自治，使得宛西模式特色鲜明，更能被社会聚焦；③彭禹廷、别廷芳等人是乡村建设的组织者和实施者，也是宛西各县的实际掌控者，使改良措施能够以社会宣传和强制执行两种方式共同推行。

知识精英主导下的乡村改造运动因其社会改良运动的本质，并未给民生和民权带来实际改善。20世纪30年代后期，由于土地分配不公、农民生计趋难、军阀割据、日本帝国主义侵略等原因，大多数乡村改造的探索不了了之。总体而言，这是一场以知识分子为主导的乡村改造运动，它源自救济乡村运动，是在未改变国家现存制度和秩序条件下的对乡村现代化的自觉探索和社会改良实验。从某种意义上来说，此阶段的乡村建设吸收了现代乡村建设和发展的理念，尽管仍以传统乡绅精神为基础，乡村社会还是迈向了现代化。

2.3.2.3 南京国民政府与地方政府主导下的乡村复兴运动阶段（1927—1945年）

1927年，南京国民政府成立后，乡村资本和资源不断转移到城市，乡绅、地主等旧有阶层仍然掌控着乡村地区，从而加剧了乡村的衰败。为了重振乡村并巩固政权，政府主导推动了"乡村复兴运动"。1933年5月，南京国民政府成立"农村复兴委员会"，通过对浙江、江苏、陕西、河南、广西、云南等地的专题调查，提出了乡村复兴的建议。各地也相继实施了乡村改革和建设计划，其中最具代表性的是江西的乡村复兴计划。

此阶段乡村建设的主要举措，一是重构乡村社会，推行保甲制、新县制、减租法令等政策，积极向乡村渗透；二是重振乡村经济，出台相关规章制度，增设相关机

---

① 柴生高.20世纪三十年代宛西地方精英与乡村建设研究[D].桂林：广西师范大学,2006.

构;三是重修水利设施,保障当地农业发展;四是整理土地,尝试进行土地革命;五是成立农村复兴委员会,倡导乡村建设运动。南京国民政府借由农村复兴运动,实际上削弱军阀力量,阻止苏维埃政权发展,本质上仍是体制内的改良运动,但由于过于依赖乡绅、军阀、大资本家,不能有效处理土地问题,使得乡村建设实验走向失败。各地方政府为了政权和统治的需要,纷纷开展了具有地方特色的乡村建设实践。总体上,通过对乡村资源的有效配置,政府实际上掌握了乡村,突破了"皇权止于县"的传统局面,使乡村建设成为国家发展和政权巩固的重要途径。

(1)中山模范县

1929—1934 年为中山县被确立为模范县的时期,当地从政治、经济和文化三方面开始了对乡村建设的探索。在政治方面,中山县通过设立自治机构、制定自治章则与计划、宣传自治、训练自治人员等措施,实现乡村政治的自治化和民主化;在经济方面,通过修筑道路、推广良种等措施,实现乡村经济的发展和农民生活的改善;在文化方面,通过发展乡村教育、培养乡村建设人才、革除社会陋习等举措,实现村民文化素质的提升[①]。通过这些举措,中山县最终完成对旧有农村政治、农业经济和农民素质的全面改造。

中山模范县时期的乡村建设运动是政府主导方式的典型代表,也是南粤乡村社会改造与复兴行动的有益尝试。但由于政局的复杂多变,相关举措的实施难以持续。而政府对形式的偏重,致使村民缺乏对乡村建设的认知和参与感。因此,中山模范县时期的乡村建设未能取得突出成效。

(2)青岛模式

1932 年 4 月,青岛市在李村、阴岛、沧口等地设立乡村建设办事处,标志着乡村建设的开始。在当时青岛市政府的主导下,乡村建设以工业为前提,以城市为起点,推动乡村的都市化(即现代化),这种乡村建设模式被称为青岛模式。青岛模式在政治、经济、教育、社会事业等方面的举措取得了一定成效,具体包括以下内容:①政治方面,设立乡村建设办事处,完善村政建设;重视地方治安管理和户籍管理;②经济方面,建立消费合作社;提倡以农家副业和农作物改良为重点;通过开设果园、养殖、改良耕作、植树造林、发展家庭工业等多种经营方式,促进乡村经济发展和农民增收;③教育方面,加强学龄儿童教育普及;改善办学条件,筹建乡村小学校舍和体育场;重视社会教育和农事耕作教育,增加对职业常识和生产技能的培训;④社

---

① 陈志国,倪根金.政府主导下的华南乡村建设——民国广东"中山模范县"的个案研究[J].中国农史,2010,29(3):102-115.

会事业方面,改善居住和卫生条件,改良乡村居民住宅;开展公益活动,整顿市场,保护森林资源;移风易俗,加强社会风气建设;修建道路桥梁;建设各类公共设施。

青岛模式的总体特点:①成立乡村建设办事处;②以城市反哺农村,推动乡村向现代化转型;③具有"埋头苦干"的建设精神①。政府主导、相关政策支持及城市反哺农村所取得的阶段性成果,都是青岛模式的优势和特色。不同于梁漱溟等人侧重于挽救乡村及远离都市、深入乡村的建设模式,青岛模式利用已有城市化区域的辐射带动作用,协助乡村从传统向现代转型,与当代"以城带乡,以工促农"的新农村建设模式相似。

(3)江宁实验县和兰溪实验县

南京国民政府积极推行"地方自治"。1932年12月,南京国民政府通过了《县政改革案》,并于第二年将河北定县、山东邹平、山东菏泽、江苏江宁、浙江兰溪划为县政建设实验县。其中,江宁实验县和兰溪实验县由国民政府直接主导。两县虽属相同类型,但江宁县在政府职权和建设经费上均高于兰溪县,因此,江宁实验县是政府主导乡村建设模式的重要样本。

1933年,江宁实验县成立,江宁县政委员会为最高机关,下设民政、财政、教育、建设、公安、土地六科为具体事务的执行机构②,主要负责政治改革、土地陈报与田赋改革、发展教育、加强建设等。江宁实验县的具体成效:①改革地方自治,废除闾邻改行村里;设置实验区和实验乡;整理乡镇,裁撤区公所;添设指导员,代表政府实施巡回指导和指挥监督;②加强户籍管理,重点开展人口调查,这是维护地方治安的必要手段,也是政府各项政策制定的依据;③改善社会公共事业,建立三级卫生机构,即县设立卫生院、中心乡镇设立卫生所、一般乡镇设立卫生分所;④移风易俗,改善社会风气;⑤强化社会治安,改组保卫团,建立公安组织;加强司法,设置监督机关③。

1933年,兰溪实验县成立,由中央政治学校法律系主任胡次威担任县长,主要针对现行的县政府组织体制进行改革,取得以下成果:①对人口和土地情况的调查,为实行近代行政管理奠定基础;②整顿保卫团,整饬青帮组织,抽训壮丁以取代警察;③修筑道路,兴办实业,兴修水利,进行经济和文化建设工作;④整顿市容,清洁水源;⑤开办平民习艺所,改善社会风气。兰溪实验县以政治体制实验为出发

①　郑国."都市化":民国乡村建设运动中的青岛模式[J].东方论坛,2009(4):114-120.

②　王科.体系与效果的辨证——民国时期江宁实验县乡村合作运动运作效果考析[J].中国农史,2007(2):122-129.

③　朱考金.民国时期江苏乡村建设运动研究[M].北京:中国三峡出版社,2009:175-195.

点,通过自上而下的行政组织和技术手段促进乡村建设,以此寻求更有效的乡村社会管理体制。

(4)江西模式

江西是鱼米之乡,受累于连年战争和天灾,20 世纪 30 年代的江西农村民生凋敝、百废待举。1933 年,南京国民政府派遣三位专家奔赴江西考察农村问题。随后提出设立 10 个农村服务区,开展以重建社会秩序、复兴农村经济为目标的,包含教育、实验、卫生和村民组织形式等内容的江西复兴计划,即江西模式。

农村服务区协助地方改善农民的生产生活条件,包括四个方面的措施:①以管为优先,通过成立各类机构,聚拢农民,实现农村的自我改造;②以教为突破,通过各种方法全方位辅导农民,包括技术、种苗、合作和医疗卫生等内容;③以养为基础,将发展经济作为中心工作,让农民获得经济收益;④以全面改造农村社会和改善农民生活条件为目的,从而实现"管、教、养、卫"的联动推进。

江西模式以"管、教、养、卫"为基础,强调政府主导,致力于实现江西农村社会的现代化,是传统乡村社会改造模式。然而,随着抗日战争全面爆发,南京国民政府提供给江西农村服务区的经费日益缩减,导致大部分服务区的服务被迫中止,江西模式难以为继。

2.3.2.4 中国共产党革命根据地的乡村革命运动阶段(1927—1949 年)

中国共产党认为乡村的核心问题是土地问题,在"耕者有其田"的指导思想下对江西、福建等农村革命根据地开展了以土地革命为核心的乡村建设实验。一方面开展土地革命,变革土地制度;另一方面推行关于政治、经济和文化的乡村改造和建设举措,如建立合作社、提高农业生产力、实行农贷政策、开展劳动互助、开办农民学(夜)校、改善公共卫生状况、改革文化陋俗等。此类举措满足了农民的根本需求,提升了农民的社会地位,从而获得农民的支持和积极参与。

通过土地革命和配套的经济发展举措,中国共产党在农村建立的根据地不断壮大,最终实现了"农村包围城市"。总体而言,土地制度是农村发展的根本性制度。

2.3.3 中华人民共和国成立以后至人民公社时期之前(1949—1953 年):中华人民共和国成立初期的土地改革阶段

1949 年中华人民共和国成立后,乡村先后经历了土地改革运动、农业合作化运动、人民公社化运动等重大变革。1950 年 6 月,《中华人民共和国土地改革法》

颁布实施，土地改革在全国范围内逐步推行。到 1953 年初，约 3 亿无地、少地农民分得 7 亿亩(1 亩约为 666.67 平方米)土地，并获得其他生产资料，形成了自耕农所有制[①]。与此同时，国家还采取了一系列措施促进乡村经济和社会的发展，如颁发土地证、发展农副业生产、取消地方农业附加税等。此举不仅使农民获得了土地及土地自主经营权，也提高了农民的生产积极性和生活水平，为当代乡村的发展奠定了基础。

2.3.4 人民公社时期(1953—1978 年)：基于社会主义改造的乡村建设阶段

上一阶段的土地改革虽然实现了"耕者有其田"的目标，但分散的个体经济难以满足工业化所需的农业剩余积累，需通过集体化整合资源以支持国家战略。1953—1956 年，我国采取互助组(土地私有、劳动互助)—初级社(土地入股、统一经营)—高级社(土地集体所有)的渐进形式，逐步完成土地私有制向集体所有制的过渡。1958 年后，人民公社化运动以"政社合一"体制整合农村资源，成为乡村集体化的组织形式，并伴随"农业学大寨"(1964 年)、"上山下乡"(1968 年大规模推行)等运动[②]。

1955 年，毛泽东提出"农村是一个广阔的天地，在那里是可以大有作为的"，这成为"建设社会主义新农村"思想的早期表述。1958 年开始的人民公社实行产权集体所有、统一生产经营和城乡户籍分割制度，通过高度集中的集体化管理限制农民流动。同期，"大跃进"和全民大炼钢铁运动导致大量农业劳动力流失，农村生产秩序受到冲击。1963 年底，中央开始试点动员部分城市青年"上山下乡"。1966 年"文化大革命"开始后，农村商品经济被禁止，乡村经济活力下降[③]。1968 年，毛泽东发出"知识青年到农村去，接受贫下中农的再教育，很有必要"的号召，全国范围大规模"上山下乡"运动展开。据统计，1967—1976 年，上山下乡的知识青年总人数超过 1200 万人[④](图 2-5、图 2-6)。

---

① 瞿振元，李小云，王秀清.中国社会主义新农村建设研究[M].北京：社会科学文献出版社，2006.

② 王伟强，丁国胜.中国乡村建设实验演变及其特征考察[J].城市规划学刊，2010(2)：79-85.

③ 徐杰舜，海路.从新村主义到新农村建设——中国农村建设思想史发展述略[J].武汉大学学报(哲学社会科学版)，2008(2)：270-276.

④ 资料来源：https://baike.baidu.com/item/%E4%B8%8A%E5%B1%B1%E4%B8%8B%E4%B9%A1/472773? fromModule=search-result_lemma。

图 2-5　20 世纪 70 年代知识青年"上山下乡"

（来源：文献①）

图 2-6　知识青年"上山下乡"宣传海报

（来源：文献②）

从历史视角看，这一阶段的乡村改造在组织动员、基础设施建设等方面取得了一定进展，但也通过工农业产品"剪刀差"等政策，使农业剩余被用于支持工业化建设，客观上加剧了城乡发展不平衡，成为后续城乡二元结构问题的历史成因之一。

2.3.5　改革开放至 21 世纪初（1978—2005 年）：以家庭联产承包责任制为核心的乡村建设复兴与转型阶段

1978 年，改革开放政策开始实行，乡村由贫困集体主义经济逐渐向温饱小农家庭经济转变。随着人民公社的瓦解，乡村社会获得更自由的发展空间。计划经济体制改革从"以粮为纲"向"多种经营"改进，农村经济的市场化和工业化逐步发展。与此同时，政府出台的农民工经商政策提高了农民的流动性。在乡村建设过程中，实行家庭联产承包责任制、兴办乡镇企业等措施实现了乡村建设的多样化。

1978 年 11 月，安徽小岗村以"大包干"为突破的农村改革，成为我国改革开放的重要实践起点。1982 年后，农民通过家庭联产承包责任制获得了土地承包经营权和土地生产自主权，家庭重新成为生产经营的基本单位。1983 年，《中共中央、国务院关于实行政社分开建立乡政府的通知》发布实施。1984 年，建设文明村的目标被提出，强调以经济建设为中心，兼顾思想、文化、民主、道德和村容村貌的建设。1991 年，我国明确了建设新农村的总目标：逐步丰富农民的物质生活和精神

---

①　左靖.碧山 02：去国还乡［M］.北京：金城出版社，2013.

②　李孜.可持续乡村社区营建模式探讨——互联网下的地域认同［J］.西部人居环境学刊，2015，30（3）：18-22.

生活,改善农民的居住条件,提高农民的健康水平,大力发展公益事业,建设良好的社会治安环境。1998 年,我国提出"建成富裕民主文明的社会主义新农村""建设有中国特色社会主义新农村"等概念。

改革开放初期,由于初始条件和资源组织方式的差异,各地乡村采取了不同的发展经营模式,既有政府主导和农民自发层面的实践,如华西村的乡村建设实践等,也有社会团体和个人层面的实践,如杜晓山等的小额贷款实验项目、茅于轼等的龙水头模式等。其中,具有较大影响力的华西村、南街村和小岗村分别代表了发达地区、次发达地区和不发达地区的乡村建设模式。华西村在本质上是地方政府超强主导的模式,南街村属于集体经济主导的模式,小岗村则是家庭分散经营的模式。

因优越的自然、社会、经济和交通等条件,华西村地方政府出资创办企业,指派有才干的人担任企业负责人,通过组织土地、劳动力及资本等生产资源,实现非农业化发展。华西村模式的主要特征:①地方政府全力主导;②集体经济成为乡镇企业的所有制结构;③农民自主发展乡镇企业(图2-7)。

图 2-7 华西村鸟瞰图①

南街村在改革开放前属次发达地区,以集体经济推动农业产业化的特色方式使乡村经济迅速发展。南街村模式的主要特征:①"党政企"三位一体的组织方式;②优化资源配置,对生产要素进行重新组合;③坚持发展集体经济,走共同富裕的道路,以此调动农民的积极性。

小岗村另辟蹊径,将发展小农经济视为重点,突破了集体经济体制格局,以实行家庭联产承包责任制来解决农民的温饱问题。小岗村模式的主要特征:①实现农业产业化经营,利用转包、租赁、互换和托管等手段实现了土地轮转;②采用家庭经营的方式。但是分田单干的方式缺乏组织性,加上生产要素分散,进一步影响了资本的积累②。

在本质上,华西村和南街村已经不是真正以农业为主的乡村,其地理优势和经济形态远超普通乡村,相比小岗村而言,虽然获得更高的经济收益,但不能说明集体

---

① 资料来源:https://baijiahao.baidu.com/s? id=18121759148055519636&wfr=spider&for=pc。

② 朱晓红,邓国军.新农村建设模式的比较研究及其启示——以华西村·南街村和小岗村为例[J].安徽农业科学,2008(25):11120-11121。

经济比个体经济更适合乡村发展。同时,能人治村的方式不具备体制优势和可持续优势。因此,华西村和南街村的建设模式缺乏普适意义。

改革开放以来,提高农村生产经营能力被视为工作重点,乡村建设开始以农村土地经营制度改革为中心,以建设小城镇、发展农业和乡镇企业为基本内容,摒弃了人民公社体制,重新建立乡镇政府。这些举措为全面建设农村小康社会夯实了基础。然而,家庭联产承包责任制在本质上没有改变小农生产的基本格局,农民生产单干的方式缺乏合作和竞争力,难以推动乡村经济快速、持续增长。

2.3.6 21世纪初以来(2005年至今):城乡统筹与城乡一体化建设阶段

2.3.6.1 社会主义新农村建设阶段(2005年至今)

20世纪90年代以来,工业重型化发展的趋势使农产品价格降低,农民面临增收难题;同时,由于乡村的劳动力、资源、资金、土地等要素不断向城市转移,乡村被边缘化,出现了发展停滞甚至倒退的局面。2005年,为了解决乡村的困境,以"工业反哺农业,城市支持农村"为基础,我国提出"社会主义新农村建设"的战略目标,以破解"三农"问题为核心,以生产发展、生活宽裕、乡风文明、村容整洁、管理民主为目标和要求,实现了乡村全面建设和发展的战略转变,具体内容包括以下方面:①从"经济第一"向"全面发展"的内容转变,此前各时期的乡村建设较少重视乡村社会与生态文明的建设,多以生产发展为主要目标,而在新农村建设的战略目标中,协调推进政治、经济、社会、文化及党的全面建设战略得到确立;②从"改造农民"向"尊重农民"的思维转变,民国以来的乡村建设常采用教育、改造和组织农民的方式,农民处于被动状态,而新农村建设强调农民的主体性,尊重其意愿和创造力,让农民成为主要动力推进乡村建设;③从"集体化"向"合作化"的方向转变,农村集体化发展战略以集体所有制为基础,逐步改变了农民对土地等生产资料私有权和生产经营自主权的观念,而新农村建设坚持以家庭承包经营为基础,采用统分结合的双层经营体制,这是建立在明晰产权基础上的自愿合作经营,赋予农民土地承包经营权;④从"城乡分割"向"城乡一体"的体制转变,中华人民共和国成立后,城乡的发展状况因以城乡二元体制为基础的乡村建设而严重失衡,而新农村建设则强调城乡一体、城乡融合和城乡统筹发展;⑤从"资源索取"向"反哺农村"的战略转变,快速推进工业化和城市化的进程需要从农业、农村索取资源,导致农村发展受限,而新农村建设则依照统筹城乡发展的要求,坚持"多予少取放活",建立了以工促农、以城带乡的长效机制①。

(1)江西赣州新农村建设模式

2004 年,江西省赣州市全面启动社会主义新农村建设,以提高农民收入、素质和生活质量为目标,建设的主要内容为"五新一好",即建设新村镇、发展新产业、扶持新经济组织、培育新农民、塑造农村新风貌、创建乡镇好班子;从解决具体问题开始实践,对乡村展开清垃圾、清淤泥、清路障及改水、改厕、改路的"三清三改"工作。在此基础上开展了以下工作:①开展村镇规划编制工作,改善村民住房条件,完善基础设施、医疗卫生设施、文化体育设施等;②以建设现代农业为目标,结合先进生产技术发展新产业;③建立职业技术培训中心,加强农民实用技术和务工技能培训,提高农民素质;④发展农村主导产业和特色合作经济组织;⑤加强村容村貌、思想道德、生态环境、文化和社会保障等方面的建设;⑥开展培训,提升乡镇干部的能力和水平。

赣州新农村建设模式的主要特征:①立足农村的实际问题,改善农村环境和提高村民生活质量;②在政府的支持下,实施科学合理的规划建设;③尊重村民的意愿,实现村民主体参与建设。不过,赣州该时期的新农村建设在农村义务教育、农村公共设施、农村社会保障制度和医疗卫生体系等方面还有待完善(图 2-8)。

图 2-8　江西赣州桥庄村的新农村建设

此阶段乡村建设实践类型多,差异大,缺乏引导农民自主建设的机制,导致后续建设动力不足。由地方政府层面开展的乡村建设实践包括江西赣州新农村建设、浙江"千村示范、万村整治"工程、海南省文明生态村建设、苏南乡村现代化实验等。而个人、社会团体及企业层面的代表性实践包括何慧丽的兰考实验、高战的苏北农会实验、华润希望小镇建设实验等。

2.3.6.2　美丽乡村建设阶段(2013 年至今)

党的十八大报告提出推进城乡发展一体化,共建"美丽中国"。随后,2013 年的中央一号文件首次从国家层面明确提出"努力建设美丽乡村"的目标。2014 年的中央一号文件和《国家新型城镇化规划(2014—2020 年)》再次提出美丽乡村建设的重点内容。而在此之前,地方层面的基础性探索主要包括 2008 年浙江省安吉

---

①　项继权.中国农村建设:百年探索及路径转换[J].甘肃行政学院学报,2009(2):87-94.

县的美丽乡村建设,2011 年广东省增城、花都、从化等地区的美丽乡村建设,以及2012 年海南省的美丽乡村建设。美丽乡村建设是对新农村建设的升级,以经济、政治、文化、社会和生态建设的综合目标为导向,更关注村民的参与度、自然与社会层面的融合及乡村的可持续发展。

浙江省安吉县是典型的山区县,鉴于工业污染的惨痛历史经历,2001 年提出"生态立县"的发展战略。2003 年,安吉县开始实施"双十村示范、双百村整治"工程,重点解决工业污染、违章建筑、生活垃圾、污水处理等问题,以此改善村居环境。安吉县于 2008 年率先提出"中国美丽乡村"的建设概念,以村村优美、家家创业、处处和谐、人人幸福为目标,逐步制定了《美丽乡村标准体系》《美丽乡村考核指标与验收规则》等标准,推进全县 187 个村的建设。2010 年 6 月,安吉经验在浙江全省推广,并升级为省级战略决策。2015 年 4 月 29 日,《美丽乡村建设指南》(GB/T 32000—2015)正式发布,实现了美丽乡村建设标准由县级到省级再到国家级的跨越。在建设成效上,安吉呈现出一村一品、一村一韵、一村一景的整体格局,全县垃圾收集率达 100%,污水处理率达 90%,村民满意率达 98%,形成可复制和推广的建设模式和实践经验(图2-9)。

图 2-9　浙江安吉余村的美丽乡村建设

安吉模式的主要特征是以经营乡村的理念推进乡村建设,通过对本地生态环境和资源优势的挖掘,发展特色产业,如竹茶产业、乡村生态休闲旅游业及绿色食品等新兴产业。

总体而言,美丽乡村建设是在以工促农、以城带乡的背景下进行的乡村现代化的创新性探索,在整体建设层面,强调以整治为主,尊重村落原有格局,重点改善村居环境和农业生产条件,提升乡村特色风貌;在规划编制层面,以乡村发展的需求和问题为导向,增强规划的实用性;在建设实施层面,注重村民的参与度,协调与各部门和机构的关系,创新资金筹集模式,循序渐进地推进乡村基础设施和人居环境的建设。在 NGO、艺术家、建筑师及返乡大学生等不同力量的作用下,美丽乡村建设形成多样化的建设方式和模式。

从乡村建设的发展历程来看,各时期开展乡村建设通常是为了解决乡村资源过度输出、乡村凋敝、农民贫困等社会问题,或是政权和国家整体发展的需要。乡村建设整体呈现出阶段式的演进态势。当前,随着城镇化和现代化建设的快速发展,一方面城市化取得较大进展,另一方面乡村聚落的衰退趋势难以抵挡,依赖于农民和农村的城市发展方式导致乡村社会的"塌陷"，"三农"问题依然是中国社会全面发展的关键问题。在城乡统筹发展的背景下，该选择什么样的方向和模式成为当代乡村建设的时代命题。

2.4　中国台湾地区乡村建设的发展与演进

中国台湾地区乡村建设的发展过程呈现出政策导向由生产性农业向"三生"农业转变、推动模式由"自上而下"向"自下而上"转变的趋势。1949 年，台湾地区的乡村还是租佃制。为了巩固政权和恢复生产，台湾当局一方面推行乡村土地制度改革，另一方面建立农民组织，如改组农会、渔会、农业合作社、农田水利会等；此外，还采取了修建农业基础设施、开展农业试验研究及成果推广、改进农业生产技术等措施。台湾地区受到早期乡村建设思想的影响，推动了土地改革，并对大陆乡村建设的经验进行改良。台湾地区乡村发展历程可概括为四个阶段。

1900—1945 年为台湾地区乡村建设的第一阶段。该时期台湾地区的农业生产力得到了发展，以本地生产的粮食和原料去交换日本的工业品和肥料，逐渐形成了特殊的二元结构特征。

1946—1953 年为第二阶段，属于经济恢复时期。由于物资缺乏，农业依然是台湾地区经济结构的主体。1949 年，台湾地区人口迅猛增长导致粮食需求不断增加，加快农业生产发展也迫在眉睫。1949 年的"三七五减租"、1951 年的"公地放领"、1953 年的"耕者有其田"等一系列土地改革政策的实施，使台湾地区农业生产恢复到第二次世界大战前的最高水平，经济由此获得相对稳定的发展。

1954—1968 年为第三阶段，也是台湾地区开展乡村建设的第一时期，乡村建设主要围绕土地改革的目标。土地改革有助于提高农业生产力，增加粮食产量，同时也将大量土地资本从农业转到工商业。

1968 年以后为第四阶段，以工业发展为主成了台湾地区的新经济结构。但是，农业却因经营规模锐减、劳动力流失、农产品进口量增加及生产成本提高等因素而陷入困境。台湾当局从 1972 年起推行了一系列加速农村建设的重要措施，并于 1977 年设置农业机械化基金以促进农业全面机械化，在 1979—1981 年还实施了"提高农民所得，加强农村建设"方案。台湾地区的乡村建设终于在 1984 年"加速基层建设，增进农民福利"方案和"发展精致农业"构想等重要措施实施后得到发展[①]。

---

① 王先明.1950—1980 年代台湾乡村建设思想与实践的历史审视[J].史学月刊,2013(3):57-65.

与此同时,台湾地区的社区发展伴随一系列政策的颁布,主要经历了三个阶段。

(1)社区发展初期阶段

欠发达的农村地区是早期社区发展运动的"练兵场"。为了活跃农村经济、提高农民生活质量,1955—1965年开展了基层民生建设运动,为台湾地区社区发展概念的引入奠定了本土化的实践基础。

(2)社区发展本土化阶段

1965—1993年是台湾地区社区发展的本土化阶段。1965年,台湾地区建构了清晰的组织体系,以此全面推行社区发展工作。1968年,台湾当局发布《社区发展工作纲要》,涵盖了社区发展的工作要领、目标、执行机关、推进步骤、项目明细、资金来源和执行区域等内容,将台湾地区划分为3890个社区,推动基础工程、生活福利和精神伦理建设。此阶段的社区建设主要表现为"自上而下"的模式,虽然投入了大量资金,却未获得预期成效。此阶段台湾地区还相继颁布了"社区发展纲要"(1968年)、"社区发展十年计划"(1973年)、"社区发展后续第一期五年计划"(1981年)、"社区发展后续第二期五年计划"(1986年),以及"现阶段社区发展工作纲要"(1992年)等[①]。

(3)社区总体营造阶段

20世纪90年代初期,社区发展逐渐开始向构建生活共同体的方向展开。1994年,"社区总体营造计划"被正式提出,随后以一种民间和官方互动的建设方式推动台湾地区乡村的持续发展。社区总体营造在于寻找文化、景观、产业、历史、古迹、艺术等地方特色。不同于以往社区发展协会主导的社区发展,社区总体营造在实施过程中引进了大量建筑和规划领域的专业人士,由社区、政府部门和专业人士三方共同参与,利用不同角色的力量来发展具有本土文化特色的产业,并以此解决当地居民的就业问题,进而实现经济发展的核心目标。

1999年台湾发生的"9·21"大地震使台湾社会组织的生命力得到展现,并表现出比地方政府更高的效能。基于灾后重建的相关经验,台湾地区开始调整社区营造的推动模式,社会力量和民众参与的力度逐渐增大。2002年,鉴于对未来长期发展的考虑,台湾当局提出了"新故乡社区营造计划",替代了原先的"社区总体营造计划",居民因地方政府放权并允许多方协作而受益良多。2004年,居民又因《社区营造条例(草案)》允许公众参与立法而获得了参与公共事务的法律保障。

---

① 韩全永.台湾社区发展的得失[J].社区,2005(10):14-15.

2005 年，"健康社区六星计划"的出台保障了社区的健全发展，产业提升、社区福利、医疗保障、治安管理、人文建设、环境改善和环保生态成为社区发展的重心。该计划一方面注重创造本地就业机会，吸引青年返乡发展；另一方面强调地方特色风貌的营造和闲置空间的合理利用，最终目标是全面打造安居乐业的健康社区。2008 年，"农村再生计划"提出，不仅促进了以农业为基础的产业发展，也改善了农村的就业和经济状况。该计划采取"自上而下"的政府引导结合"自下而上"的农民自主参与的推动机制，重视特色产业培育、生态复育及空间景观活化利用，以此推动农村的再生建设，并提升农村环境质量和农民生活品质。

台湾地区与大陆存在体制发展的不同，但在乡村的发展历程、经济模式与社会文化等方面具有相似性。20 世纪 90 年代社区营造理念与政策的推行使台湾地区乡村建设取得了较大成效，其经验对大陆乡村的营建有一定的启示。首先，营建应获得社会广泛认同，整合多方资源，并注重提升居民自发参与的积极性、认同感和归属感。其次，可建立建筑、规划等专业人员的参与和引导机制，以协助乡村形成自下而上的空间营造计划，开展参与式设计。再次，应注重发展具有文化特色的地方产业。最后，应以村民素质及产业、文化、环境等的全面提升为目标。

2.5 模式特征分析与经验启示

从清末时期到 21 世纪初的乡村建设历程中，各届能人志士怀着各自的主张和思想，开展了改造旧体制、建设新乡村的实践探索，在乡村建设的主导力量、模式类型、建设方略与举措、模式特征与成效方面为当代乡建提供了诸多参考和经验。

受到不同时代背景、社会文化与地域环境等因素的影响，相继出现的各类乡村建设模式存在不同的理念和主张，既具有丰富的个性特征，又存在共性规律，其共同特征与内容如下。

第一，相同历史时期的乡村建设的历史定位和发起原因基本一致。例如民国时期的邹平模式、晓庄模式、定县模式、无锡模式等虽然各自的理论表述不同，但都将乡村建设与国家的发展、民族的前途联系在一起，并视其为改变乡村衰败、村民穷苦等状况及民族复兴的重要途径。第二，各种模式开展乡村建设的方法有一定的相似性，最为普遍的是将教育作为乡村建设的重要举措，比如晓庄模式的乡村生活教育、定县模式的平民教育、徐公桥模式的职业教育、无锡模式的民众教育等。第三，多数模式都以知识分子和社会精英为核心，并注重与乡村力量融合。精英只有到农村去，真正了解乡村的生产生活和社会真相，才能制订出贴合乡村实际的建设计划。其中，定县模式中的"博士下乡"即成功的典范。第四，各种模式所开展的乡村建设事业在内容上大致相同,涉及乡村教育、乡村组织、乡村经济、乡村自治、乡村卫生、乡村秩序、社会风俗等领域。在教育方面,举办适合乡村和村民实际需要的文教事业,注重道德意识、专业技能和文化素质的培养;在经济方面,推广先进的耕作技术和良种,筹办各种农业合作社,发展工业,并注重产业之间的融合发展;在政治方面,提升村民的自治和自卫能力;在医疗卫生方面,改善医疗条件和制度,改良乡村卫生环境;在风俗方面,革除旧弊,培养新的乡村生活习惯。第五,各种模式的工作路径都具有相似的步骤。在开展具体事业之前,先进行社会调查,在此基础上制订详细计划,再选择村落进行实验,并在取得成果后进行推广。第六,在唤醒乡村力量方面,各模式均力图通过提高村民的自觉意识和自组织能力,来解决乡村和村民的实际问题。

与此同时,乡村建设模式还存在丰富的个性特征。首先,乡村建设的主导力量是模式类型划分的重要依据,可分为政府主导和精英主导两大类。政府主导通常是自上而下的强制实行方式,偏重乡村组织、经济和公共事业的建设。而精英主导的方式常以教育为手段,通过"人"的建设来引导乡村各项事业的建设。其次,从乡村建设的动机来看,政府主导是基于改造制度的愿望从事乡村建设,精英主导则是怀着改造中国教育的抱负走向乡村,即使都主张以教育为乡村建设的依据,不同模式所侧重的教育内容也不尽相同。比如邹平模式建立乡学、村学,使之成为新的乡村组织;定县模式实行以文艺、生产、卫生、公民为内容的四大教育;晓庄模式以"生活教育"为理论依据;徐公桥模式的"职业教育"和无锡模式的"民众教育"等也各有其主张。再次,不同模式具有不同的乡村组织。政府主导的模式一般通过设立行政管理机构来推行建设,精英主导的模式通过建立乡学、村学、平民学校、乡村师范学校、乡村改进会等组织来推行建设。最后,各种模式的建设成效也不尽相同,如有的提升了乡村教育水平和村民素质,有的完善了公共设施、建立了新的乡村组织、推动了体制改革,有的实现了乡村的全面建设和发展等。从整体的影响力来看,安吉模式、邹平模式、定县模式、北碚模式等取得了较好成效。

总体而言,乡村建设在演进过程中由于受到社会变迁、政权更迭等多种原因的影响,呈现出丰富的模式特征和模式类型,其中每一种模式的出现都是顺应时代发展的结果。对乡建历史经验的梳理和总结,可为当代乡建适宜模式的建构提供有力支撑。

2.6　本章小结

本章首先通过对中国乡村社会转变、人口迁移、经济组织等方面进行分析,归纳出乡村聚落演变的原因、规律和特征；其次对中国大陆乡村建设的历程及代表模式的特征进行梳理，获得乡村建设的经验，并通过对台湾地区乡村建设发展过程进行分析，厘清了台湾社区营造的背景、缘由，受到了启发。

乡村社会组织和人口迁移模式折射出乡村产业的发展状况，并由此影响乡村聚落的演变。乡村产业结构逐渐从第一产业转为三大产业关联发展，并促进了乡村经济组织的兴起。而乡村聚落也呈现出从传统封闭的血缘型和地缘型向多元开放的业缘型和后业缘型演进的趋势。

本章通过梳理文献，将乡村建设的发展历程划分为清末时期、民国时期、中华人民共和国成立以后至人民公社时期之前、人民公社时期、改革开放至 21 世纪初及 21 世纪初以来 6 个阶段。具体来说，清末时期，在乡绅制度下，乡村聚落处于自组织建设阶段；民国时期，由于知识分子对传统社会、生活、教育及自身的反思，开启了中国乡村运动实践阶段；中华人民共和国成立以后至人民公社时期之前，较短时间内实现了"耕者有其田"的理想，处于中华人民共和国成立初期的土地改革阶段；人民公社时期是基于社会主义改造的乡村建设阶段；改革开放至 21 世纪初，以家庭联产承包责任制为核心，步入了乡村建设复兴与转型阶段；21 世纪初以来属于城乡统筹、城乡一体化建设阶段。

本章针对各历史时期的乡村建设的代表模式，分别从主导力量、类型、建设举措、特征与成效等方面进行归纳总结，探寻出关于定位、开展方法、核心力量、乡建内容、工作路径、营建目标的 6 项共性规律，明确了主导力量、"人"的建设、乡村组织、乡村自治、产业经济、文化习俗、乡村教育、环境卫生等乡建内容的重要性，并整理出各模式在主导力量、建设动机、乡村组织、影响力和成效上的个性差异。

3 延展与关联:社区营造视角下乡村聚落营建的相关理论与构成要素

20世纪90年代,台湾地区推行"社区总体营造"的理念与政策,调整了过去自上而下的传统思维方式,结合民间的自发性力量,将社会资源和政府资源进行有机整合,从而引发社会对空间、文化、产业、民主等话题的整体思考。社区营造表面上以发展文化艺术为目的,实际上是改造人心的社会工程,是社区的自组织过程,也是关于空间与社会、专业与政治的重要课题[①]。本章将对台湾地区社区营造的发展背景及代表案例进行分析,系统诠释并重新提炼社区营造所涉及的理念,并通过相关理论的在地化延展,建立社区营造的理论基础和指导思想。在此基础上,分析社区营造涉及的层面和工作路径,从而对乡村聚落营建的基本层面和构成要素进行系统建构。

3.1 社区营造的形成与发展

3.1.1 社区营造的形成

受全球化趋势影响,台湾地区的乡村产业发展遇到瓶颈,而村民的不断外迁进一步加速了乡村社区的衰落。在台湾地区城市化和现代化的进程中,台湾当局推行社区总体营造计划,力图让乡村获得新的活力和发展契机。

由于历史原因,台湾地区的社区营造在概念和做法上主要受到20世纪70年代末在日本兴起的"造町运动"的影响。该运动从改善景观环境、提高健康与福利待遇、保护生态环境和景观环境等方面展开[②]。由此,台湾地区逐渐意识到社区营造需要兼顾社区"硬件"和"软件",是使用者提升环境维护意识并进行自发性环境改造的过程,而建筑师、规划师也将从以往专业技术提供者的角色向专业教育指导者的角色转换。

20世纪80年代,为了走出社会发展的困境,台湾地区特邀日本千叶大学的宫崎清教授介绍"造町运动"的经验,提出满足民众需求、延续文化传承、保护地理特色、开发本地资源和创造社区景观五个方面的内容。20世纪90年代初,"南

① 朱蔚怡,侯新渠.谈谈社区营造(上)[M].北京:社会科学文献出版社,2015.
② 莫筱筱,明亮.台湾社区营造的经验及启示[J].城市发展研究,2016,23(1):91-96.

下""返乡""重回部落"等一系列涉及政治、生态、地方认同、劳工与都市社会的行动在台湾各地涌现,在返乡知识分子的引导下,社会力量得到唤醒。其中,基于地方认同和共同体意识的社区营造占有重要地位。

1994年,台湾地区结合日本"造町"、英国"社区建筑"和美国"社区设计",提出了"社区总体营造计划",随后社区总体营造作为一种施政计划在台湾地区推广。台湾地区通过社区营造实践,不断丰富"人、文、产、地、景"五个维度的内涵和资源,逐渐形成在地化经验(图3-1)。在这个过程中,当地一方面反省以往对在地认同的忽视,另一方面深入挖掘和营造地域特色,经营美好生活环境,为产业转型中的乡村社会提供了重新改造的机会。1999年台湾地区经历"9·21"地震,民众参与的重建工

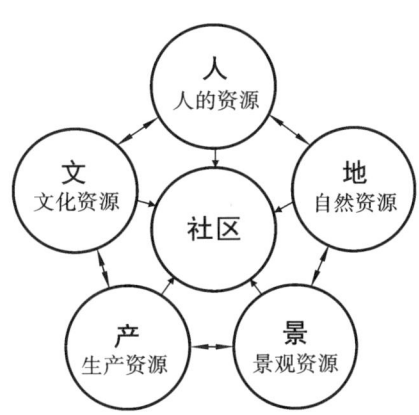

图 3-1　社区营造的五个维度

作体现了社区营造的普遍价值。时至今日,社区营造已经在台湾地区发展了30年,逐渐深化为一种共同的社会经验。

3.1.2　社区营造的发展阶段

"自上而下"是早期社区营造采用的模式。社区作为政策和规范的基层执行机构,在行政机构的强势主导下,忽视了社区居民的主动参与度和真实需求,导致居民之间关系淡漠及对地方事务缺乏参与热情。"自上而下"的模式逐渐向重视社区主体和居民参与度的"自下而上"的模式转变,政府仅在营造初期提供理念、技术和经费等支持。台湾地区的社区营造作为一项长期且广泛的社会实践活动,主要分为三个阶段。

第一阶段为"点的示范期"(1994—2001年),"社区总体营造"施政理念被正式提出,并朝着"造人"的社会性、"造景"的功能性和"造产"的经济性目标迈进。同时,"社区文化活动发展计划""辅导美化地方传统文化建筑空间计划""充实乡镇展演设施计划"等均以单一层面的地域范围或组织为执行对象,通过建立"点"状示范性社区,为社区营造的全面推动奠定基础①。

---

①　王本壮.社区总体营造的回顾与展望[J].府际关系研究通讯,2008(3):18-21.

第二阶段为"线的连接期"(2002—2007年),2002年"新故乡社区营造计划"被提出,涉及社区营造的组织、资源和地方生活等内容。结合"新故乡社区营造计划","健康社区六星计划"于2005年被提出。该计划强调社区的主体性与自主性、社区自我诠释意识和解决问题能力的培养,并将"产业发展、社福医疗、社区治安、人文教育、环境景观、环保生态"作为社区营造的六大方向。在此阶段,社区营造将资源的合理有效配置和各行政部门之间的协调合作作为重点,并基于示范"点"的发展逐渐形成"线"的关联与连接。

第三阶段为"面的扩展期"(2008—2013年),始于2008年的"磐石行动:新故乡社区营造第二期计划"。该计划基于地方文化生活圈,通过跨界合作、资源调整、理念培育和艺文共造的方式,达到促进社区文化生活融合、激发在地认同感和发展地方特色旅游观光事业的目的。同年,台湾地区还提出了"生活美学运动计划"。此阶段,"点"和"线"得到突破,社区营造开始往"面"的方向推进[①]。

总而言之,台湾地区的社区营造运动经历早期自发、中期鼓励、后期普遍的发展过程,其理念逐渐从"全球接轨"发展到"在地行动"。面对全球化的激烈挑战,乡村社区营造从"民粹"走向"草根",从"专业分工"转为"在地整合",进而以社区营造为手段进行地方文化的复兴和集体记忆的保存。目前,社区营造已成为影响台湾地区社会发展的重要概念,并成为政府管理体系相互衔接的关键[②]。

3.2 台湾地区社区营造的案例分析与总结

台湾地区的社区营造依据城市化程度,大致可分为都市型社区营造和乡村型社区营造两大类。都市型的社区大多集中在繁华的台北都市区,在这些地区社区意识不强、社会关系淡漠,社群关系的重建成为当务之急。相比都市型社区,乡村型社区因生活条件和地方发展方面的不足而被视为低经济效益、低发展潜力地区。因此,地方特色发展成为乡村型社区营造需要改进和依赖的内容[③]。台湾地区社区营造的模式主要有三种:成功率较低的政府推动模式;较易成功的NGO帮扶模式,代表案例为桃米村;成功率最高的返乡知识青年主导模式,有诸多取得成效的案例。在台湾地区社区营造的诸多实践案例中,本书依照典型性和差异性的原则,选取桃米村、黄蝶翠谷和土沟村三个案例进行重点分析。

---

① 莫筱筱,明亮.台湾社区营造的经验及启示[J].城市发展研究,2016,23(1):91-96.
② 陈振华,闫琳.台湾村落社区的营造与永续发展及其启示[J].中国名城,2013(3):17-23.
③ 龚恺.随风潜入夜,润物细无声——台湾地区的社区营造[J].建筑与文化,2013(7):8-15.

3.2.1　南投桃米村

台湾地区有很多乡村开展了社区营造，其中桃米村属于典型案例之一。桃米村位于台湾南投县埔里镇的西南部，总面积约 18 平方千米，拥有森林湿地和多样动植物等自然资源（图 3-2）。在 1999 年"9·21"大地震之前，桃米村原本属于典型的农业村，面临着产业经济衰退、社会关系疏离、空间环境简陋、人口结构老龄化等问题。村里的青壮年纷纷外出务工，儿童和老人留守乡村。因毗邻埔里镇的垃圾填埋场，桃米村被居民自嘲为"垃圾村"。"9·21"大地震之后，369 户居民中有 168 户的住房全部倒塌，60 户半倒塌[①]。"明星灾区"的身份使得桃米村成为社会关注的焦点，也因此获得众多社会资源的投入。随后，NGO 进入桃米村，协助桃米村进行灾后重建。

桃米村经由政府、学界、NGO 和村民的共同协作，进行了产业、生活环境、生态环境的营造与重建。正如宫崎清教授所言，在社区营造的"人、文、地、产、景"五个方面中，"人"是最关键的因素。因此，桃米村的重建将统一思想、凝聚人心作为首要任务。桃米村的村民因自然灾害而重新聚集，共同开展以"社区理想国"为目标的社区营造工作，具体包括以下内容。

首先，建立精神地标——"纸教堂"（图 3-3）。搭建纸教堂成为构建村民精神原点的重要手段。日本建筑师坂茂所设计的纸教堂外墙由玻璃纤维波浪板构筑而成，内部由 58 根纸管建构出一个可容纳 80 个座位的空间。这座由钢、木、纸三种材料建造而成的教堂不仅阐释了物质与生命的脆弱性，也暗示着信仰的坚韧性。纸教堂于 2008 年 9 月 21 日"9·21"大地震纪念日启用，成为社区活动的中心，并成为桃米村的精神地标和文化符号。

图 3-2　桃米村平面示意图[②]

图 3-3　桃米村纸教堂[③]

---

① 陈统奎.再看桃米：台湾社区营造的草根实践[J].南风窗，2011(17)：58-61.

② 图片来源：https://www.google.com/maps/search/%E6%A1%83%E7%B1%B3%E7%A4%BE%E5%8C%BA/@23.9435993,120.928999,797m/data＝！3m1！1e3。

③ 图片来源：http://www.360doc.com/content/16/0124/17/10580899_530261785.shtml。

其次，重塑家园意识——护溪工程。护溪工程是除搭建纸教堂之外的另一项凝聚人心、重塑家园意识的策略。横贯东西的桃米溪是桃米村的"母亲河"，而溪水却被周边垃圾填埋场严重污染。为了恢复生态环境，村民开展封溪和护溪行动，标志着生态保护行动和资源永续的责任成为全村的共同事业。护溪工程让不同价值观的村民凝聚在一起，并起到统一价值观的重要作用。

再次，挖掘资源——梳理文化与生态资源。产业发展是社区营造的动力，而资源挖掘则是产业重塑的基础。桃米村整合多个团队对村内的生态资源进行梳理。调查表明，桃米村面积为台湾地区总面积的0.05%，却拥有23种青蛙(占台湾青蛙种类的79%)，生态资源和物种丰富①。桃米村选择生态和文化相结合的营造方式，形成独特的青蛙文化。

然后，复兴产业——生态涵养，强化特色。桃米村一直以种植地瓜和水稻的传统农业为主，20世纪90年代初期以麻竹笋为主要产业。在对当地资源进行挖掘后，桃米村确立以生态观光为主要产业，将建立台湾地区首个青蛙观光特色社区作为发展的基石。桃米村还通过NGO组织邀请大学的教授团队开设深度游课程，让村民了解实现乡村富裕的多种可能性。桃米村在特色强化的过程中，针对23种青蛙种类和分布的介绍采取拟人化和趣味化的手法(图3-4)。只有找到适合乡村发展的特色产业，才能把人留住。桃米村建立了生态观光休闲网络，特色民宿也呈现出专业化的发展趋势，基于整体利益，民宿之间服务和客源共享，村民参与社区发展决策。

图3-4　拟人化青蛙介绍示意图②

最后，重整风貌——围绕特色，全息化营造。基于"生态为体，产业为用"的理念，桃米村在服务经济中找到了结合美学、感性、游憩与创意的产业，以青蛙观光为特色产业，进行社区的全息化营造，乡村风貌也得以保存与延续。桃米村将青蛙元素融入民宿(图3-5)，并遵循低密度开发原则，以此打造独具特色的"青蛙共和国"。

---

①　资料来源:https://www.taomi.tw/。

②　图片来源:https://mp.weixin.qq.com/s/5xmI4rIVtKyceQTHHjkAkA。

桃米村社区营造的核心经验：一为 NGO 的介入和各类培训的开展，让村民了解社区营造及生态发展的理念和知识，通过与村民共同讨论、策划和参与社区建设，NGO 逐渐融入社区；二为通过生态观光带动生态产业的发展；三为基于村民的凝聚力和建设新故乡的热情，以村民参与的方式推动社区发展。

图3-5　青蛙洗手间①

3.2.2　高雄美浓镇黄蝶翠谷

美浓镇位于高雄市中部偏东，地势平坦，三面环山，南面有荖浓溪与其支流美浓溪贯穿全境（图3-6）。美浓镇是具有浓厚客家文化的农村地区，人口约 5 万人，其中客家人约占 90%。20 世纪 80 年代初，美浓的经济和社会结构因台湾农业政策的影响而剧变。一方面，美浓的传统烟草经济逐渐衰退，城市商业文明逐步渗透；另一方面，"以农养工"政策实施后，美浓的年轻人产生了乡村"没有希望"、留守乡村"没出息"的社会价值观，逐渐放弃了低收入的农业生产转赴繁华的城市谋生。

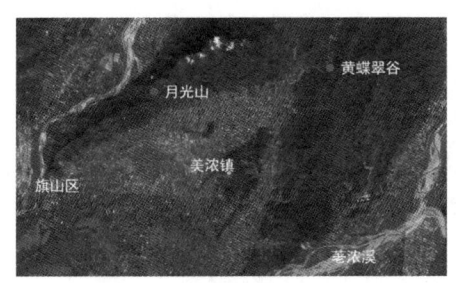

图3-6　美浓镇平面示意图②

3.2.2.1　反水库行动和黄蝶祭

1992 年，台湾当局计划在美浓镇东北端的黄蝶翠谷兴建美浓水库。双溪上游的黄蝶翠谷是独具特色的生态型蝴蝶谷，水库的修建将导致蝴蝶谷被淹没，使美浓的生态资源受到破坏，并使居民的利益受到损害。同时，相关组织的资料显示，双溪的土质松软，无法承受水库的建设，水库的兴建将危及美浓镇的安全。在此背景下，美浓镇迅速组建由村民和返乡知识分子组成的反水库行动队伍，并通过一系列抗议活动，最终迫使当局妥协。

美浓黄蝶祭原为基于反水库行动的生态人文活动。随着社区力量的不断注入，文学、音乐、绘画和行动剧场等艺术元素融入祭蝶仪式，黄蝶祭逐渐成为美浓青年回归乡土与文化传承的活动。近年来，志愿者和各地艺术家的加入使黄蝶祭在

---

① 图片来源：https://www.sohu.com/a/246886715_99925622。

② 图片来源：http://www.google.com/maps。

自然教育、环境艺术、文化传承、青年赋能等方面呈现出更为丰富的内涵①。黄蝶祭已成为民众例行开展的乡土环保活动。

3.2.2.2　美浓的社区营造

美浓的社区营造主要包括组织营造、文化营造和价值观营造三个方面。

社区组织营造方面，美浓反水库组织通过成立"美浓爱乡协进会"，汇聚了当地村民、返乡知识青年、艺术家、教师、地方政治领袖及民间团体。美浓的社区营造开展的主要工作包括三个方面：其一，以专题演讲和文字论述的方式介绍水资源的经营理念，使当地居民建立水资源永续利用的认知；其二，致力于对美浓客家文化的社会背景、发展历程及构成要素的探讨；其三，设立美浓公众论坛，基于新的社会认同和人际关系来解决社区的问题。美浓爱乡协进会的诸多活动激起了当地青年对家乡和客家文化的热爱，并于1997年成立了"美浓后生会"，与美浓爱乡协进会共同开展社区营造、读书会、田野调查等活动。其成员在大学毕业后多数返乡从事教职工作或加入美浓爱乡协进会、旗美社区大学等组织，继续建设家乡。

社区文化营造方面，美浓的客家文化和传统精神受到当代外来文化的冲击，使新一代客家人无法认同当地文化。对此，美浓爱乡协进会组织开展文化建设，具体包括三个方面：其一，通过美浓黄蝶祭系列活动，鼓励居民参与地方传统艺术的创作，让艺术回归生活，形成乡村生活美学；其二，推动民众乐队——"交工乐队"创新发展，使用锣、鼓、唢呐、月琴等传统乐器，以地方传统音乐为基础创作反映现实社会的客家民谣；其三，组织地方教师编撰美浓地方史、客家语与生态保护教材，通过开办农民知识讲座和编辑地方区报来凝聚社区力量。美浓爱乡协进会通过音乐、美术、文学、纪录片、陶艺等多种形式，增强客家人的文化认同感。美浓的知识青年、画家、陶艺家等以各自的方式进行社区文化的营造，进而增强客家人的地方意识。

社区价值观营造方面，受到都市化和工业化的影响，美浓多数青壮年外出谋生或从事非农行业，而留在乡村发展的青年被认为"没出息"，由此造成农民价值观的错位。为了重塑美浓社区居民的价值观，定位为农村型社区大学的旗美社区大学通过开设生活艺能型、社团型等课程介入乡村社区，并组织讨论会式公共论坛，逐步向村民渗透新的思想，其目标在于肯定农业价值和挖掘乡村传统资源的价值，并引入新的技术观念进行诠释与再生。

美浓的社区营造以"人"为核心，围绕当地居民的实际利益展开，并以社区组织

---

① 左靖.碧山 02：去国还乡[M].北京：金城出版社，2013.

的建立为切入点。在营造过程中，组织和开展各类活动以传承延续地方文化和提升居民价值观，实现社区的活跃化，并吸引更多年轻人返乡加入社区的营造。这种由社区自发推动的营造模式凸显了对居民主体利益和观念意识的关注及自发组织的工作理念，对于大陆的乡建具有参考价值。

3.2.3 台南土沟村

台南土沟村由顶土沟、下土沟、凹仔、无竹围厝和竹仔脚等组成，并以顶土沟为核心发展区。土沟村有 400 余公顷土地为农田并以种植水稻为主[①]（图 3-7）。土沟村拥有完整的空间肌理、水系格局和丰富的生态资源。然而，土沟村的生活、生态和生产面临诸多问题，比如青壮年离乡外出、文化缺失、人际关系疏离、空间破旧、水系污染及产业转型遇到瓶颈等。2002 年，"土沟农村文化营造协会"成立，当地青年联合台南艺术大学社区营造团队（简称南艺团队），共同推进社区艺术与空间的改造，具体内容如下。

图 3-7 土沟村核心区平面示意图[②]

首先，艺术介入。土沟村与艺术的融合是一个渐进适应的过程。2003 年，水牛石雕的设置成为艺术介入村落的开始，"水牛"这一文化符号成为土沟村的精神象征。2006 年，土沟村基于艺术改变生活的理念，以生活空间为载体，将当地元素融入竹仔脚聚落艺术改造和创作中，实现了艺术与生活的相融共生。2007 年，"乡情客厅"公共空间艺术改造计划引导居民结合生活经验进行创作。随后，"水水的梦"社区圆梦计划的实施、"牵手路"艺术空间的改造，以及台湾地区第一个农村美术馆"土沟农村美术馆"（图 3-8）的成立等，这些艺术化的行动改善了乡村风貌，展现了乡村生活美学的概念。土沟农村文化营造协会通过艺术介入的方式，积极利用当地资源，并尝试将本土文化转译为地方精神，使社会关系获得改善，本土文化价值和居民的地方认同感获得提升。

---

① 赵容慧,曾辉,卓想.艺术介入策略下的新农村社区营造——台湾台南市土沟社区的营造[J].规划师,2016,32(2):109-115.

② 图片来源:https://www.google.com/maps/search/%E5%8F%B0%E5%8D%97%E5%9C%9F%E6%B2%9F%E7%A4%BE%E5%8C%BA/@23.3754571,120.36819,6404m/data＝!3m2!1e3!4b1。

图3-8　土沟农村美术馆①

图3-9　"坐十分钟陶渊明"②

其次,交流合作。在改造计划中,营造协会、南艺团队及艺术家们都与居民积极沟通协调,了解其生活状况、想法和意见,所有营造活动都基于居民的生活需求来实施,积极调动居民参与营造过程。居民的参与成为社区营造过程中具有重要意义的环节,例如土沟村的公共艺术地标——"坐十分钟陶渊明"就由当地居民与南艺团队在共同讨论后创作而成(图3-9)。居民通过参与社区营造活动逐渐建立认同感和自信心,并在与南艺团队和营造协会的长期合作过程中形成了基于认同感的协作模式③。

最后,永续发展。土沟村基于对村落特色文化、自然资源和传统生活的挖掘,结合创意构想,开创艺术与文化相融合的创意产业,搭建了生活、生态、生产整体营造的平台,从而促进村落永续发展。居民成为参与和经营的主体,也为村落的永续发展提供了内生动力。

土沟村的社区营造经验主要包括三个方面:一为艺术介入的营造策略,借由艺术的力量,提升居民自主创新的能力,进而激发社区活力,重构乡村文化精神;二为多元主体参与的营造模式,建立以专家、营造协会、艺术家与当地居民为主,政府为辅的多元合作关系;三为永续发展的营造目标,以公共空间的艺术改造为出发点,逐步完成乡村社区在生活、生态、生产三个方面的整体营造。

以上经验对于大陆乡村建设有一定的借鉴作用,比如通过对乡村资源的挖掘和利用,可以形成丰富的聚落空间形态,缓解"千村一面"的现象;自上而下的营建方式难以满足居民的需求,而自下而上的方式在大陆乡村尚未建立运行机制,因此需要搭建两种组织方式的协作平台,建立以村民为主体的多元主体参与的关系,满

---

①　图片来源:https://ourisland.pts.org.tw/content/2427。
②　图片来源:https://www.sohu.com/a/245796590_200508。
③　邱伟诚.乡村型社区与大学合作社区总体营造事务之研究:以倡导联盟观点试之[D].台中:东海大学,2011.

足村民在营建过程中的实际需求,改变以往只注重物质空间的营建方式,才能最终实现乡村的全面提升和可持续发展。

3.2.4 社区营造的理念解析与特征总结

社区营造是一种回归土地、社区和生活的主张,其目的在于营造一种习惯和一群人。台湾地区的社区营造一般依托公益组织为当地居民提供实际的帮助及持续不断的教育培训,使其产生对生态、文化、利益重要性的认知,从而成为营造活动的支持者和践行者,然后引入外来资本协助当地发展,最终形成社区互助组织,最初的公益组织则扮演推动者和协助者的角色。这一过程可概括为"转变观念—强化意识—学习知识—树立决心—积极行动"。

社区营造的核心理念是自下而上,由民间自发组织和自我建设。在行动过程中需要政府和政策的支持,并将"由基层到政府""公众参与""社区自主""永续发展"等作为营造的原则与方式,培育并凝聚社区意识。社区营造的核心价值是注重以村民为主体的参与方式,以村民的利益为营造出发点。因此,社区营造就是调动居民参与的积极性,满足居民需求,营造共同的文化氛围和公共空间,发展社区特色产业,使社区成为一个可持续发展的共同体。

总体而言,社区营造的主要特征包括以下几个方面。

第一,社区营造以建立"社区共同体"为前提。核心工作是人的再造,是将居住在一定地域空间范围内的人群聚合成富有社区感和认同感的群体[①]。共同意识的形成是社区共同体建立的重要标志。居民在挖掘社区历史文化和自然生态资源、参与社区公共事务的过程中,重新建立共同的文化信仰、价值观念和营造愿景,以此增强共同体意识和社区感。

第二,社区营造以产业发展为动力主轴。产业弱化通常是造成社区凋敝的主要原因。在地经济的振兴能够吸引社区的年轻人返乡,让社区拥有持续发展的力量。乡村社区能够根据不同的资源和文化特色,选择不同的发展模式。利用地域特征元素发展传统文化创意产业和生态旅游业,成为乡村社区营造的主要路径。产业发展为社区提供了营造所需的资源,而被挖掘出的资源促进了社区产业的发展。

第三,社区营造以"多方协力"为工作方式。多元化的参与主体包括居民、社区组织、各级政府部门、建筑与规划等专业团队、NGO、科研机构等。其中,居民是社区营造的主体,参与调查、设计、决策、实施、反馈等过程,并在知识和经验积累的过

---

① 丁康乐,黄丽玲,郑卫.台湾地区社区营造探析[J].浙江大学学报,2013,40(6):716-725.

程中逐渐形成社区共同体意识。同时,社区营造鼓励居民自发组建社区组织,如文化教育基金会、乡土文教协会、文化营造协会等。政府部门通过实行政策方案和计划,搭建各方交流平台来推动社区营造。专业团队是政府部门和社区居民之间沟通的纽带,利用专业技术和营造经验来激发居民参与社区营造的热情,弥补居民在营造知识和价值观念上的不足,并引导资源经由政府部门流向基层社区。专业团队在资源调查、计划研究、社区组织运作、社区动员等方面制订行动指南,指导营造活动有序开展。专业团队主要以两种形式存在:一种是常态性经营的在地团队,如仰山文教基金会;另一种是研究机构或学校团队,如旗美社区大学。社区营造应充分发挥社区组织和公益组织的作用,提升社区的自我管理能力,以多方协力的工作方式共同推进营造计划实施和文化深耕。

第四,社区营造以"在地性"和"文化性"为主要内容。在地性是多样化地域特征的延续,通过地方知识的"文化转译"让居民产生认同感。文化性强调对社区文化潜质的挖掘,通过资源调查、文化地图、绘本、演出等活动的开展,让居民对地方文化产生自豪感,进而自发参与社区公共事务。社区在地性与文化性的营造使居民获知社区在地资源和所具备的优势,共同体意识得到进一步强化。

第五,社区营造以"自下而上"和"公众参与"为基本原则。社区营造重视社区居民的参与性和主体性,并建立自下而上的行动方式。居民集体商定各类公共事务;政府在营造初期负责理念推广、经验交流、技术分享等工作及提供部分经费支持,在社区空间环境的营造中,创立自主营造和公众参与的模式。建造材料多选用地方性建材,是对资源的重新整合,也是对当地居民、施工人员和当地环境都有益的方式。而自主营造是一个学习知识、凝聚共识和培养情感的过程,使居民与空间的关系得以重塑,进而开展社区管理和维护。

第六,社区营造是一个循序渐进且"可持续"的过程。社区营造的周期一般为5~20年,需要持续且全面的计划。社区营造从居民生活的小事入手,由点及面,延伸至意识凝聚、地方历史文化、居民交往、景观环境等方面,实现社区的永续发展。

3.3　与社区营造相关联的理论及其延展

3.3.1　系统论

3.3.1.1　系统论概述

一般系统论创始人贝塔朗菲认为,系统是相互联系、相互作用的元素综合体[①]。

---

①　贝塔朗菲,王兴成.普通系统论的历史和现状[J].国外社会科学,1978(2):69-77.

中国著名学者钱学森将系统定义为由许多部分所组成的整体,强调整体是由相互关联、相互制约的各个部分组成的[①]。因此,系统最本质的特征是整体性。其定义还包含要素、结构、功能等概念,以及要素与要素、要素与系统、系统与环境三个方面的关系。

系统论的理论基础由普通系统论、信息论和控制论构成。其核心观点是强调整体大于部分之和。在贝塔朗菲看来,系统论与机械论思想是相对存在的,包含了整体性、等级结构、关联性、动态平衡等原理。

整体性原理：有机体的各要素不能简单地分解和相加,必须用整体性的系统观点来看待研究对象。

等级结构原理：系统包含子系统与层次关系,其中每一个子系统又是下一个较低层次的系统,存在等级结构秩序。

关联性原理：系统要素组成部分、要素和变量之间相互关联,成为系统思维的基本要求。

动态平衡原理：系统与环境之间、各子系统之间、子系统的要素之间存在着相互作用的关系,系统在不同力的作用下不断演化,因此,不仅要探究系统发展变化的动因,还要研究系统发展变化的方向、规律和趋势[②]。

3.3.1.2　社区营造结合系统论的延展

社区营造由社区、总体和营造三个要素构成。从概念上看,社区营造的目的在于全面发展,提高居民的自觉性和组织性,重建人、环境、社区三者之间的和谐关系。社区营造包括人、文、产、地、景五个方面的内涵和资源,是由五个子系统组成的具有一定等级结构和功能的整体。

首先,社区营造在内容上具有系统性。"人"包括营造主体的参与、人际关系的经营和居民生活福祉的创造等要素;"文"包括社区文化事业的经营、历史文化的延续等要素;"产"包括地方产业与经济活动的集体经营、地产的创发与行销等要素;"地"包括地域性的延展、特色的发扬和保护等要素;"景"包括景观创造、公共空间优化、居民自主营造等要素。在社区营造过程中,这五个子系统和构成要素相互关联,共同发挥作用。

其次,社区营造在层级上具有整体性。社区营造包含宏观、中观、微观层面的内容。宏观层面包括整个社区的自然生态格局、产业结构布局、社会文化活动和生

---

①　钱学森.论系统工程(增订本)[M].长沙：湖南科学技术出版社,1988.

②　孙炜玮.基于浙江地区的乡村景观营建的整体方法研究[D].杭州：浙江大学,2014.

活环境的经营等内容；中观层面包括街巷空间、公共建筑、基础设施的建造等内容；微观层面包括居民住宅的建造和景观小品的打造等内容。这些内容由多个要素构成，从而形成社区营造系统的层级。

最后，社区营造是一个可持续的动态平衡过程。社区营造各要素随着时间变化呈现出动态演化的特征。人的需求或生活方式的改变会影响空间的营造。因此，营造过程应纳入时间因素，思考社区过去、现在与未来的发展，具体包括传统的延续、现代生活的适应和可持续理念的坚持。

3.3.2　公众参与理论

3.3.2.1　相关理论概述

公众是指社会上大多数的人。参与是一个过程，通过参与，利益相关者可以共同影响并把控发展的方向、资源和决策权[①]。公众参与是指公民通过各种方式直接或间接参与行政行为的过程，以达到调控行政权力和保护自身权利的目的，具有参与内容广泛、参与方式多样等特点[②]。在实际活动中，公众参与泛指普通民众作为主体参与并推动社会决策和活动实施。

（1）公众参与阶梯理论

1969 年，美国学者安斯坦（S. Arnstein）在其论文《市民参与的阶梯》中表示，基于社会公众权利施展和分配的角度，公众参与阶梯应从低到高分为 8 种参与形态，即操纵、治疗、通知、咨询、安抚、伙伴关系、授权和公民主导，包括"非参与"（nonparticipation）、"象征性参与"（tokenism）和"公民权力"（citizen power）三个梯级。这些参与形态让公众参与逐渐成为可操作的技术，还可用于分析公民对国家决策的影响力。

第一梯级的操纵和治疗属于"非参与"类型。"操纵"是让民众依照官方主事者的决策参与咨询委员会；"治疗"是尝试说服公民接纳其看法或政策。第二梯级的通知、咨询和安抚属于"象征性参与"类型。"通知"是让公众获得知情权；"咨询"是给公民提供表达意见的机会，丰富委员会的决策选择；"安抚"是让公众有参议权和部分控制权。这三种形式都有让公众参与和融入的目的，但是决策权依然由官方掌握。第三梯级的伙伴关系、授权和公民主导属于"公民权力"，强调以民为本。"伙伴关系"强调主政者与公众共享权力和利益；"授权"是通过协商将决策控制权

---

① 卫欢.公众参与：基本内涵及理论基础[J].农村经济与科技,2016,27(12):238-239,241.
② 白秀兰.浅析公众参与理论及其制度构建[J].前沿,2007(7):195-197.

转移给参与民众；而"公民主导"则是公民拥有管理、控制计划的决策权，对组织机构亦有控制权[①]。

（2）公众参与的形式

公众参与的形式有以下几种。

第一，信息交流。分发信息报、传单、情况说明书给公众，建立网站平台，举办专题展览，借助电视、广播、互联网等媒体传播信息，通过问卷调查的方式让公众介入和反馈。

第二，咨询。根据具体计划和政策，促使公民参与，表达想法、抒发意见。咨询方法包括研究、问卷调查、公共会议、焦点小组、居民评审团等。

第三，动员参与。动员参与的形式包括互动工作小组、公民论坛等。

第四，团体协作。协作是带动公众积极参加、分享资源并做出最终决策。团队协作的形式有顾问小组、地方战略合作伙伴和地方管理组织等。

第五，授权决策。授权决策是公众参与的最高阶段，将权力从决策者手中转交给合作参与者。决策者与参与者交换资源和建议，最终由决策者与参与者共同作出决策。授权决策的形式包括地方社团组织、座谈小组等。

3.3.2.2　社区营造结合公众参与理论的延展

公众参与是一种自下而上的参与取向，是居民自主意识和参与能力的体现，将贯穿社区营造的各个阶段。

社区营造初期，居民参与社区资源的调查工作，全面了解社区的人、文、地、产、景，进而参与决策和方案的制订。居民由于缺乏专业知识，对社区营造计划的定位和目标不明确，在此阶段主要协助建筑师、规划师等专业团队工作。

社区营造中期，组织者的角色由居民承担，而非建筑师、规划师等专业团队或其他社区组织承担。居民通过较长时间的知识培训和能力培养，逐渐掌握社区营造的专业知识，了解社区文化传承、产业发展、生态保育、环境改造对于社区发展的重要性[②]，达到"empower[③]"的目的。

社区营造后期，居民自主进行社区的可持续发展，包括基础设施的维护完善和社区的改造更新，以及有效的反馈机制的建立。社区营造不主张投票的公众参与方

---

① 张璐瑶.台北市油杉永康丽水生活圈绿生活营造之公众参与机制研究[D].广州：华南理工大学，2013.

② 刘嵘.参与模式——实现社区营造目标的有效途径[J].建筑与文化，2013(11)：96-97.

③ empower的原意是给予力量和授权，被引入台湾地区社区营造之中后，称为"社区培力"，具有培养社区活力，给予社区居民自主发展的力量的含义。

式,而遵循参与越深越有发言权的原则,通过公众参与实际行动来推动社区发展。

3.3.3　自组织理论

3.3.3.1　自组织的概念解析

自组织的概念源于协同学和耗散结构理论。1976 年,协同学的创始人哈肯(H. Haken)认为,在获得空间、时间或功能的过程中,一个体系没有来自外界的特定干涉,即可认为该体系是自组织的。南非学者西利亚斯(P. Cilliers)认为,自组织是通过系统自发、适应性地发展或改变其内部结构来处理它们的环境的复杂系统能力[①]。自组织现象广泛存在于各领域,乡村聚落作为复杂系统能诠释自组织的基本原理,还能借鉴自组织理论进行发展。

"自组织"与"他组织"是相对的概念,对其辩证关系的解读有助于理解"自下而上"和"自上而下"两种营造方式的关系,进而理解社区营造的内涵。自组织是一种有序结构自发形成、维持、演化的过程。自组织系统是指能够自行演化、衍生、组织,从无序走向有序,形成有结构且不需要外界特定指令的系统[②]。他组织系统是指不能自主地从无序走向有序,而只能依靠外界特定指令来推动组织向有序演化的系统。聚落、街巷、建筑可视为在不同尺度层级下自组织与他组织共同作用的物质空间。

3.3.3.2　自组织理论的主要内容

1. 自组织理论的构成

自组织理论由多种理论共同构成,主要包括以下内容。

(1)耗散结构理论

耗散结构理论主要研究一个非平衡状态的开放系统与外界进行物质、能量和信息交换时,一些非线性变量发生突变并促使系统逐渐达到一定阈值,系统形成的在功能或时空上从无序到有序的状态。自组织现象的产生需要系统分别满足开放性、非平衡性和非线性三个条件。原本被视为整体行为偏差的涨落,通过"涨落达到有序"的观点变成可建设性因素。由此,耗散结构理论成为自组织理论产生的条件和起点。

---

① 西利亚斯.复杂性与后现代主义——理解复杂系统[M].曾国屏,译.上海:上海科技教育出版社,2006.

② 吴彤.自组织方法论研究[M].北京:清华大学出版社,2001.

（2）协同学

协同学主要研究系统的子系统之间和内部要素之间的相互作用关系。系统存在两种发展模式，一种由无规则发展主导，导致系统的瓦解和无序；另一种为子系统的相互关联、协作和竞争，使系统由自发走向有序。协同学包括两个重要观点，其一为协同导致有序，其二为支配原理。协同学包含合作和竞争两个理念，系统中的子系统有差异便会存在竞争，而系统的不平衡也会使竞争不可避免。竞争会造成子系统之间形成更大的不平衡和差异，最终产生合作并推动系统朝有序方向演化。支配原理认为系统受多个变量的影响，可将变量在临界点处的行为大致分为两类。在临界点处衰减快、阻尼大的快变量对系统不会产生决定性作用；在临界点处不衰减，反而迅速发展的慢变量或序参量主导系统走向有序发展。因此，序参量支配子系统和快变量的行为[①]。

（3）其他理论

超循环理论提出，循环由系统中的各要素相互作用和因果转化而成。无序、随机的大分子建立有序的组织关系，借助循环的模式进行自组织，逐步向复杂化和组织化的更高程度转化。该理论揭示了系统自组织演化的基本形式。突变论（R.Thom，1972）提出临界、突变和渐变三条演化路径，以此解释演化的趋势，突破了以往渐进进化的思想。分形理论（B. Mandelbrot，1975）阐述了系统走向自组织过程的复杂结构。混沌理论是非线性科学的重要成就，让人们认识到复杂系统的演变存在产生于系统内部的随机性[②]。

2.自组织理论的核心概念

自组织理论中系统发展和形成的核心概念可以通过对上述理论的梳理得出。第一，开放性。系统与外界进行物质、能量及信息交换，必须保持开放的状态。耗散结构理论提出，系统的总熵由两部分构成，其中一部分是系统自发产生的熵流，包括子系统和各因子之间的熵流；另一部分是系统与外界环境进行物质、能量和信息交换过程中产生的熵流，是向外流出的熵流和向内流入的熵流之差，其值可正可负。总熵值越小，系统有序度越高，自组织性也越强。因此，适度的开放性是系统有序发展的保障。第二，涨落。从存在状态来看，涨落是偏离系统的相对稳定状态。在演化过程中，涨落是系统所表现出的不同。协同学的基本原理之一是通过

---

① 邹佳旻.基于自组织理论的乡村社区营造策略研究[D].厦门：厦门大学，2014.

② 卢健松.自发性建造视野下建筑的地域性[D].北京：清华大学，2009.

涨落达到有序。第三,序参量。随着系统不断演进,系统中的某个变量从无序转向有序,并能指引新结构的形成和反映新结构的有序程度,这个变量就为序参量。序参量是大量子系统集体运动所形成的宏观整体模式的有序程度参量,能对系统的整体行为进行描述。序参量之间存在竞争或合作关系,序参量的竞争和协同竞争促使系统演化。

3.3.3.3　社区营造结合自组织理论的延展

首先,社区系统具有开放性。社区系统的开放性表现为社区与外界发生的人员、信息、物质和能量等多方面的持续交流,以此保证社区结构有序发展。其一表现为参与主体的开放性。社区营造虽然以社区居民为参与主体,但也允许专业人员等其他外来力量参与。其二表现为营造过程的开放性。社区营造是一个持续渐进的过程,随着居民生活和议题的改变,不断从外部环境引入"负熵流",以此调整社区中人、文、产、地、景等子系统的内容和结构(图3-10)。例如,资源的消耗、建筑的建造等不可逆过程都将产生较大熵流,从而导致系统的消亡;地方材料性能的优化、产业结构的合理配置则会让熵流变小。其三表现为形态功能的开放性。受社区居民意愿和社区发展需求的影响,社区空间的形态和功能不断变化。

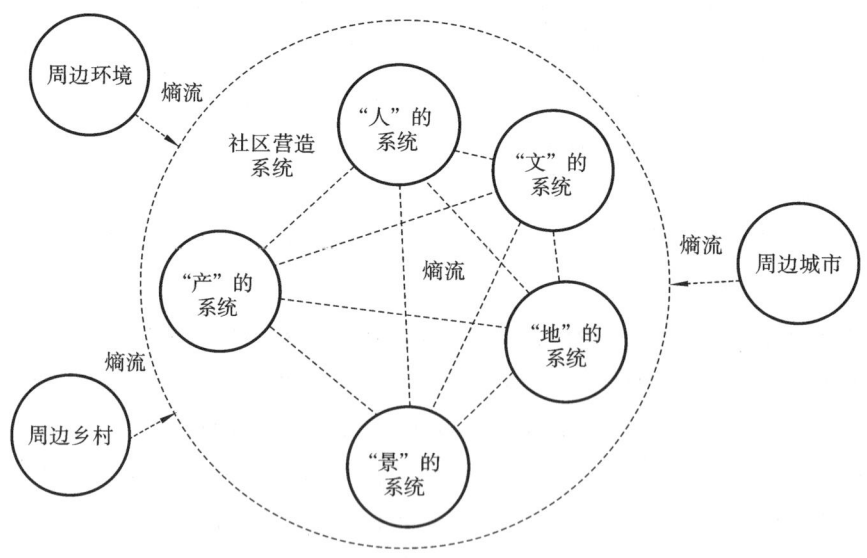

图 3-10　社区营造系统中的熵流

其次,社区系统具有非线性和多元性。社区系统中的人、文、产、地、景等子系统及各要素之间并不是直接叠加的关系,子系统之间存在复杂联系和相互作用,并通过竞争和协同走向有序。子系统的相互作用形成了序参量,比如村民、社会文化、经济状况、空间形态等要素都是社区营造的主要序参量,也是社区自组织过程的关键。多元性主要体现为社区空间的多样化形态,社区在自然、社会、经济和文化等方面的差异构成了社区的非平衡性,气候地理、历史文脉、技术条件、经济水平、文化信仰等不均衡条件,可以让社区产生多元的空间形态。

最后,社区系统具有自发性。社区在空间层面表现为自发性建造,强调由使用者参与建造,不受外界指令控制,自主决策建筑的选址、材料、形态、尺度、功能和投资等。自发性建造包括有效利用社会关系和当地资源进行建造、在建造过程中使用者和建造者形成协作的关系、将营建目标与实际生活相关联、创造性地运用当地建材进行空间和场所的再造等特征。同时,自发性建造不仅强调以居民家庭为单位的自建,还包含其他人员的协力共建。

3.3.4 生态学理论

3.3.4.1 相关理论概述

将生态学相关理论运用于乡村聚落或社区的研究,是将乡村聚落或社区视为一个融合自然、人工、社会等要素的复合生态系统。具体而言,包括三个层次的内容。一为自然地理层次,即时空层次。乡村聚落作为时间和地域空间范围内的人类聚居地,与自然地理环境相互融合。二为社会功能层次。乡村是以人居为核心的环境系统,具有特定的社会组织结构,也具备调节自身要素、改善内外冲突关系和维持共生的能力。三为文化意识层次。人的生态意识、社会观念和文化传统将作用于其行为及人工环境中。由于村落社会、文化、生态等因素上的差异,乡村在建设和发展过程中,呈现出自然地理、社会功能和文化意识等层次上的个性特征。

与乡村聚落相关联的生态学理论可归纳为三个方面。其一,系统平衡论。乡村聚落在结构和功能上都具有生态系统的特点,其生长与发展过程也遵循生态学的规律,符合生态平衡原理。其二,循环再生论。乡村聚落系统内部子系统之间及与外部环境之间存在物质、能量和信息交换,因此,按照循环与再生的原则,通过输出或输入的方式获得动态平衡和持续发展。其三,适应共生论。乡村建设过程中,系统各要素之间及各要素与环境之间存在作用与反作用,最终达到彼此接纳和相互适应的目的。适应的目的是让乡村聚落内部各要素之间以及各要素与环境之间达到协调共生的状态,从而实现乡村整体发展。

3.3.4.2 社区营造结合生态学理论的延展

首先,社区营造要兼顾系统与平衡的应用。系统的概念与系统论中的含义相似。无论是社区系统还是乡村聚落系统均由两大部分构成。其一为社会,是居民和乡村组织构成的社会环境,是由主体所发展出来的社会组织、制度、经济、文化、习俗等,表现为非物质形态。其二为空间体系,由建成环境和自然环境共同构成,表现为物质形态。系统的原则强调在社区营造和乡村聚落营建过程中要兼顾物质形态要素和非物质形态要素,注重社会环境、建成环境和自然环境的相互作用和平衡发展。

其次,社区营造要兼顾循环与再生的应用。循环的概念是指对环境资源进行循环利用,从而最大限度地获取利益。在社区营造和乡村营建过程中,需要对土地资源、水系环境进行循环利用,一方面强化节地意识,在村落选址和布局上遵循依山而建、少占耕地、规模适度、院落式布局等原则;另一方面有效组织和利用村落的自然水系。再生原则主要体现为在建造过程中注重材料的生态特性,遵循就地取材的原则,采用竹材、木材、夯土等可再生建材。建材的循环利用可减少营建行为对环境的过度干扰,提高环境的自净能力。

最后,社区营造要兼顾适应与共生的应用。共生是指不同有机体或子系统之间呈现出合作共存与互利互惠的特征。共生能够让社区营造和乡村聚落营建得到持续推进。适应是通过自我调节主动适应环境的过程。适应能提高系统秩序,增加负熵。社区营造和乡村营建强调建成环境、自然环境和社会环境三个子系统之间适应与共生的关系(图3-11)。自然环境包括地理条件、气候、资源、能源等,提供了营建所需的物质基础,对自然环境的适应体现为遵循顺应自然的思想,因地制宜地营建,创造适应地方环境和资源条件的空间。社会环境包含社会经济发展水平、社会组织方式、社会变迁等,这些内容决定了居民的生产生活方式和行为,以及聚落的形态和结构等。对社会环境的适应体现为建立社会生活中各方面的和谐关系,把握时代和实际需求。建成环境包括住宅、公共建筑、生产设施等,是地方文化和生产生活的载体。对建成环境的适应主要体现在空间格局、建筑形态及营建方式三方面,使优秀的文化和空间得以传承[①]。

本书通过对与社区营造相关的系统论、公众参与理论、自组织理论及生态学理论等进行延展(图3-12),将各理论整合融通,获得社区营造的指导思想和理论体系。首先,社区营造是一种整体而系统的行动,结合系统论的相关延展,对人、文、地、产、景等子系统,以及社会环境、自然环境、建成环境等进行整体把控,并结合生态学理论的延展,建立社区营造和乡村营建系统平衡发展的目标。其次,依照生态学理论延展中的适应与共生、循环与再生的原则建立社区营造和乡村营建中各系统要

---

① 李晓峰.适应与共生——传统聚落之生态发展[J].华中建筑,1998(2):108-110.

素之间及各环境层面之间的基本原则。然后,在营造过程中,将自组织理论和公众参与理论的相关延展运用于社区或村落内部自我"造血"能力的培养,建立以居民为主体的公众参与方式,增强共同体意识,并结合自组织的方式进行人与人、人与环境和谐关系的重建。最后,将社会学相关理论的延展作为本研究的基础。

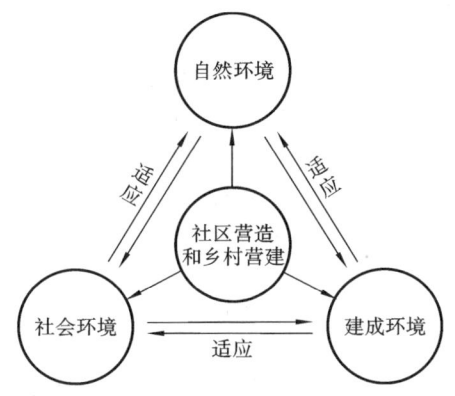

图 3-11 社区营造和乡村营建系统的适应关系

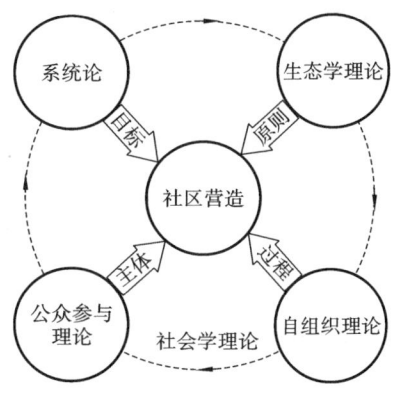

图 3-12 系统论、生态学理论、公众参与理论、自组织理论与社区营造的关系

3.4 社区营造视角下乡村聚落营建的基本层面

3.4.1 社区营造涉及的层面与工作路径分析

社区营造所涉及的内容是一个有机整体,包括聚集在社区的人,以及社区的生活、历史、文化、产业与环境等内容,涉及"人、文、地、产、景"五个社区发展方向。"人"是社区营造的"核心",包含了对社区居民需求的满足、人际关系的经营和生活福祉的创造。"文、地、景"构成了社区营造的"表象","文"是指社区历史文化的延续、文艺活动的经营、终身学习等;"地"是指地理环境的保护与特色发扬、在地性的延续等;"景"是指社区公共空间的营造、生活环境的永续经营、独特景观的创造、居民的自力营造等。"产"是社区营造的"动力",包括在地产业与经济活动的集体经营、产业的创发与营销等。社区营造的最终目标是通过具体行动提高人与人、人与环境之间的社区感。这些内容可归纳为三个层面,即"人"所对应的"主体"层面,"文、地、产"所对应的"软件"层面,"景"所对应的"硬件"层面。

社区营造是居民获得和提升培力的过程,其工作路径大致可以分为五个阶段(图 3-13)。第一为组织建构阶段。建立以社区居民为主体的营建共同体,并包含政府、NGO、专家、社区组织等多种力量。第二为资源调查阶段。在专家的引导

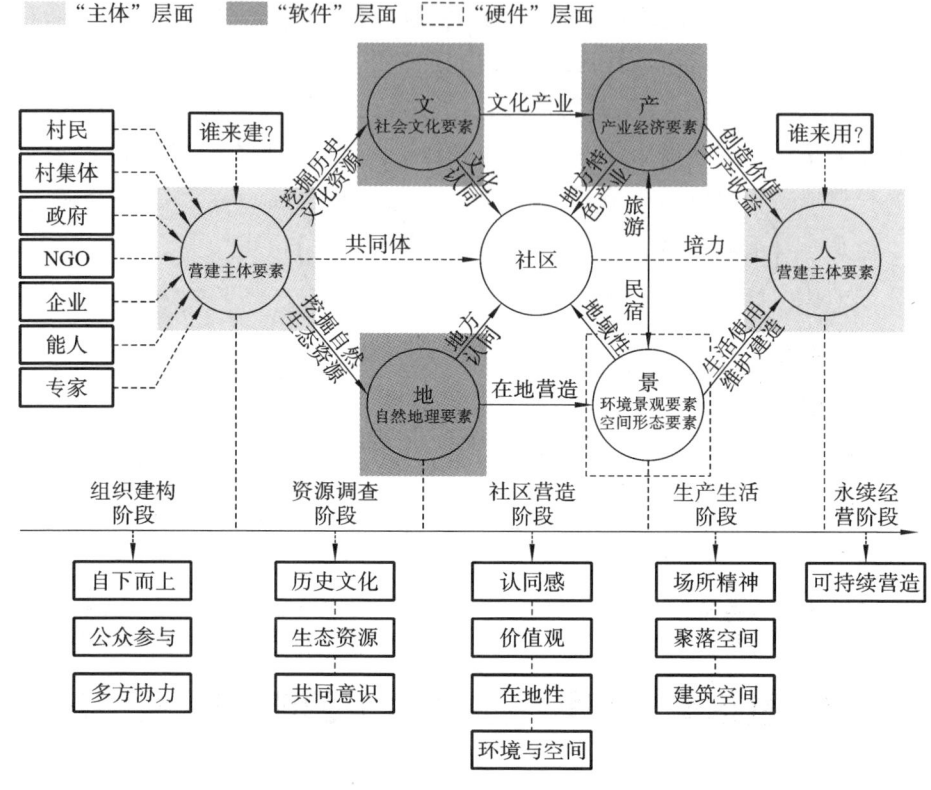

图 3-13 社区营造涉及的基本层面与工作路径分析示意图

下,居民参与社区资源的挖掘和梳理,分别从历史文化和自然生态资源中获得与之相关的社会文化要素和自然地理要素。居民在此过程中逐渐建立文化认同、地方认同和共同意识。第三为社区营造阶段。由于社区产业发展和空间环境营造都是基于资源的合理利用,因此,自然地理和社会文化要素一方面与产业经济要素进行关联,从而发展为社区的文化产业和地方特色产业,另一方面与环境景观和空间形态要素进行关联,建构地域性和在地营造的相关内容。与此同时,产业经济要素与环境景观及空间形态要素进行联动发展,能够促进社区旅游的发展和民宿的建造。第四为生产生活阶段。产业经济要素、环境景观要素和空间形态要素都与人密切关联,居民通过产业经营来创造价值,而产业又为居民提供生产收益。另外,居民对环境景观和空间进行维护建造,并从中获得日常生活使用功能。第五为永续经营阶段。在上述阶段的基础上建立各要素协调和完善的机制,进而实现社区的永续发展。本书对社区营造基本层面、关联要素、工作路径进行了重新解读,并进一步对乡村聚落营建所包含的基本层面及内容进行关联和延伸。

3.4.2 乡村聚落营建的"主体"层面

3.4.2.1 自下而上与自上而下

自下而上是社区营造的基本原则之一,强调在政府支持和 NGO 引导下,民间自发地进行社区自组织和自发展,进而推动经济、社会等发展。居民在自主参与的过程中,学习公共生活知识与技能。

在乡村聚落营建中,自下而上与自上而下代表了两种重要的工作方式。自下而上的自发营建是在内部作用下聚落功能和结构向有序平衡的状态演进,代表村民或使用者的主体立场;自上而下的统筹营建则是借用系统外部力量来实现聚落功能和结构的变化,更多反映决策者的立场。自下而上的营建是村民对生产和生活真实需求的反映,在一定经济条件和技术水平的限制下,村民根据自己的理解自发地进行营建活动,是非线性和持续性的动态过程,由此形成多样化的聚落形态。自下而上的方式促进村民之间的交流合作,在改善乡村聚落空间环境的同时,实现村民归属感与集体精神的重构。

社区营造大都依托公私协力模式。而乡村聚落营建也需要一种自下而上与自上而下相关联的工作机制,即"上下联动"机制,通过这种运作机制对营建行动系统进行整合和协调,起到功能需求的整合作用。这种机制在理念上强调村民主体自下而上的参与和推动,但在实际工作中不排斥政府自上而下的引导和支持,即当乡村自发营建的能力和条件不足时,可由政府协助,当条件具备时则无须外力介入。借由这种弹性方式调整介入程度,才能实现从"为乡村建"到"由乡村建"的转变。

3.4.2.2 村民主体与公众参与

(1)乡村聚落营建中公众参与的可行性

首先,中国乡村社会的稳定结构基于熟人社会、血缘关系和地缘关系,传统乡村的营建方式多为以村主任、耆老等为中心的村民集体自治,包括村民住宅的自建、邻里助建和公共设施的集体共建。沿袭至今的村民自建与共建成为乡村推行公众参与的"惯性"基础。其次,长期以家庭为单位的繁衍更迭,建立了村民对土地和村落的情感依赖,村民对于聚落营建的主人翁意识依然强烈。因此,公众参与在乡村聚落营建中具备推行的基本条件,也符合乡村传统自治的发展路径。

(2)乡村聚落营建中公众参与的必要性

乡村聚落营建是村民共同意识建立的过程,与村民的利益息息相关。在营建过程中强调公众参与,是对村民内在需求的尊重和自主权利的赋予。公众参与可以促进行政管理部门与村民之间的交流,对设计和规划行为进行有益推动,由此产生更好的空间环境和公共精神。公众参与过程主要包括价值选定、规划设计制定和项目实施等阶段。首先,公众参与能使聚落营建触及乡村的实质问题,并为设计人员提供真实的信息、需求和态度,使之更有效地利用资源和解决问题。其次,在规划设计过程中,倾听村民真实的需求和在村民体验建成环境之后所给出的评价,都可促进村民认同感和归属感的形成。再次,公众参与使村民自身利益与乡村集体利益相结合,能够增进邻里间的交往和信任。最后,村民为了共同的目标,参与开放性的讨论与协作,民主观念得到强化。总之,公众参与对于乡村聚落营建而言具有必要性。在"硬件"层面,公众参与能够营造出更符合村民生活所需的适宜空间;在"软件"层面,村民通过思想的表达和融入,增强对聚落的归属感和认同感。

3.4.2.3 协力营造与营建共同体

"协力营造"是指村民合力进行聚落空间与环境的营造,也指社会各方协力营造。乡村聚落营建具有多元主体参与的特点,包括村民、村集体、政府、企业、能人、NGO、专家等主体。为了更好地推进乡村聚落的营建工作,需要建立一种基于协力营造的新合作组织,可称之为"营建共同体"。"共同体"侧重于描述人与人之间的关系,强调在利益、立场等方面的一致诉求,是具有共同意识、精神认同感和齐心互助的人群集合。因此,营建共同体是以村民为主体,社会多方参与,推进人居环境、基础设施、公共服务设施、村民住宅等方面建设的人群聚合体。

营建共同体中的各方力量以不同身份介入乡村营建。政府及相关职能部门负责组织管理、政策法规的制定与执行及宏观调控手段的干预与实施;企业提供开发、建设和管理的配套服务,尤其是针对公共空间环境的营建,提供必要的财力和物力支持;其他社会组织和能人在乡村的产业发展、文化延续、创新理念上提供更多可能性和支持;建筑师、规划师等专家负责制订规划设计方案,提供技术支持,引导村民自主营建;村民则参与实施和建造。

协力营造是当代乡村聚落营建方式的必然选择,主要包括三个理由。一为整合社会关系。营建各方面临利益博弈、资源分配、人际关系处理、生产组织、资金投入、合同履约等问题,需要通过协力营造来实现社会关系的整合。二为推动乡村发展。各方力量共同营造可推动乡村全面发展。三为合作组织建立。协力营造有利于形成组织化与制度化的合作组织,从而获得更多社会资源。

3.4.3 乡村聚落营建的"软件"层面

乡村聚落营建的"软件"层面涉及社区营造中的"文、地、产"所对应的要素,包括社会文化要素、自然地理要素和产业经济要素。对这些要素进行综合把控，能够实现文化认同、地方认同、村民共同意识和价值观的建立及产业经济的可持续经营等目标。

首先，村民共同意识的建立是开展乡村聚落营建的首要任务。共同意识在本质上是一种民主的主人翁意识，即村民在互动交流中逐渐产生的和衷共济的一体感，表现出认同、关怀、参与的心理作用。其次，乡村聚落营建不应只是宜人环境和空间的打造，更重要的是增进村民之间的交往，让其建立对乡村的认同感和归属感，重塑村民与土地的联结关系。乡村传统文化、风俗习惯、生活方式、民间艺术等文化要素是增强村民集体意识、文化认同感和地方认同感的重要内容。最后，应结合乡村历史文化和自然资源的优势，发展文化、生态、农业、观光、艺术创意等多功能融合的产业，通过三产的联动发展，增强乡村自我"造血"功能，实现产业经济可持续发展的目标。乡村聚落营建的"软件"层面涉及观念意识、社会文化、产业经济、行为方式、组织制度等内容，是营建理念形成的基础。

3.4.4 乡村聚落营建的"硬件"层面

乡村聚落营建的"硬件"层面涉及社区营造中的"景"所对应的要素，包括环境景观要素和空间形态要素。不同村落有各自的文化背景和地域特征，应挖掘地域性要素，尊重乡村聚落原有的空间格局和当地传统建筑的空间形态、构造及营建方法，以因地制宜为原则进行空间营建。因地制宜是对地方自然环境优势的保护与延续。在聚落空间层面，应依据乡村聚落的自然生态特征（如山地型、丘陵型、平原型、滨水型等）进行适应性营建，注重对生态环境的保护利用和对聚落布局的有机延续。在建筑空间层面，应融合传统地域特征要素和现代生活功能，进行形态创新及适宜材料和技术的选择。

乡村聚落在本质上是一个村民生活的世界，传达出场所精神。村民以家族为单位营建祠堂等乡村公共空间，并将其作为精神文化空间和日常生活空间。聚落环境与空间形态成为村民的社会、经济、文化生活的真实反映，场所感从村民的活动中自然产生。乡村聚落的空间格局和建筑形态对自然地理环境具有高度的依赖性，因此也使其具有明显的在地性。通过在地性场所营造，乡村的"集体记忆"得以延续，并与新的乡村生产生活相关联，最终实现场所精神的回归。

3.5 社区营造视角下乡村聚落营建体系的构成要素

本书结合社区营造工作路径、理念、内容和乡村聚落的构成要素，厘清乡村聚落营建体系的构成要素。乡村聚落营建是从"主体"层面到"软件"层面再到"硬件"层面的营建过程,包括营建主体要素、自然地理要素、产业经济要素、社会文化要素、环境景观要素和空间形态要素。营建主体要素是整个营建过程的核心;自然地理要素、产业经济要素、社会文化要素体现在精神与价值层面,强调营建的条件和过程中的内部作用力;而环境景观要素和空间形态要素则更倾向于物质层面,是营建结果的表征和外部呈现。对乡村聚落营建体系构成要素的分析,将为后续案例分析、模式比较、模式评价和模式建构等内容的展开奠定基础。

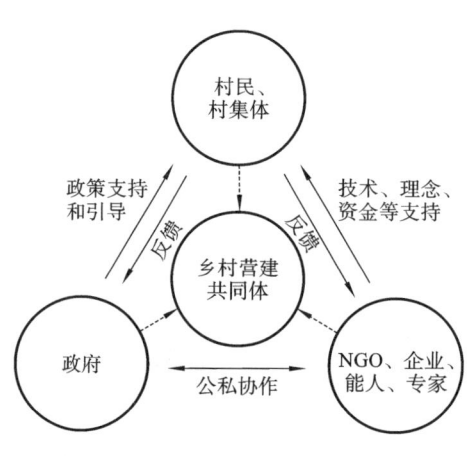

图 3-14　乡村营建参与各方的关系

3.5.1　营建主体要素

营建主体要素包括村民、村集体、政府、NGO、企业、能人、专家等,根据主体的性质可划分为三类:一为内生主体,包括村民和村集体(村委组织);二为外源正式主体,指象征国家权力的地方政府及相关机构,包括各级政府部门;三为外源非正式主体,包括 NGO、企业、能人、专家等第三方主体[①]。三类主体相互组合,共同构成"乡村营建共同体"(图3-14)。

3.5.1.1　村民

村民是乡村生活的主体,彼此之间存在血缘、地缘或业缘的关联。村民是乡村聚落营建的主要力量,参与各项事务的决策和实施过程,并在各营建阶段承担不同任务,是初期的参与者和建议者、中期的投资者和建造者,以及营建完成之后乡村生活的体验者和维护者。村民的主体性应贯穿需求调查、讨论协商、方案设计、推动实施、效果评估及成果反馈的全过程。

从村民对乡村聚落营建的影响来看,一方面,随着乡村现代化和旅游业的发展,外来文化和信息逐渐渗入乡村,村民的生活方式和价值观发生改变,表现为村民在营建过程中追求"外来风格"和"城市样式"的空间形态,忽视了当地文化和地域特征,聚落空间呈现出"去乡村化"的趋势。另一方面,村民对营建的诉求以实用、理性、收益增加、生活改善为基础,并成为作出营建决策与行为的动力。村民的

---

① 吴祖泉.建设主体视角的乡村建设思考[J].城市规划,2015,39(11):85-91.

诉求能够实现营建内容与生活模式的真实对应，不仅使地方特色得到强化，也能让村民获得认同感，进而有利于营建的推进和实施。

3.5.1.2　村集体

村集体是介于政府与村民之间的主体，是全体村民群体性的体现。村民通过形成群体组织，以整体的力量对村落大小事务作出决策并执行。作为村集体的代言人——村民委员会就基于这种群体性，以村民实际需求和利益为乡村营建工作的出发点，并成为村民、政府及其他各方之间信息准确传递的枢纽。虽然村民委员会在行政管理上受到地方政府的行政制约，但就其地缘关系、社会组织来说，村集体组织应代表村民与政府、企业进行磋商[①]。村集体是乡村聚落营建的重要力量，不仅具有组织功能，还为营建提供引资渠道和资金支持。在营建过程中，村集体应充分发挥引导作用，积极调动村民参与营建的积极性，并协调各方力量。

3.5.1.3　政府

政府部门是拥有决策权的机构，具有执行力强和行动效率高等特征。政府指国家、省、市、区等各级政府部门，以及管理土地、农村、旅游等工作的相关职能部门，是乡村聚落营建的主要调控者。政府对乡村聚落营建的影响途径主要包括制定相关政策和技术规范、投入资金、建设基础设施、组织管理乡村规划、选择规划编制单位等。目前的乡建实践多以政府主导的方式进行，政府作为乡村政策的制定者和发展方向的调控者，应平衡乡村营建中的各方利益，引导村民进行自主营建活动。

政府部门应从乡建的主导者和管理者向引导者和服务者转变，一方面尊重设计人员的专业判断，把握乡建的方向，并开展宣传和教育活动，提高村民自主营建的能力和意识；另一方面进行资源的合理调配，为乡建提供人力、资金和政策支持。

3.5.1.4　NGO

NGO通常以民间公益组织的身份深入乡村营建工作的第一线，成为政府的"减压阀"和"稳定器"，具有重要的精神功能[②]。NGO的资金来源主要依靠私人或企业的捐助，主要集中在环保和扶贫领域。NGO在资金、社会资源、信息获取与处理、组织动员能力和理论观念等方面具有优势，能够在乡村营建过程中找到各方利

---

① 余侃华.西安大都市周边地区乡村聚落发展模式及规划策略研究[D].西安:西安建筑科技大学，2011.

② 张明珍.NGO模式下的社区营造——以农户主导式永芝绿色乡土建筑实践为例[D].昆明:昆明理工大学，2011.

益的平衡点,进而为乡村生态环境恢复、传统文化保护、产业发展和空间重构提供技术、人员和资本的支持。

3.5.1.5　企业

企业参与乡建一方面是受到政府支持,另一方面是可以塑造企业形象,并从项目开发中获得经济收益。企业从乡村的开发和经营中获利的类型包括农业、工业、旅游业、服务业等。经济导向决定了企业的决策和行为,也由此影响乡村聚落营建的发展方向。比如在浙江地区,家族式的民营企业非常活跃,进一步促进了乡建和乡村旅游的发展。旅游型企业通过资金投入获得乡村资源的使用权,能够带动村落空间的完善、文化的传承和经济的发展,但如果企业因追求利益最大化而过度开发,将造成乡村环境的整体性破坏。企业对乡村聚落营建具有积极的推动作用,当政府和村民的资金投入不足时,企业的资金注入能推动乡村产业经济的发展和聚落空间环境的改善。政府对企业激励、约束、引导、支持,从而使企业能够在经济收益与聚落营建之间获得平衡,并成为维护乡村长远利益的主动执行者。

3.5.1.6　能人

能人指具有一定才能的个人[1]。在国家政权对基层乡村社会控制相对薄弱的情况下,传统社会的乡绅成为政府与村民之间联系的重要纽带,兼顾政府和地方利益,就地方事务为政府官员出谋划策,并积极维系乡村社会的稳定和发展。当代乡村能人不同于以往的乡绅,是指在乡村社会中拥有特殊才干并能在乡村网络中发挥关键作用的人,主要包括政治能人、经济能人、返乡精英等群体。能人具备一定的经营和管理能力,拥有见多识广、思维活跃和执行力强等特点,渗透于乡村的各个领域,在乡村社会中占有重要地位,并在乡建中发挥主要的引导和支配作用。

能人所引导的乡村聚落营建可以从四个方面来理解。从主体来看,能人是在乡村中具有一定经济实力和较高综合素质的村民;从角色定位来看,能人不是普通村民,而是具有一定主导作用的引路人;从营建的过程来看,能人的作用不局限在某一个具体阶段和某方面,而是贯穿营建的全过程;从营建的动机来看,能人引导的聚落营建不是被动或被指派的,而是自发和主动的。

3.5.1.7　专家

专家是营建过程中重要的技术提供者,包括建筑师、规划师、艺术家、社会学家、经济学家等专业人员及团队。其中,规划师和建筑师对乡村聚落空间层面具有

---

① 孙瑜.乡村自组织运作过程中能人现象研究——基于云村重建案例[D].北京:清华大学,2014.

主导作用,而其他专家结合各自专业领域在乡村建设中发挥引导作用,本书中所指的专家主要以建筑师为例。在介入乡建的过程中,建筑师的角色和关注点也在逐渐发生变化,从最初对单体建筑的关注逐渐转为对建筑群体及聚落空间的关注,而聚落空间形态多受乡村社会组织关系的影响。因此,建筑师应调整工作方式并进行角色转换,与其他主体建立协作关系,共同推动乡村聚落的营建。在当代乡村聚落营建中,建筑师应结合专业理论和技能为乡建提供技术支撑,并为其他主体提供价值观念、行为方式的引导。同时,建筑师还应当是民间营造技术与思想的学习者、传统聚落与乡土建筑经验的梳理者、营建活动的参与者、现代营建技术与理念的指导者,以及各方利益的协调者。

3.5.2 自然地理要素

自然地理要素是乡村聚落空间形成和发展的基础条件,地形地貌特征塑造了乡村聚落空间形态的丰富性和多样性,而地理条件和自然资源也决定了乡村的产业经济特点[①]。自然地理要素包含地形地貌、气候特征、水体和植被、土地资源等,是乡村生活的背景,也是乡村物质的来源和基础。长久以来,村落的选址与布局、民居的空间模式与形态风貌均体现出人与自然之间的相互关联,一方面体现出人们在改造自然过程中的民间智慧,另一方面也赋予不同乡村在地域性方面的特征与个性。对自然地理要素的把控是乡村聚落进行整体营建的依据。

3.5.2.1 地形地貌

地形地貌是乡村地域的宏观面貌,包括地表组成和地势高低起伏的地表形态,可以分为山地、丘陵、平原、盆地和高原等类型。不同的地形地貌直接影响乡村自然资源的分布,乡村的农业生产、聚落空间以及村民的生活模式也随之受到影响。山地和丘陵地区为了防止建筑占用耕地面积,会结合等高线布置,选址于山脚附近的区域,湖北恩施的彭家寨便是如此(图 3-15)。

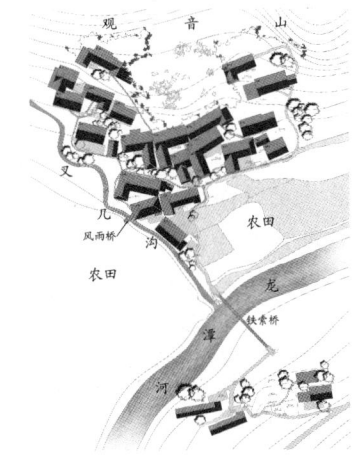

图 3-15　彭家寨总平面图
(来源:华中科技大学民族建筑研究中心提供)

---

① 王浩锋,饶小军. 承传存续:乡村聚落空间复兴机制刍议[J].建筑师,2016(5):72-79.

3.5.2.2 气候特征

气候特征因素主要包括气温、降水量、日照和通风等。传统乡村聚落的空间格局、民居形制、形态特征通常是适应气候特征的选择。其中，聚落选址以适应自然气候并获得适宜的场所环境为基础。乡村受不同地区气候条件的影响形成鲜明的地域特征，比如湖北省属夏热冬冷地区，乡村多采用天井和院落进行住宅布局，以此获得更好的日照条件和采光、通风效果。

3.5.2.3 水体和植被

水体资源是村落中不可或缺的要素之一，也是农业发展的命脉。村落傍水不仅可以满足村民日常生活的需求，也可以为农田灌溉提供水源。另外，水体对气候有调控作用，能调节室外环境的温度和湿度。乡村营建中对水体的清理与改造能

图3-16 浙江安吉剑山村生态屋

够美化乡村的居住环境。同时，溪流、河道、水塘等"点、线、面"形态的水系处理，对于塑造层次丰富的乡村景观环境具有重要作用。不同的土地资源和气候决定了植被的类型，而多样化的植被也为营建提供了更多地方建筑材料的选择。如浙江安吉盛产竹子，当地村落将竹材作为建造的主要材料（图3-16）。

3.5.2.4 土地资源

土地资源指可供农、林、牧业或其他产业利用的土地，是村民们赖以生存的基本资料和劳动对象。土地的利用类型包括耕地、林地、牧地、水域、城镇居民用地、交通用地和其他用地。对于乡村而言，土地资源可以提供人们生活所需的丰富产品，并能产生一定的经济收益。

3.5.3 产业经济要素

产业经济要素主要包括农业、工业和第三产业等。中国的乡村经济先后经历了传统农耕、手工业与农业结合、人民公社式的集体农业与工业、家庭联产承包责任制、农业产业化、村办工业和三产服务业齐头并进的发展过程。乡建如果只是物质空间的重新营造，缺乏产业支撑，村民只能选择离乡务工。因此，产业经济要素是乡村聚落营建的保障。乡村的经济生产活动主要受自然地理要素的影响，不同类型产业在构成上又可分为生产工具、土地利用方式、生产成果等要素。产业经济

要素中的产业发展关系折射了地方特有的经济结构，也衍生出地方产业文化和生活方式。

3.5.3.1 农业

传统农业采取以人力、畜力和当地自然资源为基础的生产方式，而现代农业是在先进工业技术和设备的条件下，以实验科学为指导所进行的农业商品生产。虽然现代农业具有集约化、机械化、规模化等特征，但化肥、农药的普遍使用也造成了生态环境的破坏与失衡。当前我国乡村正处于由传统农业向现代农业转型的阶段，生态农业、有机农业、体验式休闲观光农业等多种方式并存，使乡村农业的发展呈现出多样化特征。

3.5.3.2 工业

伴随城镇化进程，乡村工业得到快速发展。一方面，乡村工业的发展促进了乡村经济的发展和村民增收，带动了乡村基础设施和居住空间的建设；另一方面，规模化的工业建设造成乡村风貌破坏和环境污染等结果，并使乡村原有的生活方式和价值观念受到冲击。

3.5.3.3 第三产业

乡村旅游业蓬勃兴起，旅游产业的连带效应使产业链向第一、第二产业延伸，有助于产业经济的转型和产业结构的升级。乡村旅游的发展将带来多元化的聚落空间格局、建筑空间形态和产业空间发展。随着外来游客的不断涌入，乡村原有的生产方式、生活、文化和观念等都发生巨大改变。乡村旅游和休闲产业依赖于乡村的自然生态和历史文化资源，其发展应该与地域性的农、林、牧、渔业以及相关的手工业、加工业进行有机融合，进而形成具有可持续性的复合型产业。

3.5.4 社会文化要素

中国传统社会的基础建立在农业文明之上，文化与乡村之间有着密切关联。社会文化要素主要包括社会组织、政治制度、文化观念、人口结构等多个层面，并成为影响聚落格局和建筑形制的主导因素。传统乡村聚落的格局受到宗法礼制观念的影响，反映在聚落空间形态上就是以宗祠为核心，形成可以聚集村民的公共空间。

3.5.4.1 社会组织

宗族与血缘关系是维系传统乡村社会的基本脉络，也是社会组织建立的基础，对乡村的生产生活具有决定性作用。血缘关系以家庭为基本单位，在一种长期择地定居的生活模式下不断繁衍壮大成为宗族社会。血缘是身份社会的基础，地缘是契约社会的基础,从血缘到地缘是社会性质的转变。基于这两种关系自然形成的乡村聚落具有很强的凝聚力。业缘型社会组织则是在血缘和地缘的基础上,基于社会分工而形成。然而,随着社会分工的细化,业缘关系日趋复杂,血缘和地缘关系不断被业缘关系所取代。乡村聚落与社会组织密切关联,是反映社会组织的基本生活单位和有机整体。

3.5.4.2 政治制度

土地制度是村民最关注的制度之一,涉及土地分配和占有情况。当前农村的土地制度是坚持土地集体所有制长期不变,并允许在承包期内依法、自愿和有偿转让土地使用经营权,即农村土地流转①。土地流转政策带来了规模化、集约化的农业经营模式,将土地转换为一种市场资源。土地的农业价值逐渐被土地商品化带来的巨额利润所取代。与此同时,面对城市用地紧张而乡村大量土地闲置的局面,《城乡建设用地增减挂钩试点管理办法》(简称"增减挂钩"政策②)等政策相继出台。"增减挂钩"政策在现行城乡分治的管理体系中,建构了城乡之间土地、资金流动及分配的途径。建设用地流向城镇,资金流向乡村,为乡村营建注入新活力。

3.5.4.3 文化观念

文化观念涵盖了地方习俗、乡规民约、民间技艺和历史等内容。长期积淀而成的文化观念反映了地方特色,是村落空间的灵魂,也为空间的产生与发展提供支撑。在村落空间营造中,以宗祠为核心的聚落空间布局、依山傍水的选址、民居朝向选择等都是传统文化观念的体现。此外,乡村祭祖仪式、戏剧演出、节庆习俗、民间技艺等非物质文化要素对村民的生活和行为模式产生重要影响,丰富了乡建的历史脉络和文化内涵。

3.5.4.4 人口结构

城市化和工业化的快速发展促使乡村青壮年进城务工,老幼妇孺留守家园,阶段性的人口结构处于一种不可持续的状态。由于缺乏青壮年的参与,加之组织管理松散,乡村的各项活动难以开展,凝聚力也随之下降。农业生产和聚落营建都需要青壮年劳动力的参与。政府通过选聘高校毕业生到村任职、倡导返乡创业等措

---

① 王景新. 中国农村土地制度的世纪变革[M]. 北京:中国经济出版社,2001.

② 资料来源:国土资发〔2008〕138号文件。"增减挂钩"政策是指依据土地利用总体规划,将若干拟整理复垦为耕地的农村建设用地地块(即拆旧地块)和拟用于城镇建设的地块(即建新地块)等面积共同组成建新拆旧项目区,通过建新拆旧和土地整理复垦等措施,在保证项目区内各类土地面积平衡的基础上,最终实现增加耕地有效面积,提高耕地质量,节约集约利用建设用地,城乡用地布局更合理的目标。

施来改善乡村人口结构和人力资源状况。

3.5.5 环境景观要素

乡村聚落的环境景观要素主要来源于聚落与地域环境之间的共生关系,可划分为自然生态景观、农业生产景观和聚落人文景观[1]。从景观生态学的视角来看,乡村聚落呈现出以自然环境中的山水农田为基质,以聚落空间为斑块,以道路、河流为廊道的景观结构。由于在撤村并点、撤乡建镇的过程中过于追求速度和效率,乡村环境景观要素陷入紊乱。例如,统一新建的乡村住宅相对于多样化的传统民居而言是人文景观和乡土特色的流失。聚落环境营建应采取农田保护、水土流失防治、生态修复、污染综合整治、湿地建设等措施,并倡导环保和低碳理念。

3.5.6 空间形态要素

空间形态要素是乡村生活和文化的物质空间载体,是在自然地理、产业经济和社会文化要素的长期作用下和村民的生活中逐渐形成的,主要涉及乡村整体层面的聚落选址、聚落格局、街巷肌理、院落构成等内容,以及建筑单体层面的建筑类型、空间形态、色彩材质、细部构成、建造技术等内容。空间形态是地方文化的反映,而文化形态则以实体建筑空间为情境展现出来。无论是乡村居住空间还是生产空间的设计建造,都应以满足村民的生活和生产需求为基础。空间形态要素应与乡村真实的生产、生活和生态相适应。

3.6 本 章 小 结

本章首先梳理社区营造的形成与发展阶段,了解其形成背景和原因有助于相关理念和特征的提炼;其次对南投桃米村、高雄美浓镇黄蝶翠谷及台南土沟村案例进行深入分析,提炼出社区营造的理念和特征;然后进行相关理论延展,建立社区营造的理论与指导思想;最后在社区营造理念提炼、理论延展、工作路径分析的基础上,建构出乡村聚落营建的基本层面和构成要素。

本章对台湾地区社区营造的代表性案例进行分析,总结出关于社区营造的实践经验和理念特征。社区营造的核心理念是由民间自发组织,自下而上进行自我建设,在这个过程中,以居民主体参与及居民利益为出发点。在整体层面,以建立社区共同体为目标,提倡循序渐进的可持续发展理念;在主体层面,强调自下而上、

---

① 陈威.景观新农村:乡村景观规划理论与方法[M].北京:中国电力出版社,2007.

公众参与和多方协力；在非物质层面，重视特色产业发展及在地性和文化性的表达；在物质空间层面，注重参与式设计及专家角色的转换，最终实现居民对社区的自我管理和营造。

本章针对社区营造相关理论进行延展。系统论的延展强调营造内容上的系统性，包括人、文、产、地、景等系统及其构成要素的整体性，如社区的宏观层面与微观层面，还有营造过程中的动态可持续性。公众参与理论的延展注重居民从初期的协同者、中期的主要承担者到后期的维护者的社区培力过程。自组织理论的延展提出开放性的概念，强调系统及各要素之间的协同合作。生态学理论的延展则强调营造过程中系统各要素的平衡、资源与建造材料的循环再生，以及环境之间的适应共生。

本章还基于社区营造工作路径的提炼和分析，建构了乡村聚落营建的基本层面和构成要素。工作路径包括组织建构阶段、资源调查阶段、社区营造阶段、生产生活阶段和永续经营阶段，主要表现为从"人"到"文、地"再到"产、景"，最终回到"人"的过程。在此基础上，将乡村聚落营建划分为"主体""软件"和"硬件"三个层面，包括营建主体、自然地理、产业经济、社会文化、环境景观和空间形态六要素，以此为乡建案例分析、模式评价和模式建构的依据。

4 取样与调查:长江中下游乡村聚落营建案例

样本的适当选取与调查分析成为开展乡建模式研究的基础。本章针对长江中下游的乡村聚落分区域、分类型进行取样和调查,以期全面客观地获得该地区乡村聚落营建的状况。本章通过对各案例的深入分析和记录,直观展示田野调查的结果,为后文梳理和总结营建模式奠定基础。案例研究主要包括两部分内容:第一部分,对样本取样的方式、地理范围和具体样本选择进行阐释;第二部分,依照不同的主导力量对乡村聚落进行分类,并对具体的乡村案例从村落概述、要素分析、营建特征及满意度评价与思考等方面展开客观描述,针对每一个考察样本的突出特征进行论述,从微观角度展现长江中下游当代乡村聚落的营建特点。

4.1 乡村聚落案例调查的范围和对象

4.1.1 取样的前提

乡村聚落营建模式研究所面临的首要问题就是样本的选择。当代乡村聚落营建实践广泛分布于全国各地,存在庞大的样本数量,难以逐一考察。因此,找到一个"对"的样本成为研究开展的前提。同时,受限于研究的实效性和时间成本,取样尤为必要,找寻代表性样本将有助于研究的开展。著者在全国范围内针对乡村聚落营建的相关案例进行搜集,主要以在建筑学界的影响力和活跃度为筛选依据,据不完全统计,至 2017 年 1 月共搜集了 115 个样本(表 4-1),其中乡村聚落案例 75 个(001～075),乡村建筑案例 40 个(076～115),而旅游休闲度假村则不在研究之列。同时,受资料搜寻方式的限制,著者所搜集的案例在数量上和选取方式上存在一定的主观性。

表 4-1 全国范围内 115 个乡村聚落营建案例样本统计表①

编号	案例名称	编号	案例名称
001	北京市海淀区苏家坨镇后沙涧村	005	河北省石家庄市平山县 西柏坡镇霍家沟村
002	北京市通州区西集镇马坊村	006	山西省晋中市和顺县松烟镇许村
003	北京市通州区宋庄	007	山西省运城市永济市蒲州镇寨子村
004	北京市密云区穆家峪镇阁老峪村	008	陕西省礼泉县烟霞镇袁家村

---

① 为便于读者理解,本书提及的地名均以当前地名为准。

续表

编号	案例名称	编号	案例名称
009	甘肃省天水市泰安县叶堡乡石节子村	035	江苏省南京市江宁区江宁街道黄龙岘村
010	四川省阿坝州茂县杨柳村	036	江苏省南京市江宁区谷里街道大塘金村
011	四川省成都市锦江区三圣街道"五朵金花"	037	江苏省南京市江宁区横溪街道孚而岗村
012	四川省成都市蒲江县甘溪镇明月村	038	江苏省南京市栖霞区西岗街道桦墅村
013	四川省凉山州会理市新安乡马鞍桥村	039	江苏省南京市高淳区桠溪街道蓝溪村
014	四川省巴中市平昌县笔山镇中岭村	040	上海市崇明区竖新镇仙桥村
015	河南省信阳市平桥区郝堂村	041	上海市崇明区建设镇喜愿农场
016	河南省信阳市新县周河乡西河湾	042	浙江省杭州市富阳区洞桥镇文村
017	河南省信阳市新县田铺镇田铺大湾村	043	浙江省湖州市安吉县横山坞村
018	河南省开封市兰考县葡萄架乡贺村	044	浙江省湖州市安吉县山川乡高家堂村
019	河南省南阳市淅川县寺湾镇夏湾村	045	浙江省湖州市安吉县天荒坪镇余村
020	河南省灵宝市焦村镇罗家村	046	浙江省湖州市安吉县景坞村
021	湖北省襄阳市谷城县五山镇堰河村	047	浙江省湖州市安吉县剑山村
022	湖北省随州市广水市武胜关镇桃源村	048	浙江省湖州市安吉县大竹园村
023	湖北省钟祥市客店镇娘娘寨水没坪村	049	浙江省湖州市德清县莫干山镇庾村
024	湖北省十堰市郧阳区茶店镇樱桃沟村	050	浙江省杭州市临安区太阳镇双庙村
025	湖北省武汉市江夏区五里界街道小朱湾	051	浙江省杭州市余杭区良渚文化村
026	湖北省钟祥市客店镇明灯村	052	浙江省丽水市遂昌县湖山乡黄泥岭村
027	湖北省黄冈市罗田县三里畈镇新铺村张家冲	053	浙江省桐庐县江南镇荻浦村
028	安徽省黟县碧阳镇碧山村	054	浙江省丽水市松阳县四都乡平田村
029	安徽省黄山市休宁县商山乡黄村	055	浙江省杭州市富阳区场口镇东梓关村
030	安徽省黄山市休宁县齐山镇兰渡村	056	江西省南昌市安义县石鼻镇罗田村
031	安徽省阜阳市颍州区三合镇南塘村	057	江西省上饶市婺源县江湾镇晓起村
032	安徽省六安市金寨县金寨华润希望小镇	058	江西省赣州市南康区大坪乡桥庄村
033	江苏省南京市江宁区秣陵街道苏家村	059	江西省赣州市兴国县长冈乡塘石村
034	江苏省南京市江宁区秣陵街道杏花村	060	江西省吉安市井冈山市井冈山华润希望小镇

续表

编号	案例名称	编号	案例名称
061	湖南省长沙市长沙县开慧镇葛家山村	078	甘肃省庆阳市显胜乡毛寺村 毛寺生态实验小学
062	湖南省岳阳市岳阳县新墙镇松源村	079	甘肃省会宁县丁家沟乡马岔村 村民活动中心
063	湖南省岳阳市岳阳县 张谷英镇张谷英村	080	西藏自治区林芝市米林县派镇 林芝南迦巴瓦接待站
064	湖南省湘潭市韶山市 韶山华润希望小镇	081	西藏自治区林芝市巴宜区达则村 尼洋河景区游客接待站
065	贵州省遵义市习水县 遵义华润希望小镇	082	四川省甘孜州泸定县兴隆镇 蒲麦地村牛背山志愿者之家
066	云南省红河州元阳县新街镇阿者科村	083	四川省广元市剑阁县下寺镇新芽小学
067	广西壮族自治区百色市右江区永乐乡 百色华润希望小镇	084	四川省凉山州盐源县泸沽湖镇 达祖小学新芽学堂
068	海南省海口市永兴镇雷虎村博学村	085	四川省德阳市旌阳区孝泉镇民族小学
069	香港新界菜园村	086	四川省彭州市磁峰镇 毕马威安康社区中心
070	福建省龙岩市连城县培田村	087	河南省信阳市新县周河乡西河湾 西河粮油博物馆
071	福建省宁德市屏南县双溪镇北村	088	安徽省黄山市休宁县五城镇 双龙村双龙小学
072	福建省龙岩市上杭县古田镇吴地村	089	江苏省南京市栖霞区桦墅村嘤栖书院
073	台湾南投县埔里镇桃米村	090	江苏省南京市栖霞区桦墅村乡村铺子
074	台湾高雄市美浓镇黄蝶翠谷	091	上海市嘉定区马陆镇金陶村 村民活动中心
075	台湾台南市后壁区土沟村	092	浙江省丽水市松阳县 平田村爷爷家青年旅社
076	北京市怀柔区雁栖镇 交界河村篱苑书屋	093	浙江省杭州市桐庐县莪山乡 戴家山村先锋云夕图书馆
077	陕西省渭南市临渭区桥南镇 石家村生态农宅	094	浙江省杭州市桐庐县江南镇 深澳村云夕深澳里书局

编号	案例名称	编号	案例名称
095	浙江省杭州市桐庐县莪山乡戴家山乡土艺术酒店	106	江西省上饶市婺源县江湾镇中平村松风翠山茶油厂
096	浙江省湖州市南浔区练市镇白水河村 L 宅	107	湖南省衡阳市耒阳市小水镇毛坪村浙商希望小学
097	浙江省湖州市安吉县灵峰度假区剑山村生态屋	108	湖南省湘西州保靖县昂洞卫生院
098	浙江省湖州市德清县莫干山庾村蚕种场	109	贵州省贵阳市花溪区石板镇摆陇村摆陇民俗综合体
099	浙江省湖州市德清县莫干山镇南路乡溪北村上物溪北度假农舍	110	贵州省贵安新区车田村文化中心及外部空间群
100	浙江省丽水市松阳县平田村新四合院	111	贵州省贵安新区车田村游客接待中心
101	浙江省丽水市松阳县平田村平田农耕馆	112	云南省保山市腾冲市新庄村高黎贡手工造纸博物馆
102	浙江省丽水市松阳县大木山茶室	113	云南省大理市陈碧霞美水小学新芽教学楼
103	福建省漳州市平和县崎岭乡下石村桥上书屋	114	广西壮族自治区桂林市阳朔县兴坪镇杨家村云庐酒店
104	福建省南平市武夷山竹筏育制场	115	广东省肇庆市怀集县怀城街道木兰小学
105	江西省赣州市石城县小松镇桐江村循环再用砖学校		

对 75 个乡村聚落案例的分布情况进行分析可知,乡村聚落在长江中下游分布密集,可认为长江中下游地区具有乡建实践类型丰富、样本数量充足的特点。

4.1.2　调查范围和对象

长江下游地区的社会经济发展水平较高,为乡村建设提供了充足的资金保障,而区位优势也为乡村产业升级转型和空间格局优化提供了支撑条件。加之该地区各级政府对乡建以及"三农"问题的重视,使得乡村建设整体获得较快发展,该地区成为乡村建设的率先试点区和重点示范区。同时,长江下游地区的新农村建设和美丽乡村建设工作起步较早,具有丰富的实践案例和经验,呈现出较高的营建水平。鉴于该地区乡村建设理念先进、基础设施建设完善和村民积极参与等特点,对其进行调查研究具有指导意义和借鉴价值。长江中游地区具有承接长江上游和下游地区以及连接南北的区位优势，其乡村建设正处于发展和探索的成长阶段，与我国大部分地区的乡村建设现状相似，对该地区的调查研究具有推广和应用价值。这两个相邻地区因长江水域而关联，存在共性和延续性特征，因此，本研究以长江中下游包括的鄂、湘、赣、皖、苏、浙、沪六省一市为调查范围。

案例的选取遵循对立统一的原则，一方面，所选取的案例尽量覆盖整个长江中下游地区的研究范围，并根据各地区乡建案例的不同特点选取代表性案例，使其具有多样化的类型；另一方面，所选取的案例还存在共性和关联性。本研究针对长江中下游的50个村落进行走访和调查（表4-2），并选取湖北、湖南、江西、安徽、浙江、江苏六省的20个村落作为重点调查对象，逐个开展访谈、问卷调查、测绘、资料收集、归纳分析等工作。这20个案例并非刻意选择，而是从50个走访或调查的村落中随机选择，并综合考虑多样性和分布状况做了一定调整。

表4-2　长江中下游地区50个乡村聚落营建案例统计表

编号	案例名称	编号	案例名称
001	湖北省武汉市江夏区五里界街道小朱湾	015	湖南省长沙市长沙县开慧镇葛家山村
002	湖北省襄阳市谷城县五山镇堰河村	016	湖南省岳阳市岳阳县张谷英镇张谷英村
003	湖北省襄阳市谷城县石花镇小坦山村	017	湖南省郴州市永兴县高亭乡板梁村
004	湖北省随州市广水市武胜关镇桃源村	018	湖南省永州市零陵区富家桥镇干岩头村
005	湖北省恩施州恩施市龙凤镇龙马村	019	湖南省永州市江永县上甘棠村
006	湖北省黄冈市蕲春县青石镇郑家山村	020	湖南省湘潭市韶山市韶山华润希望小镇
007	湖北省黄石市大冶市大箕铺镇水南湾村	021	江西省南昌市安义县石鼻镇罗田村
008	湖北省黄石市大冶市金湖街道上冯村	022	江西省景德镇市乐平市塔前镇桃林村
009	湖北省鄂州市梁子湖区涂家垴镇万秀村	023	江西省上饶市婺源县白山村
010	湖北省鄂州市梁子湖区涂家垴镇熊易村熊万隆湾	024	江西省抚州市乐安县流坑村
011	湖北省鄂州市梁子湖区涂家垴镇张远村	025	江西省吉安市青原区文陂镇渼陂村
012	湖北省十堰市郧阳区柳陂镇刘家桥村	026	江西省吉安市吉水县金滩镇燕坊村
013	湖北省咸宁市通山县刘家桥	027	江西省吉安市井冈山市井冈山华润希望小镇
014	湖北省黄冈市红安县八里湾镇下陈家田村	028	江西省赣州市南康区大坪乡桥庄村

续表

编号	案例名称	编号	案例名称
029	江西省赣州市兴国县长冈乡塘石村	040	浙江省杭州市富阳区洞桥镇文村
030	安徽省黟县碧阳镇碧山村	041	浙江省杭州市临安区太阳镇双庙村
031	安徽省马鞍山市郑浦港新区 白桥镇陈桥洲村	042	浙江省杭州市余杭区良渚文化村
032	浙江省湖州市安吉县横山坞村	043	江苏省南京市江宁区秣陵街道苏家村
033	浙江省湖州市安吉县 山川乡高家堂村	044	江苏省南京市江宁区江宁街道黄龙岘村
034	浙江省湖州市安吉县剑山村	045	江苏省南京市江宁区江宁街道大小牛落村
035	浙江省湖州市安吉县大竹园村	046	江苏省南京市江宁区江宁街道大冯晏子村
036	浙江省湖州市安吉县天荒坪镇余村	047	江苏省南京市江宁区谷里街道大塘金村
037	浙江省湖州市安吉县景坞村	048	江苏省南京市江宁区汤山街道汤岗村
038	浙江省湖州市安吉县尚书圩村	049	江苏省南京市江宁区汤山街道湖山村
039	浙江省湖州市德清县莫干山镇庾村	050	江苏省南京市栖霞区西岗街道桦墅村

重点调查的案例包括湖北省的小朱湾、堰河村、桃源村,安徽省的碧山村,江苏省的苏家村、桦墅村,浙江省的文村、横山坞村、高家堂村、余村、剑山村、大竹园村、庾村、双庙村、良渚文化村,江西省的桥庄村、塘石村、井冈山华润希望小镇,湖南省的葛家山村、韶山华润希望小镇(图 4-1)。鉴于浙江省美丽乡村建设丰富的实践成果和营建类型,所选取的案例中以浙江省的居多,基于此所展开的乡建模式研究能够获得更加全面整体的指导性框架。

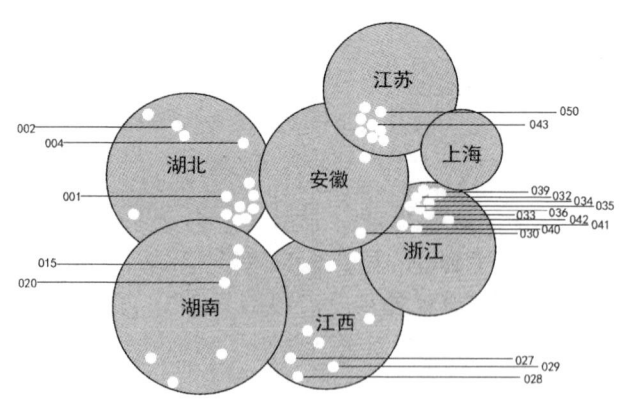

图 4-1　长江中下游乡村聚落营建的 20 个重点调查案例分布示意图

4.2　长江中下游乡村聚落营建案例调查与分析

重点调查的乡建案例分布于长江中下游的不同地区，不同村落存在地理环境、经济水平等方面的差异，因此，在开展案例分析之前，著者针对各案例进行归类分析，尝试建立案例之间的共性和关联，为后文梳理和归纳乡建模式奠定基础。首先，乡村聚落存在诸多分类方式，可根据村落的形态特征、地理条件、社会组织、经济结构、发展水平等内容来划分，以此获得丰富的乡村聚落类型。其次，乡村聚落营建也存在多种分类方式，其中依照不同的资本介入方式可分为财政专项资金介入、社会商业资本介入、村集体自筹资金介入及三者之间多种组合形式的资金介入[①]。不同的资本介入代表的是不同的主导力量，比如财政专项资金介入由政府主导、社会商业资本介入则由企业主导等。人是乡建的主体与核心，在乡建过程中起到关键作用，主导力量也因此成为不同营建方式和营建成效的决定性因素。本研究以主导力量为乡村聚落营建案例分类分析的依据，从重点调研的 20 个案例来看，主要包括政府、NGO、企业、能人和专家五类主导力量。著者在村民满意度调查过程中，向每个村落发放 10 份调查问卷，作为统计数据的来源和依据。

4.2.1　以政府为主导力量的乡村聚落营建案例

以政府为主导力量的乡村聚落营建具有执行力强和效率高等特点。各级政府部门在营建过程中的主导作用主要表现以下方面。首先，政府能够对各方主体和社会资源进行有效组织，搭建平台让各方力量共同参与营建并充分发挥各自的作用。其次，政府能够提供相关政策和稳定的资金支持。最后，政府能够把握乡村聚落营建的方向和具体内容，在方向上以新农村建设、美丽乡村建设、宜居乡村建设等为主；在内容上侧重环境的综合整治，涉及经济发展、文化教育、医疗卫生、环境保护、基础设施建设等内容。在调查案例中，以政府为主导力量的乡村聚落营建案例包括葛家山村、桥庄村、塘石村、横山坞村、大竹园村、剑山村、高家堂村、余村 8 个案例。

4.2.1.1　湖南省长沙市长沙县开慧镇葛家山村

1）村落概述

葛家山村位于长沙县开慧镇中心地带，属于"板仓小镇"的核心区，离长沙市 50 多千米，具有交通区位优势。葛家山村依托红色旅游资源，进行农业种植、乡村体验、文化教育和商贸服务的综合发展，在生态和环境建设上取得一定成效。2013

---

① 叶露，黄一如.资本动力视角下当代乡村营建中的设计介入研究[J].新建筑，2016(4)：7-10.

年,葛家山村成为"乐和乡村"建设的 5 个试点村之一。乐和乡村建设由长沙县发起,引进了北京地球村环境教育中心提供的乐和理念和社工服务,注重文化传承、村级治理、社会管理等内容,属于政府主导与社会互动相结合的乡建模式。

2)要素分析

(1)营建主体要素

2013 年 6 月,长沙县和北京地球村环境教育中心共同展开了葛家山村的营建。首先,招聘和培训社工进驻村落;随后,于 2013 年 7 月成立湖南省第一个乐和基地——葛家山乐和大院(图 4-2),由当地企业家、村民和村委会共同运营和管理,在当地政府的主导、村民的参与及第三方的协助下共同推进村落营建。

(2)自然地理要素

葛家山村处于亚热带季风气候区,气候湿润温和,植被多样,水系丰富,水塘遍布村落(图 4-3),山地小气候明显,具有春夏季多雨水、秋季多干旱的特点。

(3)产业经济要素

葛家山村以红色旅游产业、都市休闲产业、生态有机农业和商贸教育产业为产业发展方向。葛家山村通过创建水车坊、食育堂、农耕采摘体验区、农家乐,发扬传统编织手工艺,举办文化艺术节等,促进乡村旅游和经济的发展。同时,村民自发创办各类企业,如粮油企业、毛巾厂和家具公司等。

(4)社会文化要素

葛家山村所处的开慧镇旧称"板仓",境内有大量历史文化遗存。同时,村落紧邻全国重点文物保护单位杨开慧故居,红色文化氛围为文化造村提供了有利条件。村落营建以代表民间智慧和农耕文化的"二十四节气"为切入点,开展"节气行"活动(图 4-4),并将节气文化融入旅游产业。葛家山村逐渐发展为具有地方特色文化旅游资源的村落。村民是传统节气文化复兴的主体,其认同感和参与度得到提升。在社会组织方面,葛家山村建立互助会和联席会,为村民提供参与公共事务的平台,以此实现村民的自我管理。

图 4-2　葛家山乐和大院

图 4-3　葛家山村的水系

4-4　春分节气的竖蛋活动

(来源:葛家山村村委会提供)

(5)环境景观要素

葛家山村成立爱绿护绿和清洁卫生志愿服务队,实施生产生活废水处理工程,进行村落环境整治。同时,葛家山村尊重村落原有的景观元素,在公共空间结合园林式的处理手法对庭院景观进行重点营造。

(6)空间形态要素

①空间格局。葛家山村呈分散式聚落空间布局,建筑以组团形态分散于村落各处(图4-5)。

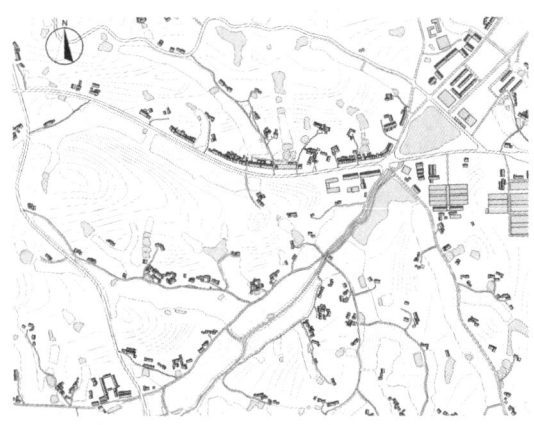

图4-5 葛家山村核心区总平面图

②街巷空间。村落的主要道路呈线形布局,由2层商住混合的建筑构成空间界面。街巷高宽比小于1,具有较为宽阔的空间。由于是分散式布局,村落内部辅助性巷道空间较少。

③公共空间。作为文化活动中心的乐和大院建筑群,呈现出明清时期的建筑样式与风貌,包含国学堂、食育堂、农耕文化博物馆、文化长廊、戏台、餐饮住宿等功能空间,成为开展培训、食宿接待、学习传统文化礼仪、体验农耕文化的活动场所(图4-6)。

④居住空间。沿街住宅为英伦小镇式建筑风格,以2层建筑居多,底层为商业经营空间,上层为生活居住空间(图4-7)。主街以外的住宅则由村集体进行建筑外立面改造,村落整体的建筑风貌获得提升(图4-8)。

图4-6 乐和大戏台 | **图4-7 沿街住宅建筑立面** | **图4-8 村民住宅建筑外立面改造**

3）营建特征

葛家山村作为乐和示范村主要开展了六个方面的营建：一是引进建设型社工，带动乡村骨干；二是建立社工站、互助会和联席会，修复乡村基层组织；三是推行"三事分流"，明确各主体的责任；四是建立参与式管理机制，提升公众意识；五是发展乡村经济；六是复苏乡村文化。葛家山村的营建基于乡村治理、生计、人居、礼义和养生相结合的理念，以修复基层组织为基本工作，从重建社区组织开始逐步建立人与人之间的联结，再延伸到经济发展、生态环境治理和伦理教化等方面。

4）满意度评价与思考

调查结果显示，葛家山村以文化为营建的重点，在社工的带动下，节气、礼俗等文化活动，以及环境卫生的分区管理工作均取得一定成效。村民对村集体的组织管理、邻里关系、文化活动的开展、道路及交通条件、垃圾收集处理设施等方面满意度较高。同时，公立幼儿园的建立改善了学前教育环境，村民对教育设施满意度较高。然而，村民普遍认为产业发展水平和经济收入未得到提高。葛家山村以文化和教育为主的营建方式能够促进村民之间的交流，村民对村落文化的认同感和归属感逐步增强。由于营建中较少涉及村落的空间形态要素和产业经济要素，村民的居住条件和收入水平未得到实质性改善。

4.2.1.2 江西省赣州市南康区大坪乡桥庄村

1）村落概述

桥庄村位于江西省赣州市南康区大坪乡的南面，距赣州市中心约 50 千米，靠近高速入口，交通与区位条件优越。村域内有油茶林 160 多亩、杉木林约 100 亩。桥庄村的营建受新农村建设相关政策的推动，以村民为主体，让村民参与民主决策，并定期公开村务工作，村民与村支部、村委会之间形成相互信任的关系。

2）要素分析

（1）营建主体要素

桥庄村的营建主体包括当地政府、村集体和村民。政府主导并负责村委会办公楼（图 4-9）、卫生所、休闲广场（图 4-10）、景观小品等的营建和改造，以及村民住宅外立面的整治。

（2）自然地理要素

桥庄村属丘陵地貌，小溪沿南北向流经村落（图 4-11），植被覆盖率高。当地属亚热带季风气候，年平均气温为 19.3 ℃，气候温和，雨量充沛。

图 4-9 桥庄村村委会办公楼　　**图 4-10 桥庄村的休闲广场**　　**图 4-11 村口的桥和小溪**

（3）产业经济要素

农业是桥庄村的主导产业。桥庄村依托水库进行鱼类、禽畜养殖，辅以蔬菜、果树种植，进行立体式产业发展。村集体的经济收入主要依靠水库承包和企业经营。

（4）社会文化要素

桥庄村大部分的青壮年外出务工。在公共空间设置以二十四节气为主题的文化展示台，成为推动村落文化发展的动力。

（5）环境景观要素

村落内遍布的竹林是天然的景观元素，结合木构廊道、健身设施、雕塑、传统建筑小品等元素进行公共空间与环境的营造。

（6）空间形态要素

①空间格局。桥庄村选址于山脚，呈现背山面田、顺应山体等高线的整体布局，沿水系和道路大致呈线型布局（图 4-12）。

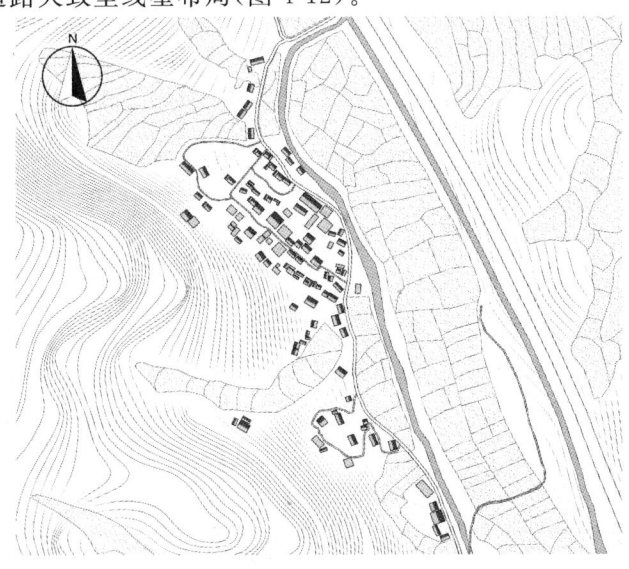

图 4-12 桥庄村总平面图

111

②街巷空间。进村道路和村落内部道路经上一轮新农村建设实现了全面硬化，以水泥路为主。平行于小溪的主要街道宽2～3米，空间界面由院墙和2层建筑作为限制要素，垂直于小溪的巷道作为辅助交通空间，宽1～1.2米，空间较狭窄。

③公共空间。结合竹林和古树等资源设置了多处点状公共空间，如传统节气文化广场以传统建筑的山墙和院墙为设计元素进行空间营造。公共空间采用砖石铺地，并设置休闲座椅和健身设施，为村民提供休憩和活动的场所。

④居住空间。村民住宅以白墙灰瓦为基调，结合浅灰色的装饰线框，统一进行建筑立面整治。住宅建筑以2～3层为主，延续了传统坡屋顶的建筑形式，部分住宅屋顶设有露台（图4-13）。多数住宅采用宅和院组合的方式，并在院落内种植蔬菜和果树。新建住宅多由村民自主建造，其体量和造型与之前的住宅保持一致，但外墙面多采用红色系和黄色系的瓷砖来替代白色涂料（图4-14）。

图4-13　统一改造的住宅　　　　　　图4-14　自主建造的住宅

3）营建特征

桥庄村以赣州新农村建设所倡导的"五新一好"和"三清三改"为营建重点，主要包括三个方面的营建特征。第一，建立环境卫生管理的长效机制，推进村居环境的改善。第二，利用村落的景观资源和文化元素，营造公共活动空间；开展村民住宅的立面改造工作，实现风貌提升。第三，开展道德、法制、文化和科普教育，提高村民的思想道德和文化素质。

4）满意度评价与思考

村民对于桥庄村的营建效果满意度为50%，在道路与交通条件及水电与通信设施方面村民的满意度较高。然而，村民认为在水土资源与能源利用、商业服务设施、学校教育设施、生活污水处理与污染管控、产业发展与经济收入等方面存在不足。基于政府主导的环境整治和建筑立面改造使村落风貌得到迅速改善，然而依赖于政府的资金输入，未能形成村落的自我发展和管理，后续营建难以持续，村民缺乏参与的积极性,在经济收入和生活水平方面未得到实质性提升。

4.2.1.3　江西省赣州市兴国县长冈乡塘石村

1)村落概述

塘石村位于江西省赣州市兴国县长冈乡的西北部,距兴国县城约 5 千米,村域面积约 5 平方千米。村落始建于唐代,自古以来就是兴国县城北郊重要的水陆商埠。2009 年 12 月,塘石村被确定为新农村建设整村连片推进区域,开展了风貌整治。在经过"三清六改四普及^①"的基础建设后,塘石村继续开展社区管理、卫生保洁、村民培训和村级便民服务等治理工作。

2)要素分析

(1)营建主体要素

塘石村的营建主体包括政府、村集体和村民。村落的基础设施、公共建筑、景观环境、卫生设施等由当地政府组织营建,住宅多由村民自主营建。

(2)自然地理要素

塘石村地势北面高、东南面低,中部地形平坦开阔。村域内水资源丰富,有大小水塘 120 余处,共有两条水系,位于村落西南面的濊水是农业生产灌溉的主要水源(图 4-15),北面的秀水河是补充水源。当地属亚热带季风气候,春末夏初为雨季。

(3)产业经济要素

塘石村的多数青壮年常年外出务工,主要从事服装生产、玩具制造、工程建造等行业。村落产业以传统的水稻种植为主(图 4-16),少量种植烟叶、花生等经济作物,还包括禽畜养殖、水产养殖和布艺加工等。村委会提供的资料显示,2014 年全村总收入 3852.19 万元,其中村民家庭经营收入 2816.51 万元,其他经营收入 1035.68 万元,人均年收入 8231.17 元。

(4)社会文化要素

塘石村历史悠久,拥有唐代书法家、翰林、民国将军、共和国将军等众多名人资源,其中红色文化尤为突出。2009 年,塘石村将原有的 28 个小组整合为 4 个社区,每个社区分别设有党小组、理事会、监事会、政策宣传站、矛盾纠纷调解站和卫生保洁站,建立社区化管理的新机制。

---

①　"三清六改四普及"指新农村建设的几项主要内容。其中,"三清"包括清污泥、清垃圾、清路障,这是确保村落道路、排水畅通、保持清洁卫生的前提;"六改"即改水、改厕、改路、改房、改栏、改环境,是新农村建设和村落整治的主要任务;"四普及"即普及电话、沼气、有线电视和太阳能。

(5)环境景观要素

在村落景观和环境的营建上,塘石村建造了模范广场(图4-17)、将军亭、博士长廊等景观节点,设置了垃圾收集设施、太阳能路灯等。因垃圾收集设施的覆盖范围有限,同时缺乏污水处理设施,村落水环境污染较严重。

图 4-15 塘石村西南   图 4-16 塘石村的   图 4-17 模范广场
　　　　 面的滁水   　水稻种植

(6)空间形态要素

①空间格局。塘石村的整体格局紧凑,沿水系呈带状分布,村民住宅集中成片分布(图4-18)。

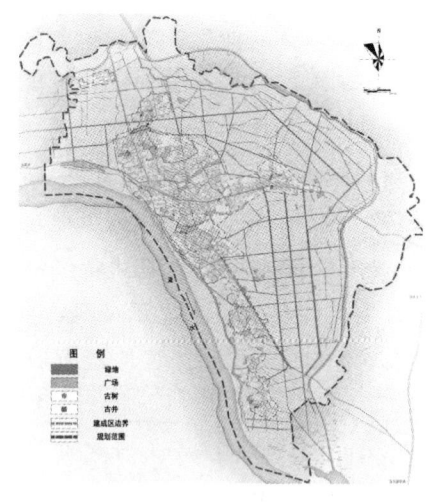

图 4-18 塘石村规划总平面图
(来源:塘石村村委会提供)

②街巷空间。村落的道路路面已做硬化处理,街巷空间丰富,多为十字形交叉口。主要街道为水泥路,宽2.5～3.5米,两侧为2～4层的建筑,巷道宽1.5～2米,空间感较压抑。

③公共空间。塘石村的公共空间分为两种类型:一种是为了满足村民生活需求,如幼儿园、小学、超市、卫生室等;另一种是为了丰富村落的文化和精神生活,如宗祠(图4-19)、村史馆、翰林故居、县委旧址、将军故居等。

④居住空间。村民住宅呈现出不同年代共存的现状,建筑风格混杂。原有住宅以1～2层为主,采用当地的红砖、土坯砖等材料建造,外墙面刷白处理。新建房屋多为3～4层,主要采用混凝土、红砖等材料建造,外墙面贴瓷砖(图4-20)。建筑造型以平屋顶形式为主,沿主街分布的住宅底层多用作商业空间,而主街之外的住宅多有前院。

图 4-19 塘石村的宗祠

图 4-20 主街两侧的村民住宅

3)营建特征

塘石村基于以政府为主导、以村民为主体、规划先行、村落整治、产业支撑的营建理念,其营建特征具体表现为以下几点。第一,营建过程中以政府为主导,由政府提供基础设施建设资金。第二,以村民为主体,激发了营建的内在动力。第三,以规划为切入点,以文化为主线,并保留原有山体、水塘、树木和传统建筑,提升村落内涵。第四,以村落整治为突破口,通过"三清六改四普及"改善村居环境,建立长效机制。第五,发展乡村主导产业,一方面吸引外来资本入驻,另一方面引导当地能人和村民创业,夯实村落经济基础。

4)满意度评价与思考

村民对于塘石村营建的满意度较低,尤其在生活污水处理与污染管控、产业发展与经济收入状况、垃圾收集处理设施、文化活动开展、村落景观环境、商业服务设施、休闲娱乐设施等方面,有 50% 以上的村民感觉一般甚至不满意。村民仅在邻里关系、水土资源与能源利用、村集体组织管理工作、学校教育设施、医疗卫生设施等方面较为满意。政府主导的营建方式使环境整治和基础设施建设得到有效推进,加上政策的支持,村落获得发展机会。然而由于营建资金来源不稳定,村落的统一更新处于停滞状态,村民只能自发进行住房的改造更新。同时,缺乏设计和技术引导造成营建过程与乡村风貌的无序。村落未能形成特色产业,村集体经济难以支撑各项营建内容,导致垃圾收集、污染管控、景观环境设施营建等工作无法持续,村民的生活未得到实质性改善。

4.2.1.4 浙江省湖州市安吉县灵峰街道横山坞村

1)村落概述

安吉县是典型的山区县,2001 年提出生态立县的发展战略,成为中国首个生态县。在多元文化和地方经济的推动下,安吉县的乡村更新速度超过其他地区,并于 2008 年提出将"中国美丽乡村"建设作为发展的载体,经过大量实践验证,逐渐形成乡村建设的"安吉模式"。横山坞村是美丽乡村示范村之一,位于安吉县灵峰国家级旅游度假区西北部,交通便利。横山坞村的营建注重村落环境与产业资源的整合,尊重村落生态资源和旅游休闲产业的特色。经过有序营建,村落的环境风貌、集聚功能、观光功能、休闲业态得到改善。

2)要素分析

(1)营建主体要素

横山坞村由安吉县政府和横山坞村村委会共同主导营建,一方面提供政策支持,另一方面组织策划营建活动。安吉山水灵峰休闲农业发展有限公司等企业参与艺术馆、民宿、景区乐园等设施的投资建造。在旧房被拆迁或被政府征用之后,村民自主参与统一规划安置的新村建设。

(2)自然地理要素

横山坞村是毗邻灵峰山的典型山区,属亚热带季风气候。村落内植被种类丰富,盛产毛竹和茶叶,有耕地面积 1290 亩、竹林 1200 余亩、茶园 600 余亩。村落地势北低南高,丘、岗、坡、冲层次分明。

(3)产业经济要素

横山坞村以种植毛竹、茶叶和梨为主,村民自办竹制品加工企业近 10 家(图 4-21)。村内的安吉山水灵峰休闲农业观光园主要经营生态农业和休闲旅游业,以水果种植为基础,集农业观光、农事体验、科普教育、乡村旅游等功能于一体,为村民提供了就业和增收的机会。在休闲产业方面,当地依托田园熊出没乐园,并通过艺术民宿村、露营房车营地、酒店等设施的营建,带动乡村旅游和民宿经济的发展。2015 年,在"公司+合作社+村民"的乡村经营模式下,村民获得工资、股份分红、房屋租金、农产品种植等多种收入,人均纯收入约 2.77 万元。

(4)社会文化要素

横山坞村建造文化礼堂、休闲广场等公共设施,用于开展文化娱乐活动,同时,高式熊艺术馆的建造和运营增强了村落的文化氛围(图 4-22)。然而,村落地域文化要素的挖掘有所不足。

(5)环境景观要素

通过实施村庄美化、道路硬化、庭院绿化、村组亮化、水源净化"五化"工程,村居环境得到改善。在景观方面,运用廊、桥、亭等景观元素(图 4-23),在道路两侧、休闲场地、宅间和庭院分别进行园林式景观设计,建成区的绿化覆盖率达到 45%。

图 4-21 青林竹制品厂

图 4-22 高式熊艺术馆

图 4-23 景观长廊

(6)空间形态要素

①空间格局。横山坞村的旧村选址于灵峰山西北面的山脚,结合山体分散布局;新建的晓山佳苑安置区呈环形布局(图 4-24)。

① 横山坞村入口
② 游客集散中心
③ 晓山佳苑
④ 中心绿地景观
⑤ 庭院景观
⑥ 外塘景观
⑦ 里塘景观

图 4-24 横山坞村规划总平面图

②街巷空间。横山坞村的主要道路为沥青路面,宽约 6 米,两侧界面为建筑和绿化;次要道路宽 1.8～3 米,多为水泥路,部分为砂石路。

③公共空间。新建的村委办公楼、卫生室、幼儿园、文化礼堂等建筑围绕村落中心的休闲广场分布。其中,文化礼堂采用坡屋顶结合木构架的传统建筑形制,并运用地方石材砌筑院墙和装饰外墙(图 4-25)。

④居住空间。原有住宅以 2 层的外廊式建筑为主,常带有前院(图 4-26)。新建住宅多为 2～3 层的独立住宅,建筑占地面积为 110～125 平方米,底层设厨房、小型起居室、储藏间、厕所、车库等,二、三层主要为起居空间。建筑采用坡屋顶这一传统民居的造型元素,并与简欧式建筑风格进行组合,外墙面以米黄色涂料和浅色瓷砖为主要装饰材料(图 4-27)。

4-25 横山坞村文化礼堂　　图 4-26　横山坞村原有
　　　　　　　　　　　　　　　　　　　　　住宅

图 4-27　横山坞村新建
　　　　住宅

3）营建特征

横山坞村属于以政府为主导、以村民为主体、社会参与的合力共建模式。在产业方面，发挥地方产业的优势，将乡村旅游业、特色农业和工业并重发展。在空间方面，注重建筑品质提升和建筑风格协调。在营建步骤方面，首先，制定规划，推进广场、运动场地、道路、太阳能路灯等公共基础设施的建设，改善村居环境；其次，通过项目引资和厂房出租等方式获得更多营建资金，确保后续营建能够持续推进；最后，发展高效生态农业和有机农业，提高村民收入。

4）满意度评价与思考

村民普遍认同横山坞村的营建成效和组织管理工作。村落的景观环境、垃圾收集处理设施方面达到 100％满意度。满意度较高的方面还包括道路交通、水电、通信、休闲娱乐等基础设施的建设，以及污水处理与污染管控、邻里关系、产业发展等方面。村民对文化活动开展和学校教育设施建设的满意度略低，对商业服务设施建设尤为不满意。在政府主导的建设和管理方式下，高效的建设使乡村生活环境快速改善。同时，由于相关政策和各类社会资源的支持，地方产业形成集聚效应，具有较好的发展前景和市场竞争力。然而，村落营建也存在一些问题，譬如涉及部门较多，管理不到位；村民住宅的统一规划建设造成空间形态的千篇一律，缺乏地域性表达。

4.2.1.5　浙江省湖州市安吉县灵峰街道大竹园村

1）村落概述

大竹园村位于安吉县，隶属于灵峰街道，距离县城约 10 千米，拥有山水秀美、气候宜人的生态环境。2008 年，大竹园村实施了环境、产业、服务、素质提升工程，后来成为安吉县建设"中国美丽乡村"的精品示范村之一。随后，大竹园村以"生态环境优美、村容村貌整洁、产业特色鲜明、社区服务健全、乡土文化繁荣、村民生活幸福"为营建目标和内容，在中心村新建村委会办公楼、卫生服务站、幼儿园、老年活动中心、文化礼堂、健身广场等公共设施。同时，在中心村南面新建安置区，对部分中心村村民以及上王家、大岱、前山口等自然村村民进行安置(图4-28)，设置村民住宅、老年活动中心、游客服务中心、村史馆、图书室、文化活动中心、健身设施及各类商业服务空间。

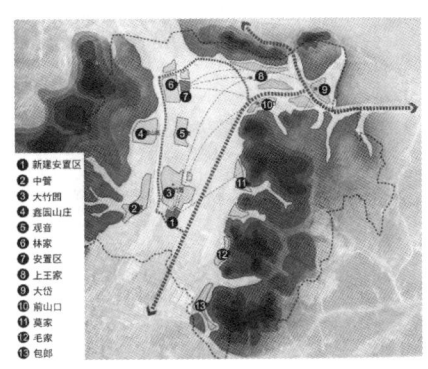

图4-28　大竹园村居民点与安置区分布示意图

(来源：根据大竹园村村委会提供的资料改绘)

2)要素分析

(1)营建主体要素

大竹园中心村的公共服务设施由村委会统一组织营建，住宅多由村民自主营建。新建安置区的住宅和公共服务设施则由安吉县灵峰街道办事处和大竹园村村委会共同主导营建。

(2)自然地理要素

大竹园村整体地形呈簸箕状，东、西、北部为山地，中部相对平缓。当地属亚热带季风气候，降水集中在3—9月。大竹园村以竹得名，竹林遍布村落。村落水资源丰富，包括龙王溪生态河道、湿地、水塘等。此外，村域内还有石壁山、百家山、观音堂沙滩地、黄花梨园、茶园、古樟树等自然景观资源。

(3)产业经济要素

村落产业以农业为基础，主要作物有小麦、水稻、早园竹、白茶、蔬菜、蓝莓等；以工业为辅助，主要产品有饮料、竹制品等，其中竹木制品加工初具规模，通过增设工艺展示场地，建立具有地域特色的加工展销模式。此外，大竹园村的产业特色是利用山林优势发展休闲产业，创办以现代农业、互动体验为核心的农业观光园(图4-29)，发展农业观光、蔬菜采摘、农事体验、亲子活动、婚纱摄影等休闲项目，在充分发展当地工农业的基础上，向商贸服务业和旅游业延伸，形成"农、工、贸、游"联动发展的产业模式，从而带动村落经济的发展。据村委会资料统计，2014年，全村从事第一产业的有420户，从事第二产业的有15户，从事第三产业的有11户。2010—2014年，村集体收入从10万元增长到110.9万元，人均收入从14561元增长到21820元。

(4)社会文化要素

灵峰寺为大竹园村开展文化活动及旅游附属产业提供了条件。大竹园村山林田地资源丰富，有体现山林文化的特色活动，如做神福、做伙房、拗笋等。同时，当地很多村民崇拜神农氏，信奉天官、地官、水官"三官"，将其视为农耕的保护神。村落内建有多处三官庙,每年定期祭祀天地和神农氏,形成地方特有的农作习俗,如敬土、插秧、车水、养蚕等,并将农耕文化元素在公共空间进行展示。

(5)环境景观要素

村落的生态环境治理采取防治结合的方式。在产业政策上,禁止三类工业企业进驻,防止新污染源的产生;实施雨污分流措施,并沿道路统一设置垃圾收集箱。在景观营造上,利用苗木、花卉等景观元素,增加公共开放绿地、村口节点绿地、宅前屋后绿化以及近人尺度的庭院绿化(图4-30)。新建安置区以稻田、油菜花田、菜园为景观元素,再造乡村生活化的景观肌理。

图4-29 农业观光园

图4-30 水渠旁的田园景观

(6)空间形态要素

①空间格局。村落空间沿龙王溪呈点状分散布局,建筑组团围绕水系分布,并与山体、水系、农田相融合,低层建筑沿道路两侧分布(图4-31)。

②街巷空间。大竹园村对外交通干道刘灵大道贯穿村落南北,路面宽约14米。进村主要道路宽约5米,硬化率达100%。次要道路宽2~3米,为水泥、沥青和砂石混合路面,两侧界面多由院墙和住宅山墙构成,空间较狭窄。

③公共空间。公共建筑采用坡屋顶的形式,但未形成统一的风格,如村委会办公楼为集中对称的现代建筑风格(图4-32),文化礼堂则结合披檐和当地石材进行建筑外立面的装饰(图4-33)。

④居住空间。村民住宅的平面布局主要包括一字形、L形和组合型,其中L形户型最具代表性(图4-34)。建筑材料以竹、木、瓦、卵石、小青砖、夯土等传统地方材料为主,并融合清水混凝土、玻璃及金属构件等现代建材。建筑形态采用坡屋顶形式,并根据村民的生活需求,结合院落进行空间组合。在建筑质量方面,村落内存在少量20世纪80

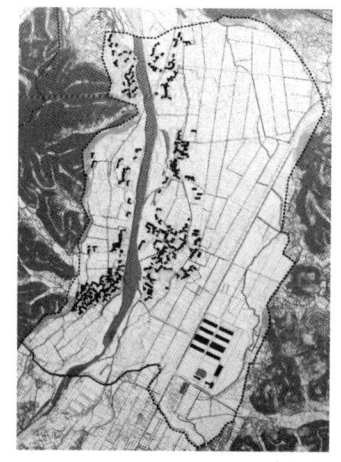

图4-31 大竹园村总平面图

(来源:大竹园村村委会提供)

图 4-32 大竹园村村委会办公楼

图 4-33 大竹园村文化礼堂

年代以前的农房，以砖木和夯土结构为主，建筑高度为 1～2 层，品质较差，多数处于空置状态。中心村多为 20 世纪 90 年代建造的 2 层砖混结构的住房，而新建住房的外墙以贴面砖为主（图 4-35）。安置区的新建住房外墙为涂料饰面，通过现代工艺手法对传统建筑风格元素进行演绎，建筑品质较好（图 4-36）。

图 4-34 典型的 L 形住宅

图 4-35 中心村新建住房

图 4-36 安置区新建住房

3）营建特征

大竹园村的营建兼顾产业经济发展、空间营造和环境保护。营建特征主要包括三个方面。第一，以政府引导为主，整合各级部门、村集体、企业和村民个体的力量，共同参与村落营建，不仅发挥政府在政策引导、资金支持、资源调动方面的作用，还以村民的利益和实际需要为前提，让村民参与规划编制、改造建设、资金管理和项目验收的全过程。第二，挖掘村落现有资源，突显地方特色。具体而言，对土地资源进行集约利用，并坚持一户一宅、建新拆旧的方式，鼓励利用节能型建筑材料和可再生能源。同时，结合自然生态资源和产业基础，实现休闲农业、工业、旅游业、商贸服务业等产业的联动发展，改善乡村经济状况，并结合历史文化资源和聚落空间肌理，重塑地域性。第三，完善医疗、卫生、教育、娱乐等设施，注重聚落空间品质和景观环境质量的提升。

4）满意度评价与思考

村民普遍认可村落营建的总体效果，由于营建过程中对管理组织和产业发展的重视，村民对产业发展与经济收入状况、村集体组织管理工作、垃圾收集处理设施等方面满意度较高,并在水利等公共设施、邻里关系、道路与交通条件、村落景观环境和居住条件等方面较为满意,但认为商业服务设施、医疗卫生设施以及文化活动等方面还有待改善。大竹园村具有良好的生态资源、水资源和田园景观环境,通过政府主导的方式能迅速提升聚落风貌。在以农业为主的产业基础上,结合现代农业种植和农事体验等项目能够促进农业规模化经营和产业联动发展。然而,这种营建方式受资金的影响较大,资金不足会造成安置区的营建效率不高。同时,这种营建方式缺乏对地方文化的深入挖掘,未能形成具有特色的文化形式和内涵。由于营建的重点是新建安置区,中心村未涉及住房拆迁,村民参与的主动性较低。

4.2.1.6　浙江省湖州市安吉县灵峰街道剑山村

1)村落概述

剑山村位于安吉县灵峰旅游度假区的西南面,紧邻灵峰山,北接横山坞村,南靠大竹园村,交通便利。依托生态屋、龙王溪、湿地公园、梅灵绿道等资源(图 4-37),推进村落的营建。

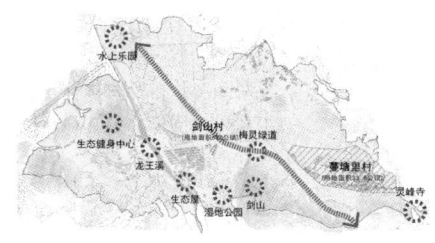

图 4-37　剑山村用地范围与资源分布图

剑山村的村民住宅分三期进行营建,一期以独栋住宅为主,已投入使用;二期包含独栋住宅和多层、高层住宅,部分投入使用;三期为独栋住宅。村落公共设施的营建主要包括 5 个部分:生态屋群落、湿地公园、养生基地、农家乐,以及公共服务设施(如文化活动室、老年活动中心、村民广场等)。这些项目的营建资金采用 BT 模式①,不仅减轻了剑山村的发展压力,还使环境质量和收益得到提升。

2)要素分析

(1)营建主体要素

剑山村的营建由安吉县政府和灵峰街道共同主导,他们出资开展村道建设、民居修复、污水处理、管线下地等工程。湿地公园由安吉县山地环境艺术有限公司向剑山村征地 88 亩,并出资由村委会组织建设,建成后由剑山村按年返还企业投入的资金。中心村安置区由政府统一规划建设,村民出资并参与营建。

---

　　①　BT 是英文 build(建设)和 transfer(移交)的缩写形式,意为"建设-移交"。BT 模式是政府利用非政府资金来进行非经营性基础设施建设的一种融资模式。

（2）自然地理要素

剑山村属于低丘缓坡自然地貌，拥有生态和地理两大优势。当地属亚热带季风气候，盛产白茶和黄花梨。村域内自然水资源丰富，有龙王溪和剑山溪 2 条水系，蟹子湖、新塘、蒋家坞 3 个小型水塘和 1 处生态湿地。

（3）产业经济要素

村民主要从事白茶种植和加工，白茶产业初具规模，并形成"剑山白茶"品牌（图 4-38）。此外，由于村落内竹木资源丰富，部分村民经营竹木加工厂（图 4-39）。黄花梨种植随着经济效益的降低而不断减少，传统产业的优势减弱。针对产业缺乏吸引力的状况，剑山村在发展第一、二产业的基础上，重点发展乡村休闲旅游业。主要举措包括围绕白茶、黄花梨等农业资源，开展白茶文化体验和黄花梨采摘等观光活动，并建立白茶、黄花梨集中加工合作社和交易市场，消除小作坊模式的弊端，同时，整合生态屋等特色资源发展旅游业，村民自主参与餐厅、民宿、茶馆等业态的经营。据村委会资料统计，2014—2016 年，集体经济收入由 653.11 万元增至983.8 万元，村民人均收入由 24087 元增至 29156 元。

（4）社会文化要素

在文化方面，剑山村紧邻灵峰寺，受到佛教文化的影响。受城市现代文化的冲击，村落地方文化和传统习俗等内容缺失。剑山村通过建造文化礼堂来组织村民开展文化活动，从而推动乡村文化的发展。

（5）环境景观要素

剑山村自然景观丰富，水系、湿地和竹林遍布，其中龙王溪南北贯穿于村落，水面宽 6~8 米，沿溪环境优美。剑山村将水系引入新建安置区进行景观营造，以此提升村居景观质量（图 4-40）。在环境卫生方面，剑山村根据服务半径合理设置垃圾分类收集点和中转站，增强村民的环保意识。

图 4-38 剑山村白茶园

图 4-39 剑山村竹木加工厂

图 4-40 安置区水系景观

（6）空间形态要素

①空间格局。剑山村安置区一期以独栋式住宅为主，呈行列式布局。安置区

二期顺应村落原有的自然肌理,依照水系和林地划分空间,呈组团式布局。安置区三期通过住宅的相互组合,形成院落式格局(图4-41)。

图4-41 剑山村规划总平面图

(来源:剑山村村委会提供)

②街巷空间。村落的主要道路宽6米,为沥青路面。次要道路宽3~5米,为水泥路面。水系周边设置2米宽的人行步道。

③公共空间。将球场、舞台、健身设施、便利店、公厕等集中布置,为村民提供交往空间和活动场所。

④居住空间。原有的村民住宅由一宅一院组成,基本类型包括2层通廊型、立面局部凹进型、立面局部突出型等。新建住宅多为2~3层建筑,在功能布局上延续了传统民居客厅空间大的特点,以满足会客、宴请、娱乐等功能需求。设置多个不同面积的卧室,以适应不同结构家庭的居住需求。底层架空层设置储藏空间和车库,村民可根据需求自行改造(图4-42、图4-43)。

图4-42 安置区一期住宅

图4-43 安置区二期住宅

剑山生态屋采用土、木、石、竹等当地乡土材料进行营造,并根据砂土、黏土和石灰的不同配合比来制作夯土墙和墙面装饰材料，呈现一种低造价、低能耗、低技术和高品质的建造方式（图4-44）。生土作为建造材料具有环保和可循环利用等优势。夯土技术成为当地建造技艺的重要体现（图4-45）。

图 4-44　剑山生态屋三号屋　　　　　图 4-45　夯土墙试验

3）营建特征

剑山村的营建过程和特征主要包括四个方面。第一，开展管线埋设、污水处理、垃圾分类收集等工程，初步改善村落环境。第二，采用统一规划和分期建设的方式，提升村落风貌。第三，结合村落的生态环境和旅游资源发展乡村特色产业，如农产品加工、体验式乡村旅游等，实现村民增收。第四，完善道路和生态屋的营建，推动乡村旅游发展。

4）满意度评价与思考

村民对营建的总体效果满意度较高，在产业发展与经济收入状况、生活污水处理、垃圾收集处理、景观环境、居住条件与房屋舒适度等方面均达到普遍满意。在基础设施的建设中，村民比较满意道路交通和学校教育等设施，并希望对商业服务、休闲娱乐、水电、通信、医疗卫生等设施进行完善。村民认为文化活动的开展有所不足。剑山村的各项基础设施得到统筹建设，发挥交通、产业和资源环境等方面的优势能够促进产业的融合发展。然而，统一规划建设也造成住宅的空间布局和建筑风格缺乏地域性特征、村民参与营建的积极性不高等问题。

4.2.1.7　浙江省湖州市安吉县山川乡高家堂村

1）村落概述

高家堂村位于安吉县山川乡的中部，北连山川乡集镇，距安吉县城约20千米。村域内多山多川，拥有优美的山水环境和丰富的植被资源，是一个盛产竹的典型山村。高家堂村是浙江省第一批全面小康建设示范村,自2010年美丽乡村建设取得阶段性成效后,逐渐找到将林业生态资源转化为旅游资本的乡村经营思路,并入选我国"美丽乡村建设十大模式(生态保护型)"典型案例。

2)要素分析

(1)营建主体要素

高家堂村的营建由政府主导,是浙江省政府和安吉县政府推进美丽乡村建设的成果。村落的综合服务中心、文化礼堂(图4-46)、老年活动中心、游客中心、公共厕所等设施由当地政府主导营建,浙江省政府给予部分资金支持,村民自主开展住宅建造和产业经营。

(2)自然地理要素

高家堂村自然资源丰富,森林覆盖率较高,有山林9729亩、水田386亩、池塘水库70亩、毛竹林4639亩。村落地形以山地和丘陵为主,整体地势西高东低,西部为高山区,北部靠近山川乡集镇,地势低平。村域内水源充沛,有仙龙湖等水系[①](图4-47)。

(3)产业经济要素

高家堂村的第一产业主要来自竹林和茶叶,第二产业以小水电、加工业为主。由于坚持第一产业与第三产业关联发展、第二产业向第三产业转变的发展思路,旅游服务业的产值逐年提升,已成为主要产业。村域内有30余家村民自主经营的农家乐和民宿(图4-48),以及多家外来资金投资的乡村旅店,如竹烟雨溪、别院山川等。在此基础上,高家堂村以农业生产和农事体验为主体,发展观光体验式农业。同时,村企合作的形式促进了乡村产业结构的调整,旅游公司的部分股份转让给村民,村民成为旅游公司的股东,收入获得提升。

图4-46　高家堂村文化礼堂　　图4-47　高家堂村的山水资源　　图4-48　村民自主经营的民宿

---

① 廖艳燕.村企合作乡村旅游经营模式初探:以安吉县山川乡高家堂村为例[J].浙江旅游职业学院学报,2015(2):37-39.

（4）社会文化要素

在文化方面,高家堂村主要开展打年糕、挖笋等民俗活动。受乡村旅游带来的外来文化的影响,地方文化的发展面临困境。

（5）环境景观要素

高家堂村拥有山水环绕的自然景观格局,在景观方面注重乡土景观的营造,充分利用竹、木、石等地方材料来打造水系驳岸、游步道、休闲平台等场所,并结合现代元素进行景观小品的设计,使景观节点不仅具有现代气息,而且能较好地融入环境（图 4-49）。同时,高家堂村还注重生活污水处理和垃圾收集工程,分别采用阿科蔓生态基技术和无动力湿地污水处理系统修建了 2 座污水处理池。

图 4-49 钢结构景观桥

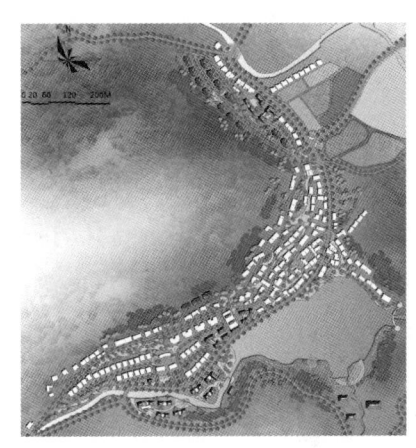

图 4-50 高家堂村总平面图

（来源:高家堂村村委会提供）

（6）空间形态要素

①空间格局。高家堂村呈现背山面水的整体格局,建筑顺应山形和等高线自上而下布置,聚落空间沿曲形道路呈带状分布（图4-50）。危房拆迁后,新建住宅见缝插针地修补了原有空间肌理,尊重地形条件,延续了村落格局。

②街巷空间。村落主要道路与山川乡集镇的道路相连,宽约 6 米,为沥青路面,单侧界面为村民住宅。次要道路宽约 3 米,为沥青路面,两侧界面均为村民住宅。由于顺应等高线的不同高差,街道空间较为开阔。巷道空间宽约 2 米,部分为砂石路面,经过保护与改造设计,增加了街巷的趣味性。

③公共空间。村落的公共服务设施主要包括文化礼堂、老年活动中心、卫生室、休闲广场、公共厕所等。老年活动中心由村民住宅改建而成,保留原有木构架、坡屋顶和檐廊的建筑形式,采用当地的卵石进行外墙贴面装饰。新建的文化礼堂为 2 层的现代建筑。在休闲广场新建的公共厕所是木、竹、石等乡土建材与钢、玻璃等现代建材组合运用的体现（图 4-51）。

图 4-51 新建公共厕所

127

④居住空间。从居住空间的现状来看，1层的建筑为土木或砖木结构，多为村民生活附属用房；2～3层的建筑为村民住房；4层及以上的新建住宅兼具旅游休闲功能。新建组团以3层单体式住宅为主，具有居住空间与产业空间结合的

图4-52 新建住宅

功能。底层设置车库和储藏室，可根据需求进行功能转换；2层为客厅、餐厅；3层为卧室。新建住宅延续了当地民居建筑元素，以坡屋顶为主，采用平坡结合的方式，通过水平和垂直线条来统一建筑风貌，并以白色、浅灰色为主色调（图4-52）。在建筑材料上，新建住宅采用空心砖、彩瓦，以及石、竹、木等当地建材，并结合了钢筋混凝土、涂料等现代建材。

3）营建特征

高家堂村在营建中将环境营造与产业发展相结合，实施聚落空间的统筹建造，其营建特征包括三个方面。第一，采取垃圾分类处理、严控污水排放、禁止化学除草等环保举措，促进村落环境、风貌、基础设施等方面的改善。第二，整合村落闲置资源（如原造纸厂、老会堂等），引入民间资本进行改造和盘活，进而建设成度假酒店、风景区和农业观光园。第三，以村企合作的方式发展乡村旅游。村集体与投资商合作创办旅游公司，村集体以资源和基础设施入股，投资商出资，公司负责经营、人才培养、产品与市场的对接。这种村集体、村民和企业协同参与的营建方式有助于乡村产业、空间和环境的持续发展。

4）满意度评价与思考

村民对村落营建的总体满意度达到100％，普遍对村落景观环境、村集体组织管理工作、道路及交通条件，以及水电与通信等基础设施的建设感到满意。由于营建中对产业经济的重视，高家堂村在产业发展与经济收入状况、居住条件与房屋的舒适度、邻里关系、休闲娱乐设施、污水处理、垃圾收集处理等方面获得村民较高的满意度。同时，村民认为乡村文化活动的开展以及医疗、教育设施的建设存在不足。高家堂村拥有良好的生态环境和毗邻集镇的区位优势，为聚落空间与产业的发展奠定了基础，容易获得社会关注、政策支持和外来资本。然而，高家堂村在营建过程中忽视了对文化要素及地域特征的挖掘。同时，以乡村旅游为导向的营建方式存在同质化的竞争，旅游开发与环境保护之间、营建效率与文脉延续之间的博弈依然存在。

4.2.1.8　浙江省湖州市安吉县天荒坪镇余村

1）村落概述

余村位于安吉县天荒坪镇西侧，地处天目山北麓。村落呈东西走向，三面环山，北高南低，西起东伏。余村溪自西向东绕村而过，乡道"山石线"贯穿全村。余村是浙江省首批村庄规划编制与新农村建设的试点村，于2008年成为美丽乡村精品村。2015年，余村以"绿水青山就是金山银山"（简称"两山"）会址改造工程为契机，从农房改造和宜居性建设出发，开始创建美丽乡村精品示范村。

2）要素分析

（1）营建主体要素

余村采取政府主导的营建方式，由村委会发起成立工作领导小组，并委托设计单位进行村落的规划设计。施工建设采取统一招标，在营建实施过程中尊重村民的意见和建议。同时，聘请省和县的相关专家担任建设顾问，全面监控村落的设计和营建过程。政府统一营建的项目包括余村社区综合服务中心、全民健身广场、景观小品、文化礼堂（图4-53）、电影院、农家书屋、"两山"会址公园（图4-54）等公共服务设施。

（2）自然地理要素

余村地处山区，植被覆盖率高达96%，具有山地小气候特征。当地属亚热带季风气候，气候温和，雨水充沛。余村有水田580亩、山林6000亩（其中毛竹林5200亩）。

（3）产业经济要素

余村的经济以旅游观光、竹制品加工为主。依托良好的生态环境，乡村休闲产业逐渐发展。至2016年，全村有农家乐14家，观光、休闲、娱乐型旅游景区3处，旅游休闲经济已达到年产值1000多万元。余村在第一产业方面，增大对茶园、果园、毛竹林的投入，并结合旅游产业，发展特色农业和农事体验园（图4-55）；在第二产业方面，保持竹制品加工业的发展优势，结合村落现有生态工业平台，对分散的小规模企业进行集中管理；在第三产业方面，充分发挥村落的旅游资源优势（如荷花山风景区等），促进度假酒店、民宿和农家乐的发展；此外，挖掘民俗生活资源，开拓生活服务和文化创意产业，拓展村民收入渠道。2014年，村集体收入144万元，村民人均纯收入 3.5 万元①。

图 4-53　余村文化礼堂

图 4-54　"两山"会址公园

图 4-55　家庭农庄与
葡萄采摘园

（4）社会文化要素

余村拥有古银杏资源,将银杏保护和文化活动相结合,在银杏周边设置文化展示墙和休闲场所。文化礼堂和文化大舞台的建造为文化活动的开展提供了场所,丰富了村民的精神文化生活。总体而言,余村的文化元素以传统节气和民俗为主,未形成具有地方特色的文化主题和内容。

（5）环境景观要素

余村拥有丰富的自然景观资源和人文景观资源(如隆庆禅院等),采取因地制宜的景观营造原则。一方面,尊重村落原有生态景观和场所记忆,保留银杏等植被资源,并对银杏古亭做最少干预;另一方面,利用余村现有的田园肌理,选择当地农

图 4-56　余村乡土景观

作物的品种和颜色进行成片种植,形成具有强烈视觉冲击力的大地景观。在村落的公共节点处结合当地石材、植被、水塘、竹林等景观元素,设置亭台、廊道、石拱桥、石墙等景观小品,营造乡土景观(图 4-56)。此外,按服务半径在每个居住组团内设置垃圾分类收集点,并提高各类污染物和废弃物的处理效率。

（6）空间形态要素

①空间格局。村落总体布局结合地形条件,以公共服务中心和"两山"会址为中心展开。聚落空间平行于道路,呈行列式格局(图 4-57)。

---

①　资料来源:http://paper.ce.cn/jjrb/html/2018-12/02/content_378356.htm。

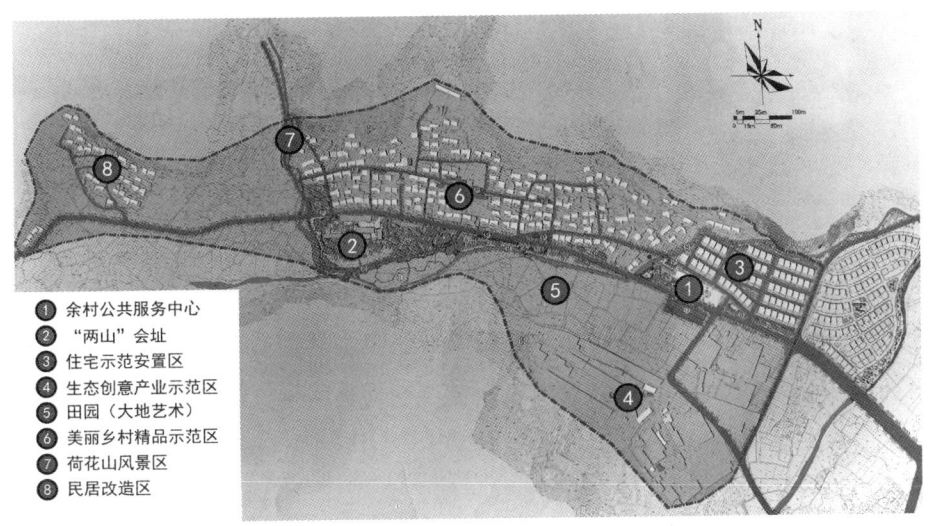

图 4-57 余村总平面图

（来源：根据余村村委会资料改绘）

①余村公共服务中心
②"两山"会址
③住宅示范安置区
④生态创意产业示范区
⑤田园（大地艺术）
⑥美丽乡村精品示范区
⑦荷花山风景区
⑧民居改造区

②街巷空间。对外交通干道位于村落南面，宽 9.5 米，为沥青路面。村落内部道路已基本硬化处理。主街道宽 3.5～5 米，为水泥和沥青路面。巷道宽 2～3 米，多为卵石、块石组合的路面，部分街巷空间较为狭窄。旧村改造以道路整治和建筑立面改造为主，通过增加文化彩绘、卵石墙、花卉植被、木栅栏等元素对街巷空间进行景观化处理（图 4-58）。

③公共空间。公共服务中心由综合办公楼、集体活动广场、全民健身广场及滨水公园组成，是村民休憩、交往和健身的主要场所。"两山"会址在改造中拆除部分原有厂房和铁皮屋顶，运用地方建材，重构连廊空间和院落空间，营造具有地方特色的公共空间（图 4-59）。

④居住空间。改造住宅通过统一粉刷、换瓦、墙面美化的立面整治，延续村落记忆。新建住宅包括联体式和单体式两种户型，底层为停车库和储藏室，2～3 层为餐厅、客厅和卧室，在空间形态上与原有住宅保持统一，坡屋顶以深灰色机制瓦为主要材料，外墙材料采用中性涂料、面砖、花岗岩的组合，以白色和浅灰色为主色调（图 4-60）。

3）营建特征

余村的营建尝试在生态、功能与人文的相互关联中找到平衡。首先，在生态方面，整合现有的山林和水系资源，使青山绿水的生态环境成为贯穿村落营建的基调。其次，在功能方面，一方面将传统民居空间元素与乡村生活功能相结合，并逐

图 4-58 余村的街巷空间　　　图 4-59 改造中的"两山"　　　图 4-60 余村新建住宅
　　　　　　　　　　　　　　　　　　会址附属建筑

步完善村落公共服务功能；另一方面发展乡村旅游及其配套服务产业。最后，在人文方面，对文化遗产、风土人情、民俗习惯等元素进行挖掘，建构与现代文化相融合的地方文化。

4）满意度评价与思考

村民对余村的营建效果普遍满意，在水土资源与能源利用、道路及交通条件、生活污水处理与污染管控、垃圾收集处理设施、村落的景观环境和休闲娱乐设施等方面满意度较高，但认为学校教育设施的建设略有不足。余村的区位、交通和资源优势有利于吸引外来资本，同时这里是"两山"思想的发源地，为村落营建带来更多支持和发展机会。不过，因周边村落同质化发展，旅游产业面临竞争压力，村民依靠第三产业所获得的经济收入较少，美丽乡村建设成果未能完全转化为村民生活水平的提升。

在上述以政府为主导力量的乡建案例中，由于各地政府推行乡建的力度不同，成效也不同。具体而言，安吉县政府重视美丽乡村建设，对5个案例村落均进行了持续的资金投入，使乡村的居住环境、村落风貌、公共设施和产业经济等方面获得提升。江西赣州的2个案例村落在政府推行一轮新农村建设之后，缺乏后续的投入和管理，导致乡村空间建设和产业经济发展滞后。湖南的案例村落受当地政府以文化建设为主的思路影响，侧重于文化活动的开展，但未能推进乡村其他方面的营建。这些案例均反映出政府对乡建结果的决定性作用。

4.2.2　以 NGO 为主导力量的乡村聚落营建案例

以 NGO 为主导力量的乡村聚落营建通常以产业经济为着力点，带动其他方面的建设。NGO 的主导作用表现在以下方面。首先，以经济介入的方式建立乡村资金互助合作社等经济组织，并对参与的村民进行组织和管理，增强村民的共同意识。NGO 在合作社的建立和运行过程中具有决定性作用。其次，以"内置金融"为基础,进而推动乡村产业经济、基础设施建设、空间环境和文化教育等事业的发展。最后,能够促进村民之间的互动交流,强化其主体性,体现为在空间建造过程中村民意愿的表达和共同参与。以 NGO 为主导力量进行乡村聚落营建的调查案例有小朱湾、堰河村和桃源村。

4.2.2.1 湖北省武汉市江夏区五里界街道小朱湾

1)村落概述

小朱湾位于武汉市江夏区五里界街道童周岭村,紧邻湖北省第二大湖泊梁子湖。村域总面积 785 亩。村域内建筑布局错落,多为开敞式院落,空间层次丰富,并拥有古树和水塘等资源(图 4-61)。村民住宅多为 20 世纪 80 年代以后所建造的红砖房,还有少量早期木结构土砖房。2014年 5 月,童周岭村邀请中国乡建院规划专家,按照荆楚风格的要求,开展了小朱湾的规划设计和营建。

图 4-61　小朱湾的荷塘

2)要素分析

(1)营建主体要素

村民是乡村营建的主体和受益方,当地政府和中国乡建院均为协作方。村民自主改造住房并承担大部分费用,政府提供部分建设资金,住房改造按 180 元/平方米的标准补贴,院落改造按 30 元/平方米的标准补贴。村社共同体负责村落内部资源的整合,中国乡建院作为 NGO 介入乡村,提供了系统性和整体性的营建方案,村落的基础设施由政府和 NGO 共同组织营建。

(2)自然地理要素

小朱湾属于丘陵地貌,村域内地势较平坦,水资源丰富。当地具有夏热冬冷地区的气候特征,年平均气温为 16 ℃,年平均降水量为 1200 毫米左右。

(3)产业经济要素

当地政府鼓励村民自主创建旅游服务、农产品和特色手工艺品牌,并建立自创品牌的奖励机制,采取以村民投资为主、政府补贴为辅的形式,重点扶持村民参与农家乐经营。至 2016 年,村民自主经营的农家乐和民宿共有 14 家(图 4-62)。

(4)社会文化要素

小朱湾的常住人口以老人和儿童为主,多数青壮年劳动力在武汉及周边城市务工。由于青壮年主体的缺位,地方文化的传承面临危机。

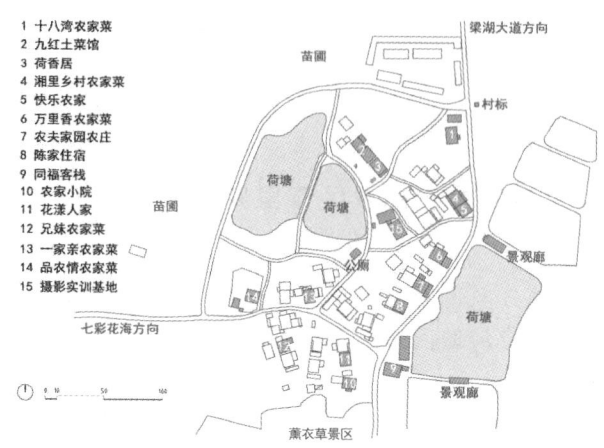

1 十八湾农家菜
2 九红土菜馆
3 荷香居
4 湘里乡村农家菜
5 快乐农家
6 万里香农家菜
7 农夫家园农庄
8 陈家住宿
9 同福客栈
10 农家小院
11 花漾人家
12 兄妹农家菜
13 一家亲农家菜
14 品农情农家菜
15 摄影实训基地

图 4-62　小朱湾农家乐与民宿分布示意图

（5）环境景观要素

小朱湾以荆楚风格为基调对景观和环境进行全面优化,修建湾标（图4-63）、景观墙、荷塘、景观廊等景观小品。组合运用灰砖、红砖、瓦、石等乡土材料来建造景观墙,以此丰富乡村公共空间的景观层次。同时,结合旧缸、水罐、木制构件、古树、竹等景观元素,塑造具有乡土特色的景观环境（图 4-64）。

图 4-63　小朱湾湾标

图 4-64　公共空间的景观元素

（6）空间形态要素

①空间格局。小朱湾的营建延续了原有村落格局,建筑呈分散式布局,以旧房改造和原址新建为主。

②街巷空间。村落的道路系统呈环形,车行道位于村落的外围,为水泥路,内部街巷为砖石路。由于建筑是分散式布局,小朱湾未能形成连续的街巷空间界面。

③公共空间。小朱湾在公共空间的营造上强调景观元素与院落空间的组合,建筑以灰色和土黄色为主色调（图4-65）,在营建材料上采用灰砖、灰瓦、石、土和炭烤后刷桐油的木构件。

④居住空间。当地在居住空间改造中重点改造庭院空间,营造可供经营的室外开放空间,比如布置休闲座椅,保留原有植被,在庭院边缘地带种植蔬菜、花草、果木等。建筑外墙面以灰砖为主要材料,强调灰砖和原有红砖砌筑方式的变化。屋顶铺设深灰色机制瓦,屋脊由小灰瓦拼接而成。民居从功能上划分出餐饮经营、生活居住、商品销售等空间,并根据原有空间适当增设外廊和半室外观景平台(图4-66)。

图4-65 摄影实训基地

图4-66 村民住房改造成农家乐

3)营建特征

小朱湾以"经营乡村"为营建理念,通过修复乡村"造血"机制,村民的生活得到实际改善,乡村实现可持续发展。小朱湾的营建过程主要包括三个阶段。首先,整合村落资源,建立以村社内置金融为核心的资源整合体系,通过村社内置金融的方式将农户的资源与资产金融化。其次,推进村落发展定位和全方位的规划设计,提出组织建设、培训、经营模式和治理模式等方面的解决方案。最后,开展乡村的建造和经营,采取多元主体协力合作的营建方式。

营建的具体工作:①建立同舟共济支农合作社,吸纳资金,向符合条件的村民提供贷款;②将闲置房屋和土地进行统一建造和经营;③以"荆楚·花·人家"为主题,实施村落的规划设计;④了解村民的实际需求,以及村落的宗族关系、历史文化和风俗习惯等;⑤以湾标和景观墙的建造为技术示范和材料试验,推动公共建筑、公共景观、村民住房、庭院景观等的专项设计;⑥集中开展本地工匠的建造技术培训;⑦对拆迁后的灰砖、红砖、石、瓦、木料、缸和罐等旧材料进行回收利用,并试制灰色水泥挤压砖来替代传统烧制灰砖;⑧制定村规民约和经营管理办法;⑨选聘高校毕业生到村任职,协助村落发展;⑩中国乡建院派员长期驻村,就设计、建造和前期经营等内容开展在地工作。

4)满意度评价与思考

村民对于营建的总体效果比较满意,其中满意度较高的项目包括产业发展与经济收入、村集体组织管理、道路及交通条件、水电与通信设施、污水处理与污染管控、居住条件与房屋的舒适度等，尤其是村落的景观环境方面，获得 100％满意度。同时，村民认为文化活动开展、学校教育设施、医疗卫生设施和休闲娱乐设施等方面还有待提升和完善。小朱湾的营建尊重村民的主体性，以村民居住条件和经济收入的改善为基本目标，村民参与营建的积极性和主动性得到提升。NGO 作为外部力量协助乡村的产业经营和空间改造，有助于村落形成自身"造血"功能、丰富的空间形态和地方特色风格。村民纷纷开办农家乐，容易形成规模效应和特色产业，但也面临同质化竞争。小朱湾以乡村旅游为产业发展方向，会受到周边薰衣草景区和花海景区季节性的影响，存在不确定因素。

4.2.2.2　湖北省襄阳市谷城县五山镇堰河村

1）村落概述

五山镇是位于湖北省襄阳市谷城县西北部的小山镇，因境内有马鞍山、云雾山、邱家山、李家山、百日山 5 座山而得名。堰河村位于百日山下。2003 年，北京绿十字信息技术研究院进驻堰河村，从修复乡村生态环境、发展生态农业经济入手，开展为期 8 年的乡建实践。基于堰河村的建设经验形成的营建模式被称为"五山模式"[①]。2020 年，堰河村成为全国乡村旅游重点村。

2）要素分析

（1）营建主体要素

堰河村的营建主体包括作为 NGO 的北京绿十字信息技术研究院，以及村民和地方政府等。政府引导、NGO 主导、村民参与，三方协力推动了堰河村的美丽乡村建设。

（2）自然地理要素

堰河村是典型的丘陵山地型村落，属北亚热带季风气候。村落山水环绕，耕地面积狭小，河道曲折，地形较不规则。村域内水资源丰富，五堰分布错落，堰河南北贯穿村落，还有百日山、甲板洞瀑布、茶园等自然资源。

（3）产业经济要素

堰河村依托山地资源和气候优势，重点发展茶叶种植及加工业。村民从开发基地入手，先后开发 1200 亩生态茶园（图 4-67）、800 亩杜仲、3000 多亩经济林，绿色经济逐渐成为乡村的主要产业。至 2014 年，全村专门从事茶产业的村民有 60

---

① 孙君，廖星臣.农理——乡村建设实践与理论研究[M].北京：中国轻工业出版社，2014.

余人,人均年收入达 3 万元;季节性采茶的村民有 800 余人,人均收入 8000 多元。此外,村民通过开办茶馆、茶庄、茶店和经营茶叶等商品获得收益(图 4-68)。同时,堰河村发展特色种植和养殖产业,还带动 20 多户村民自主经营农家乐。

图 4-67　堰河村的生态茶园

图 4-68　村民开办的茶庄

为了让生态休闲农业与乡村旅游更好地结合,堰河村成立村集体经济组织——堰河生态旅游经济专业合作社,并建造了书法奇石展览馆、农博馆、茶叶采摘园、农业观光区和游客接待中心等,以此促进产业的发展。

(4)社会文化要素

堰河村的文化要素主要包括茶文化和道家文化,通过建造茶坛、茶圣厅等建筑来承载茶艺表演、茶歌、茶舞、竹竿舞、篝火舞、读茶经、拜茶圣、祭茶坛等特色茶文化活动。其中,茶艺表演是村民采茶、制茶过程的再现;篝火舞、竹竿舞是对茶乡生产生活情境的演绎;而祭茶坛、拜茶圣等祭祀活动,主要体现村民对茶圣(图4-69)、茶坛的精神寄托。另外,堰河村对朝圣宫、真武殿等道家文化建筑进行重建,营造道家文化氛围。

(5)环境景观要素

堰河村在沿河两岸、道路两侧及宅前屋后种植香樟、垂柳、翠竹和桂花树等,营造公园式村落(图 4-70);在村民小组设置垃圾分类中心,并开展污水管理、修建沼气池、改造厕所等工程,改善村落环境。

(6)空间形态要素

①空间格局。村落背山面水,延续山、水、田、屋的整体格局,建筑沿道路呈线形分布(图 4-71)。

②街巷空间。道路沿山脚和河道布置,宽约 3 米,水泥路面。街巷空间较为开敞,大部分村民住宅分布在道路一侧,住宅成为街巷空间的主要界面。

③公共空间。村内有多个广场,结合传统戏台的形制建造了新的观演空间,成

图 4-69　茶圣陆羽雕像

图 4-70　堰河村河道两岸景观

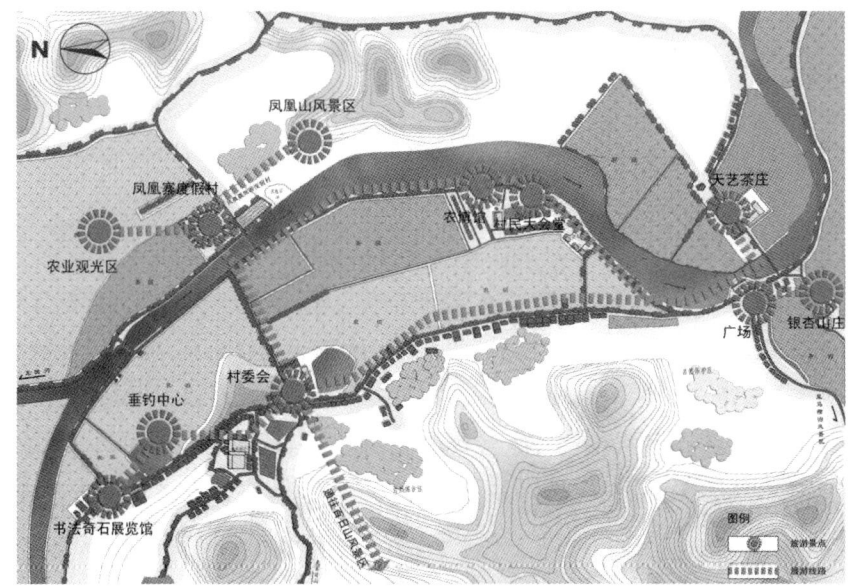

图 4-71　堰河村旅游规划总平面图

（来源：堰河村村委会提供）

为重要的公共活动场所（图 4-72）。

　　④居住空间。原有住宅多为三开间或四开间的 2 层建筑，新建住宅融入坡屋顶、板凳挑、灰瓦、青砖、木质花窗等传统建筑元素（图 4-73）。

　　3）营建特征

　　堰河村的营建是北京绿十字信息技术研究院乡建理念的集中体现，其过程大致包括三个阶段。一为起步阶段（2003—2006 年），从改善环境入手，开展垃圾分类、"一建四改"（建沼气、改水、改厕、改圈和改灶）及建造"五山茶坛"等活动，分别从生活

图 4-72 堰河村公共空间

图 4-73 堰河村新建住宅

方式上改变村民的生活观念,从生产方式上提升村民的能力,从精神层面上陶冶村民的情操,实现先生活后生产。二为发展阶段(2006—2009 年),以农民之家和生态广场为切入点,实现边生活边生产。打造茶叶品牌、改良增收机制、调整产业结构,推动生态旅游的发展。三为培训与推广阶段(2009—2011 年),发展乡村旅游,实现先生产后生活,并总结实践经验,进而向周边村落推广。堰河村通过村居环境修复、产业发展、文化重塑、自治机制建立等举措改善了人居生存状态,形成了一种人与自然、人与人、人与社会之间的循环共生关系(图4-74)。

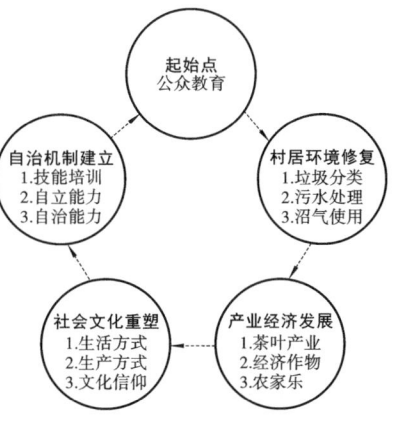

图 4-74 堰河村营建的循环关系

4)满意度评价与思考

村民对于堰河村的营建效果满意度较高,其中产业发展与经济收入、文化活动的开展、垃圾收集处理设施、水电与通信设施、生活污水处理与污染管控、村落的景观环境和商业服务设施等方面均达到 90% 的满意度。此外,村集体组织管理、邻里关系、水土资源与能源利用、道路及交通条件、居住条件与房屋的舒适度、商业服务设施等方面也获得了村民的认可。但学校教育设施和医疗卫生设施的建设还有待完善。堰河村的营建注重村民参与、村民自治及 NGO 的作用,能够激发村民的主体意识。营建将生态建设与产业发展相融合,形成从生态环境改善、绿色农产品种植、农家乐经营到旅游产业发展的乡村经济链,进而实现村民增收。营建过程中重视历史文化和民俗信仰等因素的积极作用,村民的认同感得到增强。这种企业融资、村民出力、专家支持、政府服务和NGO 参与的多元主体协力营建的方式,易获得社会资源和政策的支持,但由于缺乏系统化管理,加上资金不足,公共服务设施的建设难以推进。

4.2.2.3　湖北省随州市广水市武胜关镇桃源村

1）村落概述

桃源村位于中国九大名关之一的武胜关境内，地处桐柏山、大别山交会处，距广水市中心 19 千米。村落依山傍水，自然生态环境保持良好。桃源村以风貌古朴、环境整洁、功能现代、产业有机、文明复归为营建目标，并将全国摄影基地和画家写生创作基地作为营建主题，是鄂西生态文化旅游圈首批"绿色幸福村"建设试点。

2）要素分析

（1）营建主体要素

桃源村以当地村民为营建主体，尊重其建设意愿，北京绿十字信息技术研究院、村集体、政府部门共同参与营建。

（2）自然地理要素

桃源村属于丘陵地区，四面环山，居中地势平坦，一条溪流经桃源水库穿村而过，并将村落划分为两部分。当地属亚热带季风气候，村域内有林场和茶场，植被丰富，其中柿子树尤为众多，被称为"柿子谷"。

（3）产业经济要素

桃源村以水果和茶叶种植为主导产业，全村有柿子园、猕猴桃园、石榴园 300余亩，茶园（图 4-75）1000 余亩，年收益 500 多万元。村集体和农民合作社共同带动产业发展，引导村民自发成立以内置金融为基础的桃源农民合作社，以及茶叶、生态农业、鑫桃源、林果、原种稻 5 个专业合作社，通过村民入股和政府引资，建立村落自我管理和可持续发展的保障体系。同时，桃源村结合自然资源和传统村落风貌的优势，以生态文化旅游为产业发展的方向，通过建造村入口门楼（图 4-76）、玉皇塔、水车广场、彭二湾老街、休闲山庄等公共空间，促进旅游产业的发展。村民主要从事传统种植、养殖和旅游相关服务行业，开办农家乐 30 余家。2016 年村民人均纯收入达 14500 元。

（4）社会文化要素

全村人口约 1600 人，青壮年人口外出务工，留村人口约 400 人。在文化要素方面，桃源村一方面推动民俗文化和民间手工艺复兴，另一方面通过开展桃源文化论坛、摄影采风、诗歌大赛、舞蹈演出等活动营造文化氛围。

（5）环境景观要素

桃源村采取水系修复、植树造林、退耕还林等举措进行生态环境的修复。首先，清理河道，修复水系 3000 多米，并修建挡水坝，打造沿河景观带和大坝景观。

其次,植树造林 6000 余亩,种植油菜 1500 亩、向日葵 100 亩。然后,结合石板路、石墩桥等景观元素和乡土材料进行景观设施的营建。最后,在村域内建立 25 个人工湿地(图 4-77)、9 个垃圾分类中心,引导村民实施垃圾分类,改善村落环境。

图 4-75 桃源村的茶园

图 4-76 桃源村入口门楼

图 4-77 桃源村庭院式人工湿地

(6)空间形态要素

①空间格局。桃源村呈整体分散的组团式空间格局,各自然村选址于山脚,并通过道路和水系串联。聚落营建尊重村落原生状态和地方历史风貌(图 4-78)。

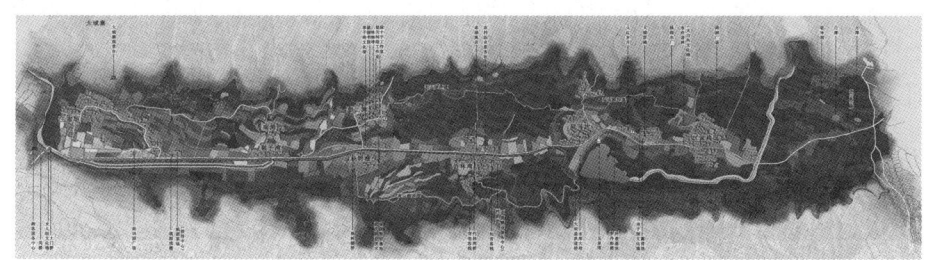

图 4-78 桃源村规划总平面图

(来源:桃源村村委会提供)

②街巷空间。村落的主要道路呈东西贯穿的带状形态,以水泥铺面。各自然村与主要道路的连接处为丁字形交叉口。彭二湾老街的街巷空间形态保存较好,以石板铺面,高宽比约为 1,空间感较舒适。还有部分巷道为黄泥路,空间狭窄。

③公共空间。公共空间包括茶场接待中心、石板桥、戏楼、广场等。村委会办公楼围合出一个半开敞的活动空间,其建造参照地方民居的风貌,采用坡屋顶、柱廊、片石墙等传统建筑元素(图 4-79)。

④居住空间。桃源村的居住空间以传统石屋为主要特色,由政府提供图纸,村民出资改造,并根据每户人口结构、经济状况和实际需求进行在地化设计。新建住宅采用就地取材的方式,将石块垒砌成石屋,再用黄泥抹平,屋顶铺设灰瓦,与旧有建筑的风貌相协调(图 4-80)。

图 4-79　桃源村村委会办公楼

图 4-80　桃源村新建住宅

3) 营建特征

NGO 在桃源村的营建过程中具有重要的引导和组织作用,对内发挥了沟通协同、激活资源、复习文化、改善环境等作用,对外协助推动了相关资源对接、人才回流和资金引入。桃源村在营建过程中注重资源合理利用,如对石屋和柿子树的利用等。同时,一方面引导村民对生态环境和传统民居进行保护利用,另一方面整合特色资源,打造有机产业链,吸引村民返乡创业。桃源村的营建特征具体包括四个方面。第一,制定农家乐扶助措施,提供小额贷款和人员培训,鼓励村民返乡创业。第二,村集体推行植树造林、修复水系、打造景观节点、建垃圾分类中心和人工湿地等举措,提升村落环境质量。第三,恢复地方民俗文化活动和发扬民间手工艺。第四,在规划编制与营建实施过程中坚持以村民为主体。

4) 满意度评价与思考

村民对桃源村营建总体效果的满意度为 80%,其中村落的景观环境、生活污水处理与污染管控、产业发展与经济收入等方面均达到 90% 的满意度。此外,村集体管理工作、道路及交通条件、水电与通信设施、垃圾收集处理设施、商业服务设施和医疗卫生设施等营建内容也获得村民的普遍认可。桃源村的营建以修复和改造为主,原生环境与地方风貌得以保存延续;尊重村民的营建意愿,激发了村民的主体意识和积极性;通过建立农民合作社,实现乡村自我管理和增强乡村“造血”功能,使产业发展具有可持续性。然而,NGO、政府、村民三者之间未能建立有序且稳定的协作机制,缺乏引导管理也造成后续建设的无序状态。

在上述以 NGO 为主导力量的乡建案例中,由于 NGO 介入乡村的时间和程度不同,以及其他主体的影响程度不同,各村落的营建效果也有所不同。具体而言,NGO 介入堰河村的时间最长,逐渐形成早期以环境整治和观念提升为主、中期建立专业合作社、后期开发生态文化旅游的发展路径,村民收益得到提高。NGO 介入桃源村的时间较长，组建了合作社，促进了地方特色产业的发展。NGO介入小朱湾的时间较短，未能实现农业合作社的组建与发展。

4.2.3 以企业为主导力量的乡村聚落营建案例

以企业为主导力量的乡村聚落营建具有资金稳定和能够改善产业结构等特点。企业作为出资方，其价值导向决定了乡村聚落营建的方向。企业作为主导力量的作用表现在：一方面，在政府的支持下，能够平衡经济收益，选择项目进行开发；另一方面，具有对市场的把控能力，能够调整和改善乡村产业结构，并选择适合当地的产业发展方向。以企业为主导力量的乡建根据企业的价值导向，可划分为公益扶贫、房地产开发、旅游开发三种类型，调查案例包括韶山华润希望小镇、井冈山华润希望小镇、庚村、良渚文化村、苏家村。

4.2.3.1 湖南省湘潭市韶山市韶山华润希望小镇

1）村落概述

华润希望小镇是华润集团利用企业资源参与乡村建设的一种探索。自2008年起，华润集团陆续在广西百色、河北西柏坡、湖南韶山、江西井冈山等革命老区或欠发达地区进行希望小镇的建设，通过统一规划和就地改造重建，改善了村落环境和风貌，并在一定程度上实现了村民的安居乐业。韶山华润希望小镇位于湖南省湘潭市韶山市韶山乡，东北面接壤韶山市区，西邻毛主席故居。希望小镇选择原韶光村和铁皮村的部分区域作为营建对象，营建的内容包括村居环境改造、公共服务设施建设、产业帮扶和组织重塑等。

2）要素分析

（1）营建主体要素

韶山华润希望小镇的营建主体包括华润集团、地方政府、村民、村集体和设计机构等，其中华润集团作为营建的主导者和主要投资方参与整个营建过程，是营建共同体的核心。地方政府给予政策和部分资金支持。村民是营建的参与者和受益者，提供具体需求和建议。设计机构提供专业技术的引导和支撑（图4-81）。华润集团与地方政府共同承担公共服务设施、基础设施、景观整治等建设成本，以及村民住宅50％以上的更新成本，村民自筹约30％的

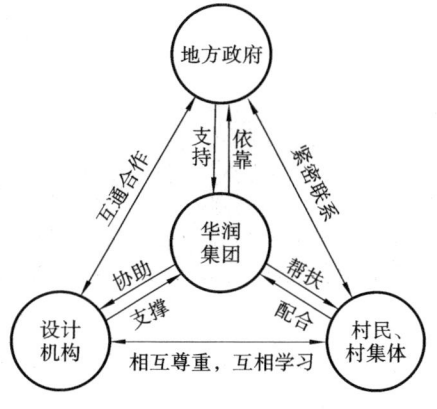

图4-81　营建主体之间的关系

资金配合华润集团进行住宅的改造。

（2）自然地理要素

韶山华润希望小镇属于典型丘陵地貌，村域内的农田以水田为主。当地属亚热带季风气候，年平均气温为16.7 ℃，雨量充沛，年平均降水量为1379毫米，雨水期集中在3—7月。

（3）产业经济要素

韶山华润希望小镇创办润农农民专业合作社，下设种植、养殖、旅游等专业合作社，发展现代化观光农业，实行统一规划、种植、经营和分社管理的运行机制。合作社根据当地土壤的性质和气候条件确定适合种植的经济作物品种，从中筛选出附加值较高的优良品种进行种植，并以农业为基础，建设现代农业科技园，将蔬菜产业与旅游观光、农超对接。

（4）社会文化要素

韶山华润希望小镇的人口主要为本地居民，家庭规模多为3～5人。在管理模式上，党支部、村委会、合作社三方交叉任职，实行乡村党、政、企三位一体的新型管理模式。然而，文化方面的发展略有不足。

（5）环境景观要素

韶山华润希望小镇以现代休闲观光农业带为主要景观，水塘、滨水景观带、生态湿地、公共绿地和宅前屋后的菜园（图4-82）共同构成村落的景观体系。同时，设置垃圾收集点、沼气池等来改善村落环境与卫生状况。

（6）空间形态要素

①空间格局。韶山华润希望小镇经过整体空间格局的修复，延续了村落原有的空间肌理和秩序（图4-83）。

图4-82　宅前屋后的菜园

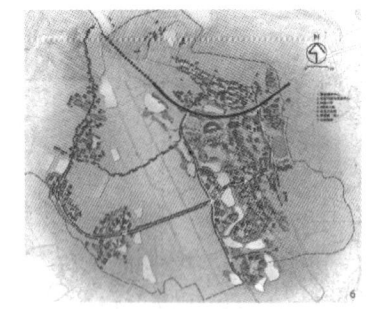

图4-83　韶山华润希望小镇总平面图

（来源：文献①）

---

①　王竹，钱振澜."韶山试验"构建经济社会发展导向的乡村人居环境营建方法[J].时代建筑,2015(3)：50-54.

②街巷空间。村落道路顺应地形，主要道路宽约 6 米，连接组团间的道路宽约 4 米，入户道路宽约 2.5 米，均为水泥铺面。

③公共空间。由于村落缺乏教育、服务、医疗等设施，韶山华润希望小镇随之建造了综合服务中心（图 4-84）、卫生服务中心（图 4-85）、学校（图 4-86）等。其中，综合服务中心结合湖湘地区传统的天井、檐廊、晒台、坡屋顶、狭缝空间等空间形态进行重构，采用双倒坡屋顶的形式，以及黏土砖、空心水泥砖、竹、青瓦等地方材料，以此呈现朴素且真实的乡土性（图 4-87）。卫生服务中心和小学教学楼通过空间体量的组合与削减，与村民住宅的体量相协调。

④居住空间。村民住宅由宅、院和菜园组成。在体量上，宅院由 2 层独立住宅、若干间单层辅助用房和院落组成。在规模上，宅院总建筑面积为 200～400 平方米，宅院外侧有 0.1～0.3 亩自留菜园。住宅主要采用钢筋混凝土框架结构，延续了当地传统平屋顶和双坡屋顶的形式，并在建筑细部结合了举折、饯脊等传统做法。在功能布局上，兼顾传统和现代功能，包括客厅、卧室、厨房、卫生间、储藏室等基本空间，并增设阳台、露台、车位等辅助空间（图 4-88）。

图 4-84 综合服务中心

图 4-85 卫生服务中心

图 4-86 韶山华润学校

图 4-87 综合服务中心庭院空间

图 4-88 韶山华润希望小镇村民住宅

3）营建特征

韶山华润希望小镇的营建特征主要包括三个方面。第一，在营建主体上，以村民、政府、企业三方共建共管的方式推进村落各项内容的营建。第二,在产业和组织上,一方面建立农民专业合作社,以合作社为平台实现产供销一体化,并推动生态农业、景观农业等现代农业经济的发展,帮助村民增产增收;另一方面重建乡村组织管理架构,发展新型乡村集体经济,并将组织管理模式与现代化产业相结合。第三,在空间和景观上,结合自然地形、当地材料和文化进行住宅空间和村落景观营造。

从空间营建策略来看,村域层面采用"低度干预"策略,延续聚落原有的格局、秩序和肌理;公共建筑层面采用"本土融合"策略,适度嵌入新的功能;住宅层面采用"原型调适"策略,设定空间的形制与形态。

4)满意度评价与思考

村民对营建的总体满意度为80%,在学校教育设施、垃圾收集处理设施、居住条件与房屋的舒适度、医疗卫生设施等方面均达到90%的满意度。而村民较不满意的方面包括文化活动的开展、道路及交通条件等。以企业为主导的营建方式在营建力度和效率、村落风貌提升、农业产业发展和经营管理等方面具有较大优势,能较快提高村民的生活质量;通过建立合作社对村民进行培训管理以及对农产品进行生产和销售,能够让村民收入获得保障,这种方式也更具市场竞争力。由于偏重经济和基础设施建设,营建在乡村传统文化的传承上存在不足。同时,因依托企业的带动,村民的主体性在营建过程中未得到充分体现。

4.2.3.2 江西省吉安市井冈山市井冈山华润希望小镇

1)村落概述

井冈山华润希望小镇距井冈山中心城区13千米,距井冈山风景区10.5千米。井冈山华润希望小镇下辖江南村、土山村、坪头村3个自然村。营建的主要内容包括乡村酒店、幼儿园、养老院、医院等公共建筑,新建村民住房50余户,改造住房60余户,改造综合服务中心、祠堂等公共建筑。井冈山华润希望小镇以绿色生态、简约现代、经济活力为营建定位,通过统一规划、就地改造与新建来改善村居环境,并利用企业的资源优势结合当地产业,发展新型乡村集体经济,提高村民收入。

2)要素分析

(1)营建主体要素

井冈山华润希望小镇的营建主体包括华润集团、当地政府、村集体、村民和设计机构,其中华润集团是营建的主导者和投资方,当地政府搭建沟通平台并提供政策支持,村民参与住宅的改造和新建,设计单位提供技术支撑。

（2）自然地理要素

井冈山华润希望小镇地处夏热冬冷气候区,属亚热带季风气候,拥有四季分明、雨量充沛的特点,年平均气温为14.2 ℃,年平均降水量为1856.3毫米。区域内多为平地和缓坡,并处于四面环山的盆地之中。区域内林业资源丰富,广泛分布红豆杉、水杉、松树等植物。区域内有农田35.1公顷、林地12.1公顷、水域5.2公顷,拿山河、牛吼江贯穿村落,周边区域还有罗浮水库、石狮口水库等。

（3）产业经济要素

村民主要从事农业种植,部分从事小规模餐饮与零售业。由于区位和旅游资源的优势,井冈山旅游换乘中心也设置在希望小镇范围内,为乡村旅游产业的发展奠定了基础。在华润集团的协助下,当地村民通过开办民宿与农家乐实现增收。

（4）社会文化要素

井冈山华润希望小镇在营建中注重组织的重塑,通过组建农民专业合作社、社区居民委员会和社区党总支部,培养村民的集体意识。同时,当地重视对祠堂的保护性修缮,为传统宗族文化提供了空间载体,使之成为开展公共事务和村民文化活动的场所。

（5）环境景观要素

村落具有优美的生态环境和古树、祠堂等乡土景观资源,有利于春泉、祠堂、花海（图4-89）等景观节点的营造。在景观营造中采用自然手法和生态策略,利用当地材料和植被造景,如拿山河两侧保留挡墙式驳岸,并增加草坡。在环境卫生方面,结合公共空间设置垃圾分类收集点和公共厕所。

图4-89　花海景观节点

（6）空间形态要素

①空间格局。村落延续背山面水的格局,呈现"一路、二水、三村、四面环山"的空间特征,结合山形地势将新建建筑有机穿插其中。整体保持江南、土山、坪头三个居住组团形态,多数村民住宅在原址重建（图4-90）。

②街巷空间。进村道路宽2.5～4米;村落主街宽约3米,为水泥路;巷道和宅前道路宽1～2.5米,多为砂石路（图4-91）。村落内外连接路口多为丁字形交叉

口。为了串联公共空间和景观节点,设置宽 0.5～1.5 米的步行道路,包括景观小径等。

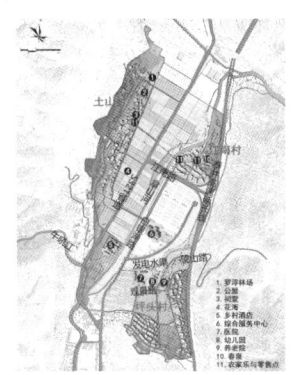

图 4-90　井冈山华润希望小镇
规划总平面图

（来源：华润集团提供）

图 4-91　井冈山华润希望小镇的宅前路

③公共空间。公共空间的营建尊重周边建筑形态和聚落组团原有肌理,通过并置、错动、扭转等方式进行空间形态的重构。采用化整为零的手法,将较大体量的空间分解为多个与当地民居相近的体量,从而获得和谐统一的关系(图4-92)。同时,保留原有庭院空间、坡屋顶、夯土围墙、青砖墙等乡土建筑元素。

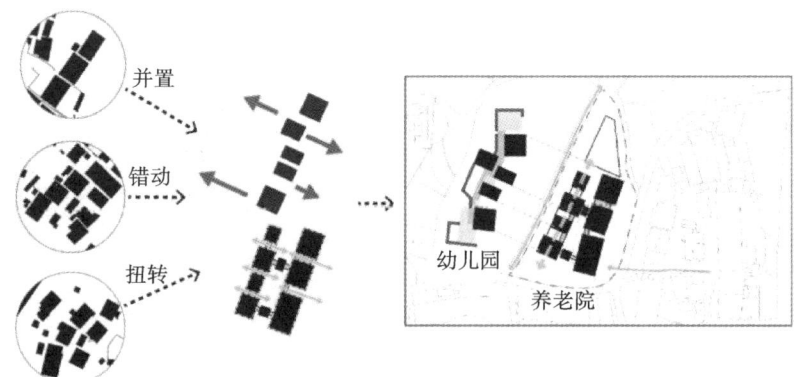

图 4-92　公共空间形态的生成逻辑

（来源：华润集团提供）

④居住空间。原有村民住宅在结构类型上主要包括土木结构、砖木结构和砖混结构三种类型。屋顶形式以坡屋顶为主,部分为平坡结合的方式。外墙材料包括土坯砖、红砖和青砖。典型平面布局是基于三开间的居住单元,以堂屋为核心分别在两侧布置卧室或其他功能用房(图4-93)。住房改造以灰色和白色为主色调,

屋顶保留小青瓦或更换为深灰色釉面瓦,墙面经修补找平后刷白色涂料,勒脚采用深灰色防水涂料进行粉刷。建筑细部的营建提取了地方民居中门、窗、栏杆的样式,结合金属材料进行现代演绎。民居在功能上延续了传统堂屋的功能,并增设厨房、卫生间、书房、储藏室等功能空间(图 4-94)。

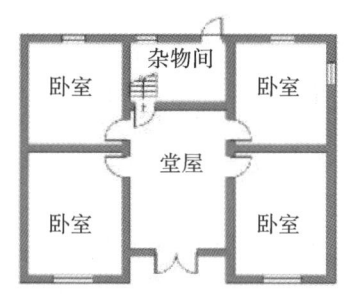

图 4-93 村落原有典型民居的平面布局

(来源:华润集团提供)

图 4-94 村落典型民居改造后的平面布局

(来源:华润集团提供)

3)营建特征

井冈山华润希望小镇的营建特征包括五个方面。第一,因地制宜,重塑乡村风貌。井冈山华润希望小镇结合山形地势、村落肌理、地域特征进行公共建筑的建造和住宅的改造。第二,专业协同,多角度整体规划。注重规划、建筑与景观一体化设计,综合考虑河道整治、农业景观、旅游开发之间的关联与成效。第三,循序渐进,统一规划,分步实施。注重规划的实效性,新建住宅统一规划,分阶段实施。第四,设施先行,持续推进。重视公共服务设施的营建,持续改善村落风貌和村民生活。第五,协力共建,多元主体参与。发挥村民的主体作用、企业的主导作用、地方政府的引导作用以及专家的指导作用。

4)满意度评价与思考

村民普遍认同小镇的营建效果,在邻里关系、道路和交通条件、村落景观环境的营造方面均达到 90% 的满意度。另外,村集体组织管理工作、水电与通信设施、生活污水处理与污染管控、垃圾收集处理设施、居住条件、房屋舒适度、商业服务和医疗卫生设施等方面获得多数村民的认可。然而,文化活动的开展、产业发展与经济收入、学校教育设施、休闲娱乐设施等方面还存在较大提升空间。在企业的主导下,乡建能获得更多资源和资金投入,村落环境与风貌得到统一改善,进一步促进乡村旅游业的发展。在实际营建过程中,政策、资金和规划理念均由企业和当地政府主导,村民参与的积极性不高,且偏重于物质空间的营建,在产业发展和村民增收方面存在不足。

4.2.3.3 浙江省湖州市德清县莫干山镇庾村

1)村落概述

庾村位于德清县莫干山镇境内,地处天目山余脉的国家风景区莫干山麓,具有沪宁杭三角地理中心的区位和交通优势。莫干山为庾村的自然环境和人文环境奠定了基础。然而在 2011 年,庾村的经济仅依赖于小农耕作,加之村落处于湖州水源保护区内,畜牧业和加工业的发展也受到限制,村里的年轻人只能选择去城市谋生,村落由此陷入凋敝的困境。

图 4-95　庾村 1932 文创园入口

庾村的营建源于以乡村改造为主题的莫干山计划,它由原舍、农耕计划、文化市集三个部分构成,以乡村生态圈为理念,将生产、生活、生意作为一种可循环和可创造的价值模式进行推广。庾村营建的核心内容是庾村 1932 文创园的营建(图 4-95),它选址于莫干山镇原蚕种场区块,规划用地面积约 2.5 万平方米,总建筑面积约 1 万平方米。庾村对原蚕种场的建筑和场所进行重构,使之成为兼具文化展示、教育培训、创意办公、餐饮配套、艺术公园等功能的乡村生活圈。

2)要素分析

(1)营建主体要素

庾村在企业主导下进行村落的整体运营管理,将空间置换成新业态,以旅游和文创为主题。庾村的营建以企业主导、专家引导设计、村民自发参与及政府支持的方式展开。营建的发起人是东联设计集团的朱胜萱,并由其团队负责文创园的规划和设计。庾村的公共空间和配套设施则由清境(上海)旅游投资管理有限公司进行一体化开发、建设、运营和管理。在文创园的影响下,当地村民自发进行住宅的改造和新建,政府部门协助推进停车场等设施的建设和建筑外立面的整治。

(2)自然地理要素

庾村属于典型山村,森林覆盖率达 90%,具有丰富的植物资源,如银杏、红豆杉、竹、茶树等,其中竹的品种和数量众多,成为当地特色资源。当地属亚热带季风气候,雨水充沛,四季分明。

（3）产业经济要素

庾村的产业发展围绕生态农业、休闲旅游和文化创意三个方向。其中,茶叶加工、竹制品加工等特色产业较为发达。村落优美的自然环境促进了乡村旅游业和民宿经济的快速发展(图4-96、图4-97)。村民自发改建住宅进行民宿或新业态的经营,并从农产品和手工艺品的售卖中获得收益。文创园是庾村经济发展的重要引擎,通过植入小型多样的新业态激活乡村经济和文化生活,包括餐厅、咖啡厅、书屋、农特产品店、青年旅舍、面包店等业态。

图 4-96　村民自主经营的民宿

图 4-97　建造中的民宿

（4）社会文化要素

庾村历史悠久,可追溯到南北朝时期。1928年,曾任国民政府外交总长和上海市市长的黄郛归隐庾村,对庾村社会文化的形成起到了关键作用。在其引导下,庾村开展了莫干山农村改造实验、建立莫干小学、成立莫干山农村改进会、兴建藏书楼和蚕种场等,1936年建造的蚕种场园区成为庾村文化事业的缩影。基于此,文化市集的营建成为延续地方文化和凸显文化价值的重要途径。

（5）环境景观要素

庾村的自然地理环境和卫生状况良好。在景观的处理上,庾村注重竹、木、石等当地材料的运用,并结合原有地形营造具有乡土特色的景观环境(图4-98)。

图 4-98　庾村文创园入口景观

（6）空间形态要素

①空间格局。庾村选址于山脚,沿道路两侧展开布局(图4-99)。营建延续了村落原有格局和肌理,对建筑和场所进行原地改造。

②街巷空间。村落的主要道路连接莫干山镇和莫干山景区,宽5.5米,为沥青路面,两侧多由建筑立面和围墙界定。次要道路宽3.5米,部分为水泥路面。由于

图 4-99 庚村总平面图

建筑分散布局，未能形成完整的街巷空间体系。

③公共空间。公共空间的营建主要包括原蚕种场 11 座建筑及其场地的改造，以延续原有空间肌理和形态风貌为原则，如自行车餐厅保留了原厂房的坡屋顶和双廊式的建筑格局，并通过组织交通和砌筑围墙的方式将分散的建筑和户外活动空间串联（图 4-100）。在建造上选取当地石材和竹材，并采用民间低技术的建造手法。

④居住空间。村民原有住宅多为 2 层空间，采用坡屋顶和外廊式的建筑形制（图 4-101）。新建住宅风格多样，其中有木构架作为点缀的白色建筑，也有搭配钢结构的灰色建筑（图 4-102）。

| 图 4-100 自行车餐厅入口 | 图 4-101 村民原有住宅 | 图 4-102 村民新建住宅 |

3）营建特征

庚村的营建是莫干山计划所推行的生产、生活、生意一体化建设模式的组成部分，并将山间民宿（乡居）、山腰农耕（农垦）、山下休闲（市集）的联动经营模式对应于市集的内容。庚村基于"交流激发活力、新业态激活乡村文脉"的营建理念，汇集

152

空间、场所、舞台、市场、作坊等元素和功能，将其作为城乡互动的空间节点、物资集散的商业节点及邻里关系的社区节点等。营建的主要特征包括以下方面。第一，挖掘乡村环境和文化资源，吸引各界人士集聚，并组织开展活动。第二，引导外来资本投入具有示范性和公共性的项目。第三，通过商业进驻的方式激活乡村，以此带动村落经济、社会、文化等领域的全面复兴。

4）满意度评价与思考

多数村民对庾村的营建成效满意，在村落的景观环境、垃圾收集处理设施、村集体组织管理工作、污水处理与污染管控、学校教育以及商业服务设施等方面满意度较高，而在乡村产业发展与经济收入状况、文化活动的开展等方面满意度较低。庾村的营建通过借助外界力量，实现了"村的新型产业化"和"人的重新乡村化"，在产业经营和活动开展的过程中持续改变乡村。然而，其营建过程不以当地村民为主体，与乡村社会关联度不高，村民实际收益未得到提升。同时，受到乡村资源和组织管理的约束，后续营建难以有序推进。

4.2.3.4 浙江省杭州市余杭区良渚文化村

1）村落概述

良渚文化村（以下简称文化村）位于杭州市余杭区良渚镇的西北端，与杭州市中心相距约 16 千米，离良渚遗址 2 千米。文化村拥有悠久的文脉和丘陵、绿地、水网、森林等生态资源。文化村分为 8 个相互串联的村落式居住组团，每个村落组团约 800 户村民，具有各自的建筑特色和配套设施，并涵盖多层、小高层、独栋、联排、叠墅等居住空间类型。全村按照 5 分钟步行圈设置了 4 个共享式社区中心，以及酒店、学校、医院、超市、菜场等配套服务设施。通过差异化的组团营建和系统化的社区配套服务设施，文化村实现了"小村落、大社区"的格局与模式。

2）要素分析

（1）营建主体要素

文化村由万科集团主导和投资，进行统一开发和建设。在建设前期，政府提供政策和部分资金支持。

（2）自然地理要素

当地属亚热带季风气候，气候温和，四季分明，冬冷夏热。村域内保留了 5000 余亩山林，植被种类丰富。文化村以丘陵、山地为主，还有谷地、溪流、湖泊等多种原生地貌与自然形态。

（3）产业经济要素

文化村具有多产业支撑和功能复合的特点，主要产业有以下几种。第一，房地产业。长期持续的开发建设促进了当地经济的发展。第二,文化创意产业。建立创意产业园形成乡村创意聚落,涉及会展策划、创意工艺品、青年旅舍、家居设计等业态(图4-103)。定期举办创业相关活动,激励村民创业,促进产村融合。第三,旅游业。村落拥有丰富的旅游资源,如良渚文化艺术中心(图4-104)、良渚博物馆、主题公园等,旅游业成为村落经济发展的重要动力。

(4)社会文化要素

文化村将良渚文化[①]作为营建过程中文化发展的基础,并通过整合良渚文化中心、良渚文化博物馆、大雄寺、美丽洲教堂、矿坑遗址等历史文化元素,建构村落的文化主题。

(5)环境景观要素

文化村根据村落内的山体、湖泊等自然景观资源设置5处公园,以游步道和绿色走廊进行串联(图4-105),共同构成村落的公园绿地系统。在广场和街巷周边设置木质花池、休闲座椅、文化石、景观墙等,进行景观环境营造,并通过建造垃圾分类推广中心增强村民的环保意识。

图4-103　玉鸟流苏创意　　　图4-104　良渚文化　　　图4-105　村落广场的
　　　　　产业园　　　　　　　　　　　艺术中心　　　　　　　　景观设施

(6)空间形态要素

①空间格局。村落整体布局以顺应自然格局和保护生态系统为基础,各组团位于山体南侧,并沿景观大道呈带状分布。村落空间以文化和商业中心为原点布局,建筑分布的密度从组团中心到边缘逐渐降低(图4-106)。

②街巷空间。村落主要道路宽15米,为沥青路,结合绿化分设机动车道、非机动车道及人行道。次要道路宽6米,为沥青路。人行步道宽1.5～3米,为块石路面。

③公共空间。玉鸟流苏商业服务空间作为主要的公共活动场所,集创意作坊、

---

　　①　良渚文化是以黑陶和磨光玉器为代表的新石器时代晚期文化,主要分布于长江下游的环太湖流域,因首先发现于良渚镇而得名。

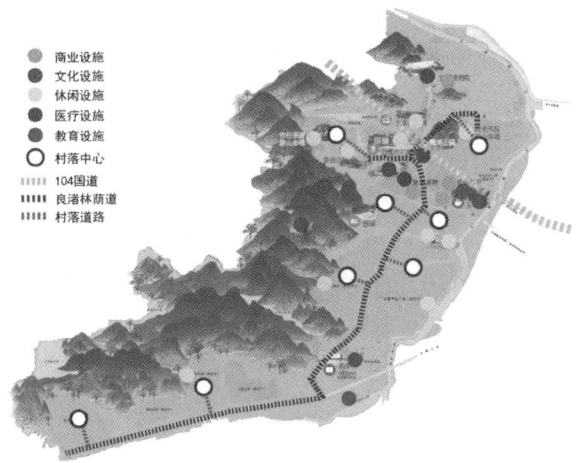

图 4-106　文化村的空间结构与功能分布示意图

(来源：改绘)

特色商业、合院居住于一体，并布置了菜场、食街、村民食堂（图 4-107）、幼儿园等配套设施，在居住与产业复合的理念下形成前店后居、下店上居等复合空间形态，通过扩大底层商业空间的进深设置外连廊（图 4-108），并利用人行步道和广场串联空间，形成分层退台、层次丰富的空间形态。

图 4-107　村民食堂

图 4-108　商业服务空间

　　④居住空间。文化村的住宅呈现多元并存的建筑风格，既有地中海建筑风格，又有浙江民居元素的现代演绎。

　　3）营建特征

　　文化村的营建定位是将田园城市理念与地方文脉紧密结合，建成集生态宜居、休闲度假和创新创业等功能于一体的可持续复合社区。其营建特征主要包括三个方面。第一，将自然环境和地方文化融入聚落空间的营建。第二，注重生态宜居、休闲旅游度假和创业功能的联动发展，提供更多就业机会，并让村民的生活品质获得提升。第三，注重公众参与和村民的自我管理，如设立村民公约等。

4)满意度评价与思考

在万科集团的统筹建设与经营管理下,村民对营建的总体效果满意度较高,尤其在水土资源与能源利用、道路及交通条件、垃圾收集处理设施、村落的景观环境等方面均达到普遍满意。这种企业主导与政府支持的营建方式,能够实现村落在居住方式、公共设施、商业业态、建筑空间等方面的均衡发展。村落组团精细化营建为村民创造了更多交往空间,提升了村民的归属感。然而,由于存在规模大、内容多、周期长等问题,这种方式对于普通乡村聚落而言不具备普适意义。在企业主导的统筹建设中,也缺乏真正意义上的公众参与。

4.2.3.5　江苏省南京市江宁区秣陵街道苏家村

1)村落概述

苏家村又名西毗苏村,位于南京市江宁区秣陵街道,东邻白鹭湖水库,西达银杏湖乐园,南抵阔塘山,北面与银杏湖大道相接,区位交通便利。苏家村选择整体搬迁后再营建的方式,村民通过产权置换,统一搬迁至 12 千米外的东善桥镇安置房。村落分为两期建设,一期于 2016 年投入使用,包括乡村展示馆、文创商店、飨食餐厅、主题茶吧、咖啡馆、民宿等业态;二期包括文创市集、创客街区、集装箱营地等业态。

2)要素分析

(1)营建主体要素

苏家村的营建采用企业主导的方式,原有 60 余幢农房和林地、农地由上海大乡伴文化旅游发展有限公司乡建团队出资开发,统一设计、改造和运营,通过将文化创意植入乡村,打造精品民宿、户外运动、亲子乐园等多元创新业态,来吸引城里人返乡共建新乡村生活示范社区。企业投资建设和运营,政府承担规划引导、政策支持及辅助协调工作,当地村民搬离乡村后,仍然可以参与后续的乡村经营。其他主体如大学生、艺术家、创客等以各自的方式参与营建。

(2)自然地理要素

苏家村属于丘陵地区,地形起伏多变,山林和水系资源丰富。当地属亚热带季风气候,四季分明,雨量充沛。

(3)产业经济要素

苏家村的产业以农业为主,包括水稻、小麦和油菜种植。营建依托村落的生态资源和田园景观,以发展乡村旅游为产业方向,打造集农趣体验、科普教育、休闲游乐等于一体的产业功能,并加入民宿、咖啡馆、面包房、餐厅、乡村书屋、亲子乐园、文创工作室、乡村创客空间等新业态(图 4-109)。

K 图 4-109　苏家村鸟瞰图

（来源：上海大乡伴文化旅游发展有限公司提供）

（4）社会文化要素

在营建之前，苏家村的年轻人多外出去集镇或城市工作，留守老人也较少，"空心化"严重。为了获得更好的居住条件和服务设施，村民要求搬迁至集镇生活，离开世代居住的宅屋和田地，文化传承面临断层危机。村落营建注重地方文化的延续，一方面收集当地老物件，如农具、热水瓶、油灯、竹篮、水缸等，经修复后在当地展览；另一方面挖掘乡村文化，与村民访谈获取当地的生活、文化、历史和故事。

（5）环境景观要素

苏家村拥有山水田园景观，营建过程顺应现有山形地貌，保留村内树木和乡土景观元素。为了改善村落的环境卫生条件，苏家村设置了多处可移动式垃圾收集箱。

（6）空间形态要素

①空间格局。苏家村呈现多中心组团式空间格局（图4-110），包括乡村生活示范区、北部民宿区、蔡塘三大组团。

②街巷空间。村落的主要道路宽 5.5 米，连接 3.5 米宽的次干道形成内部环线，宅间步行道宽 1.5～3 米。

③公共空间。整体保留村民住宅，其中大部分住宅作为民宿经营，其他住宅改造为工作坊、咖啡馆、书屋、茶室、创意产品店等公共空间（图4-111）。

④居住空间。在旧房改造中保留原有建筑的空间形态，并融入现代建筑元素，

图 4-110 苏家村总平面图

(来源:南京市规划和自然资源局江宁分局提供)

整体呈现出白墙、灰瓦、坡屋顶的形式,局部增加木材、铝合金、玻璃、混凝土空心砌块等材料,从而更适应现代生活和审美(图 4-112)。

图 4-111 木坞茶院

图 4-112 原舍·平湖酒店

3)营建特征

苏家村集文化创意、旅游和休闲生活于一体的营建方式,主要包括三个方面的特征。第一,注重多业态互动发展,民宿、户外休闲、儿童游乐、文化生活四大集群互补。第二,通过新功能和新业态的植入,打造农耕文化体验与儿童自然教育相融合的民宿乐园。第三,围绕山水田园与新乡村生活两个主题,引入休闲产业,以此吸引创客回归乡村。

4）满意度评价与思考

村民对苏家村整体营建效果的满意度为 60％，仅在邻里关系、道路及交通条件、垃圾收集处理设施、村落的景观环境等方面较为满意，而在居住条件与房屋的舒适度、学校教育设施、医疗卫生设施等方面满意度较低。资本下乡的营建方式为乡村注入了新的活力，乡村空间品质得到了提升，推动了返乡创业人员的增加和乡村旅游的发展。然而，这种改造与复兴是基于他者的乡愁，使乡村随之成为城里人的后花园，村民整体外迁致使乡建主体与客体错位。

在上述以企业为主导力量的乡建案例中，企业的建设理念和价值导向决定了村落营建的成效。其中，华润集团以公益扶贫的性质开展希望小镇的建设，通过改善公共服务设施、建立农民专业合作社的方式，实现乡村居住空间和村民实际生活改善的目标。万科集团以房地产开发的性质进行文化村的营建，侧重于村民生活方式的转变和高品质空间的建造。而庾村和苏家村则通过乡村旅游开发的方式，改变了乡村原有的产业结构和人口构成，并将村民住宅改造成民宿。可见，在不同企业的主导下形成了乡村聚落多样化的营建路径与结果。

4.2.4 以能人为主导力量的乡村聚落营建案例

以能人为主导力量的乡村聚落营建具有自发性和灵活性的特点。能人的主导作用依赖于个人的综合能力和经济条件，在乡村营建过程中主要表现在以下方面。第一，能人根据自身条件，选择文化或产业等方面切入乡建，以此带动乡村各方面的发展。第二，能人发挥在乡村社会网络中的作用，为乡建引入更多资源，并组织村民共同参与乡村公共事务和营建活动。能人的作用不局限在某个具体阶段和内容，而是贯穿营建的全过程和各个领域。在调查案例中，以能人为主导力量开展乡村聚落营建的是碧山村和双庙村。

4.2.4.1 安徽省黄山市黟县碧阳镇碧山村

1）村落概述

碧山村位于黄山市黟县碧阳镇，北枕黄山余脉碧山，2008 年由碧东、碧西两村合并而成，是聚族而居的徽州传统村落。村域内有明清时期的民居和祠堂 100 余座，还有宋代私家园林培筍园遗址、明代私塾耕读园和清代古塔云门塔。2011 年，欧宁与左靖发起艺术下乡项目"碧山计划"，对碧山村进行激活与再生设计，一方面追随晏阳初"到农村去"的乡建理想，另一方面试图探寻集多种功能于一体的乡建模式。国内外艺术家、乡建专家、作家、导演、音乐人与致力于乡土文化研究的当地学者、民间手工艺人、戏曲艺人之间的互动交流,拓展了乡村营建的内容,具体包括举办"碧山丰年祭"、启动"黟县百工"项目、出版《碧山》杂志以及对多幢建筑进行改造等,碧山村成为艺术家返乡实践的典型案例。

2)要素分析

(1)营建主体要素

碧山村的营建主要由艺术家发起。通过创建"碧山共同体",知识分子与当地村民共同开展乡村生活,践行互助精神,以多种方式介入乡村经济、社会、文化和空间等各个层面的营建。

(2)自然地理要素

当地属亚热带湿润季风气候,四季分明,冬夏长,春秋短。村落地势平缓,处群山环绕的盆地之中,漳河、霁水环抱村落东西两端,村域内共有 3 座小型水库(图4-113)。村域内森林覆盖率达 70%,有体现现代农业风貌的千亩桑海。

(3)产业经济要素

据村委会统计,2013 年碧山村在外务工村民约为 530 人,留村村民主要以水稻、油菜花、板栗、茶树、桑树的种植以及各类加工业等为收入来源(图 4-114),2013年人均纯收入超过 11800 元。由于碧山村的自然条件优越、历史文化资源丰富,加之"碧山计划"的推动,旅游业逐渐成为村落产业发展的主导方向,村民纷纷自发改造住宅经营民宿和客栈,以此为主要收入来源。

图 4-113 碧山村的漳河水系

图 4-114 板栗粗加工

(4)社会文化要素

碧山村的历史文化资源丰富,是汪氏家族的聚居地,汪勃、汪达之皆出于此,成为徽州的名村。如今,碧山村仍然保留着祭祀、赶集、唱民谣、演社戏等传统习俗。

碧山村通过黟县特有的民间信仰活动"丰年祭①"中的"出地方②"这一象征性仪式，重建乡村地方文化(图4-115)。另外，碧山村开展了一系列社会文化活动，包括乡土建筑的学术研讨、与乡土生活相关的手工艺品或用品的展示，以及地方戏曲演出等活动。同时，开展黟县百工项目，通过采访工匠并拍摄记录的方式，对养蚕、榨油、木雕(图4-116)、石雕、打斗笠等地方传统手工艺的流程、细节、历史源流、工匠艺人及其家庭状况进行全面调研，建立数据库，以此为文化保育和传统手工业激活再生奠定基础。

图 4-115　碧山丰年祭
(来源：网络③)

图 4-116　木雕手工艺作坊

(5)环境景观要素

碧山村保留了多样化的景观元素，如古塔、田园景观、水塘、园林建筑小品等(图4-117)，利用卵石铺地，以竹、向日葵、爬山虎等当地植被来丰富景观层次。同时，注重卫生条件和水环境的改善，在道路两侧增设垃圾收集桶，并进行水景设计。

(6)空间形态要素

①空间格局。村落选址于山脚，西北面靠山，东面邻水，整体呈现背山面水的格局(图4-118)。

②街巷空间。村落街巷空间保持自由的结构形态，入村道路笔直宽阔，而内部街巷曲折狭窄。主要道路宽2～3米，路面采用中间铺设水泥预制板、两侧铺设卵

---

① 丰年祭是中国传统农耕社会的祭祀仪式，用以向祖先神灵祷告，祈求保佑农作物顺利收获。

② 出地方是黟县一种特有的惩恶扬善、祈保平安的传统民间活动。"出地方"的"地方"是指"无常"，民间传说中人世间正义的使者，为百姓所顶礼膜拜。村民通过舞蹈的形式向祖先神灵祷告，祈佑五谷丰收、人畜两旺。

③ 资料来源：https://www.artda.cn/yishushengtai-c-7490.html；cid=2。

图 4-117　碧山村的景观元素

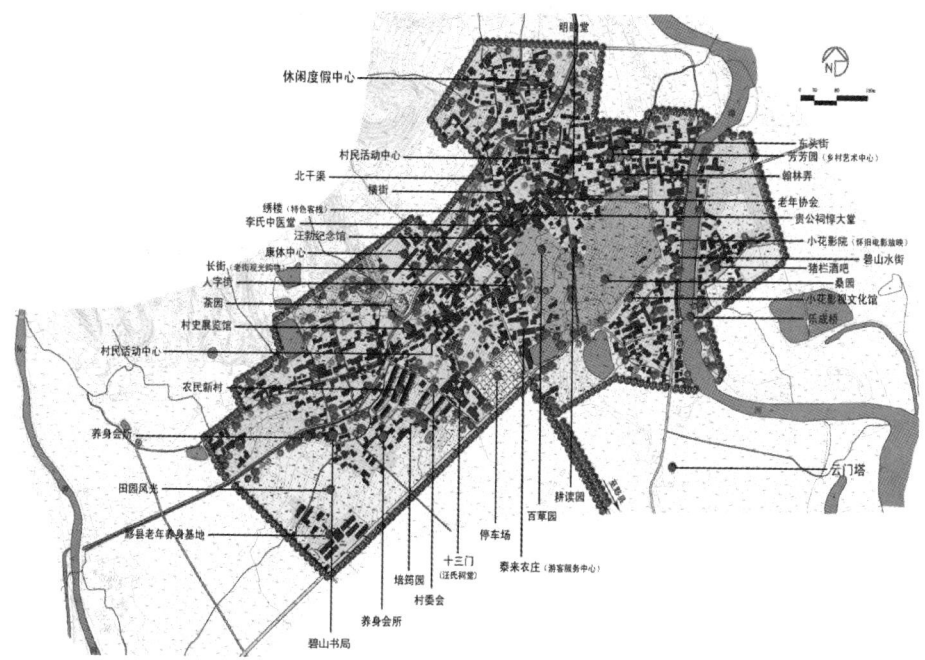

图 4-118　碧山村规划总平面图

（来源：安徽省黟县碧阳镇镇政府提供）

石的形式，部分为水泥路面。巷道宽0.8～1.5米，为青石板和土石混合路面，两侧空间界面多由住宅的山墙和院墙构成，高宽比大于2，空间狭窄。

　　③公共空间。碧山村将传统祠堂改造成具有书店、图书馆、出版中心、休闲交流等功能的2层建筑空间碧山书局，引入一种新的乡村生活方式。改造中保留了原有祠堂的结构形式、空间格局，以及柱础、门楣、砖雕、木雕等细部构件（图4-119、图4-120）。同时，将紧邻于书局的牛圈局部拆除，改建成半开放的牛圈咖啡馆，保

留夯土外墙,采用青砖铺地,营造朴素自然的空间氛围(图 4-121)。

图 4-119　碧山书局外部空间形态　　　图 4-120　碧山书局内部空间　　　图 4-121　牛圈咖啡馆

④居住空间。村落原有住宅保留了传统民居外观风貌,重点提升了卧室和厅堂等室内空间的品质,将其改造成民宿(图 4-122)。新建或改建住宅延续了传统建筑特征,采用白墙、黑瓦和马头墙等元素(图 4-123)。

图 4-122　猪栏酒吧乡村客栈　　　　　　　图 4-123　新建村民住宅

3)营建特征

碧山村的营建理念是能人返乡创建共同体,共同开展乡村生活和艺术计划,结合土地开发、文化艺术、特色旅游、建筑建造、有机农业等,推动乡村的经济、文化和生活方式的改变。在营建步骤和特征上,首先,恢复乡村公共生活。碧山共同体组织动员各地艺术家、建筑师、乡建实践者和其他文艺工作者在村落开展文艺活动、乡建交流活动和乡村市集活动,以文化为主线进行共同生活和互助自治的实验。其次,基于一种历史保护与文化再生的模式,对当地历史遗迹、乡土建筑等物质文化遗产,以及聚落文化、民间戏曲、手工艺等非物质文化遗产进行普查,在此基础上进行激活和再生。然后,营造原生态景观,充分利用村落内的自然资源,保存农耕的原生态与真实性。最后,开展聚落空间改造,选择性地进行传统建筑的修缮和改造,植入民宿、酒吧、咖啡馆等业态。

4)满意度评价与思考

村民对碧山村的营建效果满意度为 60%。文化活动的开展、水土资源与能源利用、生活污水处理与污染管控、村落的景观环境方面达到 90% 的满意度。邻里关系、道路及交通条件、水电与通信设施、垃圾收集处理设施方面也获得村民的普遍认可。然而,村落的产业发展与经济收入状况、居住条件与房屋的舒适度、商业服务设施、医疗卫生设施、休闲娱乐设施等方面满意度不高。多种外来力量的介入使碧山村产生了较大社会影响力,推动了地方文化和传统手工艺等特色资源的保护传承以及旅游业的发展。但这种方式更多体现的是社会精英的理想追求,与乡村现状及当地村民的需求存在矛盾,加上营建资金的不稳定性和能人引导方式的局限性,村民的实际生活并未得到明显改善。

4.2.4.2 浙江省杭州市临安区太阳镇双庙村

1)村落概述

双庙村距太阳镇 5 千米,麻横公路穿村而过,拥有便利的交通条件。双庙村由双庙、朱伊、观音 3 个自然村组成,分为 25 个村民小组。村域总面积 7.8 平方千米,有耕地 1342 亩,水域面积 135 亩。双庙村以农业为主,是太阳镇粮食生产与供给的主要基地。2013 年,太阳公社有机农场选址于朱伊村,以永续农业为生产和经营理念,尝试在山谷中建立理想社区,推进生态种植、生态养殖、自然教育、休闲民宿、自然建造等领域的综合发展。

2)要素分析

(1)营建主体要素

太阳公社的乡建实验由建筑师陈浩如及其团队发起和设计,并组织当地村民共同参与农业生产和设施建造,采用竹、木、茅草、溪坑石等自然材料,结合改良与创新的民间技艺,进行猪圈、鸡舍、鸭寮(图 4-124)、长亭等乡村实用性建筑的建造。

(2)自然地理要素

村落内山脉交会形成狭长山谷地貌,天然水源浪山溪流经村落,松、竹等植被遍布。太阳公社征用 500 亩接近荒废状态的土地用于发展生态农业,使得村落土地资源得到合理利用(图 4-125)。

(3)产业经济要素

村民的收入主要依靠粮食作物、竹、桑树种植。村落的产业特色是生态农业,在此基础上推动第一、三产业的融合,发展融观光旅游、自然体验、吃住娱购于一体的生态观光农业(图 4-126)。村民通过出售农产品,以及参与农场的耕种和养殖工作来获得经济收入,公社则建立生态农产品的销售渠道,通过供给粮食、蔬菜、水果等农产品换取城市消费型社员的会费。

图 4-124 太阳公社的
鸭寮

图 4-125 双庙村的
农业环境

图 4-126 太阳公社的
休闲民宿

(4)社会文化要素

太阳公社以一种理想社区的经营管理方式重塑人与人之间的关系,其中当地村民属于生产型社员,城市居民属于消费型社员。城市社员和村民进行结对互动,共建社区。在乡村文化的构建上,太阳公社汇集了农耕文化体验、艺术设计、自然教育等内容。

(5)环境景观要素

双庙村在青山环绕的景观格局下,结合稻田、水塘、鸭寮、鸡舍、长亭等景观元素,建立田园景观体系。村落环境保护良好,不仅限制农药、化肥的使用,还在主要道路沿线设置垃圾分类收集箱。

(6)空间形态要素

①空间格局。村落整体沿道路呈线形布局(图 4-127),村民住宅集中分布于山脚,猪圈、鸡舍、鸭寮、茶棚等乡村设施分散布置于田间地头。

②街巷空间。村落的主要道路宽 5 米,为沥青路,道路一侧为住宅的院墙,另一侧为稻田,空间开敞,但未能形成规模化的街巷体系。

③公共空间。乡村设施成为村民生产劳作以及太阳公社社员开展农业体验活动的附属空间,在某种意义上也属于乡村公共空间的组成部分。长亭位于视野开阔的水库堤坝上,堤坝顶部放置 6 根原木作为基础,上铺设木板相连,结合五开间的竹构架,形成一个完整紧密的结构体,其主要是耕种劳作的村民休憩和交流的场所[①](图 4-128)。猪圈以当地的毛竹和溪坑卵石为主要建筑材料,将手工编织的茅草结合竹构架作为屋顶,石砌矮墙作为外围护和承重结构,共同构筑一个美观稳定的空间形态(图 4-129)。鸡舍选址于山谷尽头水库旁的平地上,采用木基础,并以

---

① 陈浩如.乡村建设与自然营造[J].城市环境设计,2015(Z2):212-213.

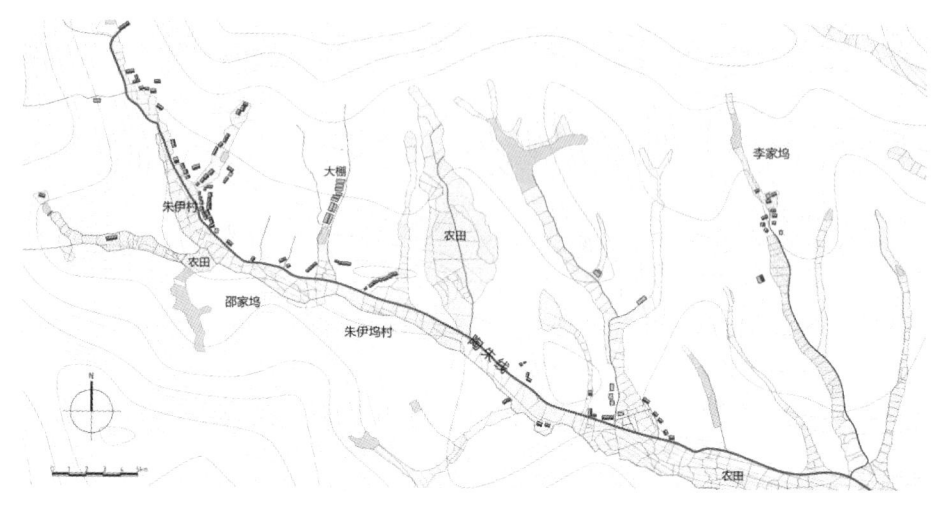

图 4-127　朱伊村总平面图

毛竹搭建 8 米×8 米的竹构单元安置于基础上，屋顶采用竹瓦构造①。

④居住空间。居住空间由村民自主营建。原有住宅采用木结构和坡屋顶的形式，以夯土或土坯外墙为主，现为空置状态或作为辅助用房。新建住宅采用钢筋混凝土结构，多为 2 层带前院的独栋住宅，呈现多样化的现代建筑风格（图 4-130）。

图 4-128　长亭入口空间

图 4-129　太阳公社的猪圈

图 4-130　村民新建住宅

3）营建特征

双庙村的营建特征包括两方面。第一，永续农业。按照自然农法，不使用农药、化肥、激素、抗生素以及转基因种子进行种植和养殖。针对耕种方式进行研究和推广，开展技术培训②。第二，自然建造。采用当地茅草、溪坑石结合竹构的方式，从乡土元素中提炼空间形态，组织当地工匠共同建造具有艺术性与功能性的乡村设施，使其成为与人、生活、场所对话的载体。这种从自然材料到场所营造的方

---

①　竹瓦构造是将竹子从中间切开一分为二，清理竹节后形成弧形且连续的自然瓦片，然后正反相扣组合成屋面。

②　陈浩如.乡建六法：乡村自然营造法则[J].时代建筑,2015(3):36-39.

式有利于恢复自然、农业、生活和建造之间的循环。

4）满意度评价与思考

村民对村落的营建效果比较满意，邻里关系、水土资源与能源利用、生活污水处理与污染管控、垃圾收集处理设施、产业发展与经济收入、村落的景观环境等方面达到90%的满意度。然而，学校教育、商业服务、道路交通、医疗卫生、休闲娱乐等公共服务设施的建设以及文化活动开展等方面的满意度偏低。通过永续农业来激活乡村有助于乡村生态环境的恢复。村民在参与农业生产和设施建造的过程中获得收益，其主体性和认同感得到提升。有机农业和自然建造的乡建方式顺应了当前社会发展需求。不过，这种方式不以聚落空间营建为重点，同时受村落资源和环境的影响较大，营建内容和规模具有不确定性。

综上所述，能人的职业及其擅长的领域决定了推进乡建的主要方向，并因此获得不同的营建成效。碧山村拥有丰富的历史文化和自然资源，将文化作为切入乡建的线索，能人组织村民和各界人士共同开展文化艺术活动并参与乡村公共生活。双庙村以农业为主题，由能人负责引入资金和技术进行土地流转，并通过有机农场的运营带动乡村环境和设施的营建。在调查案例中，能人的主导作用通常集中在乡建某个方面，未能起到推动其他方面的作用。

4.2.5　以专家为主导力量的乡村聚落营建案例

以专家为主导力量的乡村聚落营建在空间优化和产业发展方面具有突出成效。专家介入乡建主要有两种方式。第一，由建筑师、规划师等专家主导，通过空间建造带动乡村经营，并从专业角度引导村民共同参与乡村调研、设计建造、管理维护等。第二，由社会学家、经济学家等专家主导，通过建立乡村内部合作金融组织，从乡村社会和产业经济的角度开展乡村经营。在调查案例中，以专家为主导力量进行乡村聚落营建的有文村和桦墅村。

4.2.5.1　浙江省杭州市富阳区洞桥镇文村

1）村落概述

文村地处杭州市富阳区洞桥镇。据文村沈氏家谱记载，因村落背靠文笔峰，又有一泓形似砚台的泉水，故取名"文村"。村域面积10.8平方千米，共有13个自然村，32个村民小组。村落四面环山，环境优美。新一轮的营建分两期实施，一期建设包括14幢村民住宅的新建和8幢原有住宅的改造。为了延续多样性的建筑风貌，新建住宅包含8种户型，并依照原有住宅的不同风貌进行改造。二期建设包括8幢原有住宅的改造和6幢住宅、1处书院的新建。

2）要素分析

（1）营建主体要素

文村的营建由建筑师王澍主导和设计，当地政府及村委会提供政策和资金支持，当地村民和工匠参与住宅的营建。

（2）自然地理要素

文村属于农业生态型村落，位于山区与平原的过渡地段，自然资源丰富。全村有山林17654亩，有耕地2287亩，其中水田1287亩、旱地1000亩（图4-131）。沿东西向贯穿村落的文溪水量充足（图4-132）。

图4-131 文村的农业环境

图4-132 文溪

（3）产业经济要素

在营建之前，村落产业以五金加工、农作物种植和蚕养殖为主，全村共有家庭式小作坊30余家。村落在营建过程中对产业结构进行调整，重点围绕民宿、文创、互联网农业和乡村旅游等方向发展。至2016年，村落内有5家民宿、1家生态农庄。然而，文村的民宿面临前期投入大、回本周期长、游客需求量小等问题。

（4）社会文化要素

文村原为宗族社会组织下的传统农耕型村落，保留着宗祠和财神庙等建筑。在人口结构上，青壮年多外出务工，留村老人则在家务农。

图4-133 文村的廊桥

（5）环境景观要素

村落营建注重环境保护和景观营造，在北面居住组团内营造景观亭、连廊和荷塘，在南面美丽宜居示范区增设廊桥（图4-133）、休息亭、竹构架、景观夯土墙等景观元素。道路两侧、路口、景观节点设置垃圾分类箱，以此改善村落的卫生条件。

（6）空间形态要素

①空间格局。文村位于山脚，依山沿溪而建，以农田为界划分为南、北两个组团，南面组团是美丽宜居示范区，以传统民居和新建住宅为主，北面组团包括村委

会办公楼、文化礼堂、运动健身场、便利店等设施(图4-134、图4-135)。

图4-134 文村美丽宜居示范区总平面图
(来源:根据文村村委会提供的资料改绘)

图4-135 文村美丽宜居示范区的整体格局
(来源:网络①)

②街巷空间。主要道路位于村落北面组团,宽6米,为水泥路;次要道路宽3~5米,为沥青路面;滨水人行步道宽2.5米,为块石和水泥组合路面。文村在营建过程中,将部分水泥地面改成青石板或卵石铺地,并在街巷入口和交叉口处增设景观设施,营造休息和交流的空间。

③公共空间。在延续村落原有肌理的基础上,通过夯土与混凝土、木构架与钢构架的组合运用,重新建构兼具时代性与地域特征的公共空间(图4-136)。

④居住空间。示范区的营建以就地取材和废旧材料再利用为原则。一方面,追求传统民居的形态美学,运用当地的建筑材料杭灰石和当地做法如黄泥夯土、抹泥等结合清水混凝土进行建造,以灰色、白色、黄色为建筑的主色调,呈现杭灰石墙、夯土墙、抹泥墙、瓦屋面等乡土元素的组合形态(图4-137、图4-138)。另一方面,以满足村民宜居需求为目标。新建住宅要满足一家多代人的居住需求,为了避免不同代际生活习惯差异的影响,将底层空间设置为老人居住,2~3层为年轻人居住。同时,根据村民日常生产生活的特征和需求,在底层设置生产工作间、堂屋、农具室、灶屋等功能空间。

3)营建特征

专家在文村的营建过程中具有非常重要的作用,通过民居的选择、设计和施工建造,营造出一个风貌全新的村落,并可以选择性地进行功能植入。村落营建的目标是在延续传统风貌的同时,实现隐形城市化。文村以传统民居的保护为村落营建的前提,包括两种营建方式。一是就地重建,保留原有建筑的风貌特征;二是深

① 资料来源:https://k.sina.cn/article_5999421006_p16597e64e027005e2z.html。

图 4-136 文村的公共
空间节点

图 4-137 以灰色、白色、黄色
为主色调的住宅

图 4-138 新建夯土
农居房

度改造,按每幢民居原本的建筑风格进行针对性改造。例如夯土民居就用新夯土技术改造,砖结构民居就用抹泥改造,杭灰石垒砌的民居则让当地石匠参与建造。在此基础上,寻求夯土、抹泥等传统材料和营建技术的创新。文村的营建是对村民意愿、居住功能、村落肌理、地域特征和营建技术等内容的综合考量,以一种因地制宜的方式,探索村落保护、改造、新建的模式。

4)满意度评价与思考

文村的营建效果达到 90% 的村民满意度,其中村集体组织管理、生活污水处理与污染管控、垃圾收集处理设施等方面达到 100% 的满意度。同时,邻里关系、道路及交通条件、村落的景观环境、居住条件与房屋的舒适度等方面也得到村民的认可。有待完善的内容包括文化活动的开展、学校教育和医疗卫生设施的建设。当地建材和营建技术的创新融合延续了村落传统和肌理,建筑风貌和空间环境获得了较大改善,不仅为后续营建提供了更多资源和机会,也促进了乡村旅游的发展。该时期主要针对物质空间进行改造更新,产业发展方向尚不明确,村民的经济收益未得到明显提高。同时,在以效率为导向的统一规划建设中,村民参与的方式和积极性受到限制。

4.2.5.2 江苏省南京市栖霞区西岗街道桦墅村

1)村落概述

桦墅村位于南京市栖霞区西岗街道,靠近宝华山风景区。2014 年,桦墅村开展新农村建设,包括修路、绿化、清运垃圾、改造环保厕所等举措。然而,这种墙面刷白、增设马头墙的简单方式不仅造成村落风貌特色的缺失,也未使乡村在生活、文化、经济方面获得真正改善。随后,东联设计集团的朱胜萱发起"桦墅双行计划",以此探寻乡村活化的城乡互动模式,其核心是意识互促、资源互置、产品互通、空间互错的互动思维。村落营建注重环境修复、基础设施改善、房屋修缮和业态植入等内容,通过活化历史建筑,使之成为乡村景点和活力激发点。

2）要素分析

（1）营建主体要素

桦墅村的营建采取建筑师主导、政府组织、民间资本和当地村民参与的方式。由东联设计集团的朱胜萱组织发起，多名建筑师加入改造团队，包括周凌、丁沃沃、傅筱、王方戟、庄慎、张颀等，分别负责乡村铺子、工艺品展厅及茶室、民艺展览馆、村民活动中心、嘤栖书院、米铺等公共空间的改造。村落的规划、策划及景观设计则由东联设计集团的专业团队负责。与庚村的营建不同，桦墅村在建筑师的参与下，更注重空间的营造和改造，而庚村则侧重商业业态和运营。

（2）自然地理要素

当地属北亚热带季风气候，季风气候明显，四季分明，冬冷夏热。村落以丘陵地貌为主，毗邻周冲水库，村域内水塘众多，水资源充足。

（3）产业经济要素

桦墅村的产业包括"南粳46"品牌水稻种植（图4-139）、茶叶生产、畜禽养殖和乡村旅游等。对特色业态（如油坊、酱铺等）进行保留和扩建，构成多元化业态，并建立"互联网＋农业"电商服务平台，让互联网与传统产业融合，促进产业的转型（图4-140）。与此同时，村民自发经营农家乐和民宿。

图4-139　桦墅村的水稻种植

图4-140　桦墅村电商服务中心

（4）社会文化要素

桦墅村曾属于宗族式传统村落。桦墅村的营建注重文化的培育与复兴，一方面建立桦墅学堂来开展文化教育活动，另一方面保留传统建筑，使之成为复兴地方文化与精神的空间载体。

（5）环境景观要素

村落的景观资源丰富，有桦墅村入口景观标识（图4-141）、生态湿地（图

4-142)、水塘、植被、廊、桥、亭等。村落在景观营造中保持生态自然、田园乡土的特点，注重环境保护和垃圾分类回收，并对卫生设施进行景观化的设计。

图 4-141　桦墅村入口景观标识

图 4-142　村口的生态湿地

（6）空间形态要素

①空间格局。村落北面靠山而建，村民住宅顺山势布置，南面由大片农田和多个水塘环绕（图4-143）。

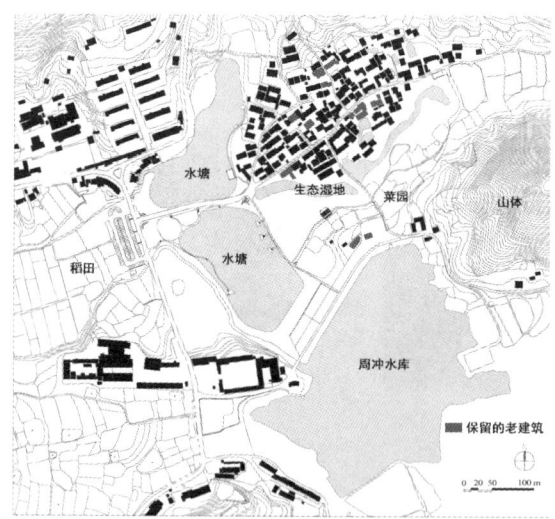

图 4-143　桦墅村总平面图

（来源：根据网络资料①改绘）

①　资料来源:https://www.gooood.cn/a-rural-shop-at-huashu-village-nanjing-china-by-atelier-zhouling.htm。

②街巷空间。主街宽2.5～3米,沿东西向贯穿整个村落,在道路节点处增设植被和休息亭廊,形成层次丰富的交往空间(图4-144)。主街两侧建筑退让一定距离,使街道空间的高宽比达到0.67～1的适宜范围。村落路口多为丁字形交叉口,次巷空间主要垂直于主街分布,巷道宽1.2～2.5米,高宽比大于1,空间较为封闭狭窄(图4-145)。

③公共空间。桦墅村营建的重点是将9处废弃的传统建筑改造成新的公共空间。其中,嘤栖书院由村民住房和碾米厂的仓库改造而成,通过保留原有砖石结构和屋顶,增加开窗和空中庭院,改造成兼具阅览、观影、休息和交流功能的空间(图4-146)。为了重建村口空间的公共性文化生活,将村口的一座三开间的建筑改造为乡村铺子,其面宽11米、进深7米,在外侧加建了一个6米×4.8米的公共性门廊,供村民和游客使用(图4-147)。其屋架采取传统木构做法,并糅合了皖南地区路亭、廊桥的形式和建造方式。其中设置了展销区、会客区、加工区等(图4-148)。乡村铺子与村口景观广场相结合成为乡村集市空间。其他公共空间主要采取就地取材、修旧如旧、功能置换、新旧结合的营建策略。

图 4-144　桦墅村主街空间

图 4-145　桦墅村次巷空间

图 4-146　嘤栖书院

图 4-147　乡村铺子

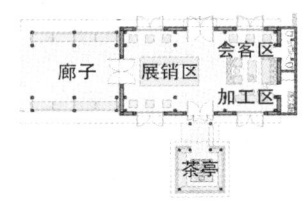

图 4-148　乡村铺子一层平面图

(来源:根据网络资料①改绘)

④居住空间。村民住宅或被选择性地改造成公共建筑,或以自我更新的方式建成砖混结构的新住宅,村民可选择自住、自主改造经营或出租给他人来改造经营(图4-149)。新建住宅以砖、瓦、木为主要建筑材料,呈现白色、灰色和棕黄色的主色调,

---

① 资料来源:https://www.gooood.cn/a-rural-shop-at-huashu-village-nanjing-china-by-atelier-zhouling.htm。

主体建筑多为2层,辅助用房为1层,延续了坡屋顶和马头墙等形态特征(图4-150)。

图4-149　待改造的村民住宅

图4-150　村民新建住宅

3)营建特征

在营建中,政府组织专业团队进行策划和设计,并负责基础设施与部分公共设施的建设,其余内容由民间资本运用市场经济的手段来经营。在建筑师的主导下,对6组建筑的改造、功能置换和新业态植入成为营建的切入点。其中,一类建筑植入传统业态,如米铺、手工作坊、酒坊、染料坊、乡村铺子等;另一类建筑植入服务型新业态,如茶室、书屋、面包房、民宿、乡村展览馆等。营建最终从环境改造延展到整村计划。

4)满意度评价与思考

村民对于桦墅村的营建效果满意度较高,其中水电与通信设施、垃圾收集处理设施、村落的景观环境等方面的营建获得普遍认可。同时,村集体组织管理工作、邻里关系、水土资源与能源利用、道路及交通条件、生活污水处理与污染管控、居住条件与房屋的舒适度、商业服务设施、休闲娱乐设施等方面的满意度达到80%。桦墅村的营建方式不仅能保留乡村的历史记忆,重塑文化风貌,还能发挥民间资本和市场经济的作用,实现乡村文化复兴和村民生活改善的双重目标。由建筑师引导的乡村环境质量和空间品质的提升将带动旅游业发展和外来资本的投入。然而,营建过程仅关注公共空间更新与住宅细部改造,难以形成村落整体性的营建体系,同时缺乏特色产业发展的引导,村民的参与度和实际收益都不高。

通过案例分析发现,专家对乡村社会和聚落空间的感知能力将主导乡建推进的方向。在文村的营建中,专家通过对民居元素的挖掘,结合乡村生产生活需求,建构出地域特征突出、形态多样、造价经济的居住空间,而特色化的空间营造也带动了乡村旅游业的发展。在桦墅村的营建中,专家通过对公共空间的改造及新业态功能的植入,重建乡村的公共生活。然而,建筑师、规划师等专家主要侧重空间的组织和建造,对于整个乡建系统而言,其主导作用具有一定的局限性。

4.3 本 章 小 结

当代乡村聚落的营建具有数量繁多、类型丰富、多元主体参与等特点,本章首先针对具有一定影响力的乡建案例进行广泛搜集、整理和统计,根据案例样本的数量和分布情况,确定了以长江中下游为主要研究范围。随后,从该地区 50 个调研案例中随机选取 20 个案例进行重点分析,并根据主导力量这一决定性因素进行案例的归类,分别以政府、NGO、企业、能人和专家为主导力量展开样本描述和系统分析,针对每个案例从村落概述、要素分析、营建特征、满意度评价与思考四个方面逐层论述,并结合对营建主体、自然地理、产业经济、社会文化、环境景观及空间形态要素的分析,进而得出不同力量主导下乡村聚落营建所呈现的特征和规律。其中,以政府为主导力量的乡建具有高效、全面等特点;以 NGO 为主导力量的乡建多以内置金融的方式带动产业发展;以企业为主导力量的乡建以乡村产业结构调整为主要内容;以能人为主导力量的乡建具有自发性和灵活性的特点,通常以文化和农业为切入点;以专家为主导力量的乡建注重空间优化和产业发展。本章对各乡建案例特征和规律的总结,为后文关于模式的类型划分、特征分析、比较评析和提炼总结提供了基础资料和依据。

5 类型与比照:乡村聚落营建的典型模式

本章将重点分析长江中下游乡村聚落营建的模式类型、典型模式及关键要素等,主要包括四个方面的内容。首先,通过对既往研究的梳理和乡建案例的深入调查,建立乡建模式分类的方式和依据。其次,根据案例在不同要素中的共同特点,总结出具有代表性的营建模式及其特征,并针对这些模式的不同特征,从模式内涵、工作路径、营建重点和优缺点等方面结合调查案例进行全面分析。然后,依照前文所提炼的社区营造相关理念和理论延展,以及乡村聚落营建体系的构成要素,建立社区营造视角下乡村聚落营建的评价体系。最后,通过各类模式的评价和比较,探寻长江中下游乡村聚落营建的典型模式及其关键要素。

5.1 乡村聚落营建模式的类型与划分依据

5.1.1 乡村聚落营建的动力机制

5.1.1.1 内生式动力机制

内生式动力机制依赖于内生性要素。这类要素是指乡村本身所固有的、对乡村聚落营建起决定性推动作用的自然和人文要素。其中,自然要素包括自然资源、地理区位、交通和气候等,人文因素包括生产力水平、地方文化、村民意识等。

环境与资源具有固定性、长期性等特征,其重要属性是可利用性。对乡村资源和环境的合理利用是乡村聚落营建的基本动力。随着人们对自然资源利用能力的不断加强,土地、水、矿产、森林等自然资源也逐渐对乡村经济发展产生影响。

产业经济驱动力是乡村聚落营建的内生式动力。营建过程中首先要发展乡村产业和经济。乡村产业多由村里的能人带动和引导,这类村民拥有良好的文化素养、经营管理水平和创新能力,成为营建过程中的重要力量。乡村能人通过创办企业获得经济效益,同时利用已获得的资金、市场、信息和技术等资源优势带动其他村民参与产业经营。乡村产业呈现多元化的趋势,包括现代农业、以土地和劳动力为基础的工业及加工业、传统手工艺品生产等。

5.1.1.2 外源式动力机制

外源式动力机制依赖于外源性要素。这类要素是指能影响乡村聚落营建的性质、方向和特征的外来要素,包括乡村建设政策、外来资本投入、周边地区的经济发展水平等。

政府政策的支持是前提。政策作为乡村营建的外部参量之一,对村落系统具有引导、调控和资源分配的作用,为要素的合理配置创造条件。政策对乡建的影响是多维度和多层次的,对各级政府、各个区域、不同部门都有所渗透,能调动村民参与的积极性,是推动乡村聚落营建的有效动力。

生产要素的推动是核心。外来资本和外来人员等生产要素的输入能够缓解营建过程中资金短缺和劳动力结构单一的状况。外来人员的进驻增加了村落的信息交流强度和开放程度,有利于乡村产业的发展。而外来资本能直接促进乡村基础设施的建设,并推动村落的整体营建。外来资本可推动现代农业技术的发展、农业合作组织的建立及农业的生产;以土地和劳动力为基础,发展工业及加工业;改变传统乡村产业结构,发展传统手工艺品生产、生产生活类服务、乡村旅游等非农产业。

以城带乡的动力是保障。在新型城镇化背景下,乡村与城市之间逐渐形成互动关系,一方面乡村为城市提供生产资料、劳动力、食物等,另一方面城市为乡村提供资金、人才、信息、技术等。城市的商业、文化、服务等要素不断注入乡村,推动了乡村的营建和发展。首先,城市的产业向乡村转移,促进了乡村产业结构的转型。其次,城市的资金、技术和人才逐渐渗透到周边乡村地区。最后,城市的扩张带动了周边村落基础设施的改善,城乡之间的文化与信息交流频繁,使村民的理念和意识得到更新并形成乡村的内在动力。

5.1.1.3 内外动力机制的作用关系

乡村聚落营建的本体性力量源于村落的内生式动力,外源式动力则通过刺激村落内部的要素和改变村落内部的结构来推动营建。营建过程中的外源式动力与内生式动力之间存在三种关系。第一,当外源式动力和内生式动力均难以推动村落的有序营建时,村落基本处于自我稳定的状态,缺乏发展动力。第二,乡村与外界环境进行物质和信息交换,使外源式动力要素与内生式动力要素相互结合,并通过外源式动力的持续介入激活内生式动力要素,乡村聚落营建由此形成良性循环。第三,当外源式动力不能激发内生式动力的产生时,外部力量强制介入,使村落营建完全依赖于外部条件,缺少自我发展的内部动力。一旦外源式动力不能维持,村落营建也将停滞。

5.1.2　乡村聚落营建的模式类型分析

由于不同地区自然条件、经济水平、人文环境和聚落类型存在差异,乡建实践呈现不同的模式类型。乡村聚落营建模式依据经济发展动力要素可划分为外源式模式和内生式模式 2 种模式;依据营建目的可划分为激活与复兴模式、保护与更新模式、旅游开发模式、农业产业发展模式、灾后重建模式、就地异地新建模式 6 种模式;依据建设主体可划分为政府引导型、企业引导型、村集体引导型 3 种类型,或分为村民主体营建模式、村集体组织营建模式、政府主导建设模式、能人引导建设模式、村企互动营建模式、NGO 参与模式、房地产开发模式 7 种模式。

既往研究针对乡村聚落营建模式存在诸多分类方式。崔明等依乡村建设发展的地区差异,并结合资源条件、经济结构和发展水平,将我国新农村建设模式的类型分为发达型、相对发达型、发展中型、相对落后型、落后型 5 种类型。其中发达型包括中心城市郊区新农村建设模式、商贸流通型建设模式和乡镇企业带动建设模式;相对发达型包括资源与产业带动建设模式和小城镇发展带动建设模式;发展中型包括基于环境整治的建设模式和现代农业带动建设模式;相对落后型包括劳务经济带动型发展模式和生态农业建设模式;落后型包括生态畜牧业带动模式、生态旅游业发展带动模式和特色产业发展带动模式[①]。类型划分有利于分地区和阶段进行乡建指导。然而,相同区域内的村落也有差异,以发展阶段为类型划分的依据具有一定的局限性。

另外,乡村聚落营建模式按作业模式的不同,可划分为农村城镇化、自然村缩并、中心村内调、异地迁移等模式[②];按资金筹集模式的不同,可分为地方政府投资主导、"留地于民"与城乡居民联合开发、市场化运作融资等模式[③];根据聚落空间的变迁方式可分为城镇转型、更新扩展、择址新建等模式[④]。同时,为了给美丽乡村建设提供参照,农业部于 2014 年 2 月正式对外发布中国"美丽乡村"十大创建模式,包括产业发展型、生态保护型、城郊集约型、社会综治型、文化传承型、渔业开发型、草原牧场型、环境整治型、休闲旅游型和高效农业型[⑤]。每种模式分别

---

① 崔明,覃志豪,唐冲,等.我国新农村建设类型划分与模式研究[J].城市规划,2006,30(12):27-32.
② 叶艳妹,叶次芳.我国农村居民点用地整理的潜力、运作模式与政策选择[J].农业经济问题,1998(10):54-57.
③ 杨庆媛,张占录.大城市郊区农村居民点整理的目标和模式研究——以北京市顺义区为例[J].中国软科学,2003(6):115-119.
④ 林涛.浙北乡村集聚化及其聚落空间演进模式研究[D].杭州:浙江大学,2012.
⑤ 资料来源:http://www.moa.gov.cn/zwllm/zwdt/201402/t20140224_3794984.htm.

代表了某一类型村落在其自然资源、经济水平、产业特点和民俗文化等条件下实施乡建的路径。

5.1.3 长江中下游乡村聚落营建模式类型

从各界推动的乡建案例来看，营建模式大致包括两种类型。一种为官方主导的乡建模式，无论是新农村建设还是美丽乡村建设，多数案例如浙江安吉和江西赣州等地的乡建实践，依托各级政府所提供的相关政策和资金支持。在实践过程中，社会参与的重要性逐渐凸显。另一种为民间参与的乡建模式，包括几种类型。第一，艺术家等文化人士以个人出资的方式返乡参与乡村营建，开展文化艺术或农业生产活动，案例如碧山村、双庙村等。第二，NGO 引入民间资本介入乡村营建，建立乡村内置金融组织，案例如小朱湾等。第三，企业通过资本下乡进行乡村经营，案例如苏家村等。第四，借由国际先进理念、资金和技术投入规模化的村落建设，案例如莫干山的"洋家乐"等。第五，专家结合自身专长进行探索性的乡建活动，案例如建筑师王澍设计的文村等。不同主体的实践探索为乡建提供了参照和经验启示，营建主体和营建目的决定了乡村聚落营建的方向和成效。因此，根据这两个决定性要素进行类型划分，可以形成多种组合方式和模式类型（图 5-1）。

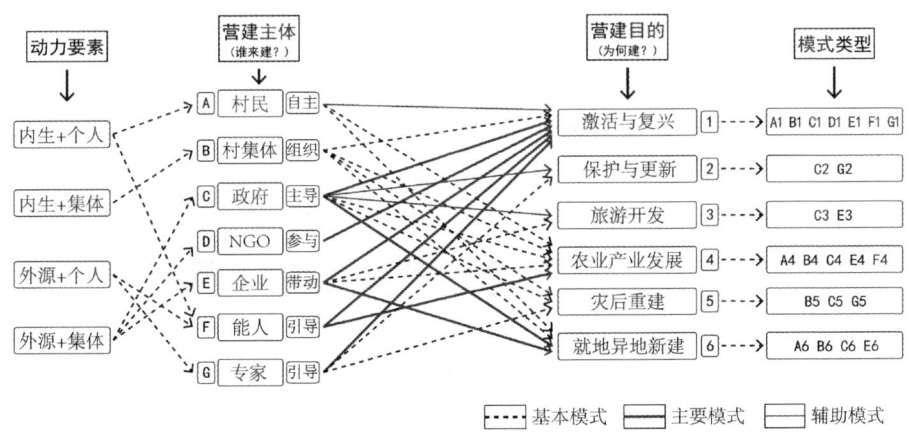

图 5-1 乡村聚落营建模式分类示意图

本书在乡村聚落营建模式的分类研究中，以 50 个长江中下游乡村的调研案例为分类和分析的基础，主要涵盖以下 11 种模式类型（表 5-1）。

表 5-1　长江中下游乡村聚落营建的模式类型及特征

模式类型	模式特征	调查案例
政府主导的激活与复兴模式(C1)	①主要针对不具备传统村落风貌和资源条件的普通乡村聚落;②强调以新的手段和方式进行主动激活;③开展基础设施、环境、空间、文化、产业等方面的营建活动;④以提升乡村居住环境质量和村民实际生活水平为目标	浙江省横山坞村、高家堂村、剑山村、大竹园村、余村、景坞村、尚书圩村;湖北省万秀村、熊易村、张远村、下陈家田村;江西省塘石村;湖南省葛家山村;江苏省黄龙岘村、大小牛落村、大冯晏子村、大塘金村、汤岗村、湖山村
政府主导的保护与更新模式(C2)	①主要针对传统建筑等物质文化遗产进行保护和修缮;②对其他建筑进行有机更新,实现村落风貌的协调统一;③注重民俗技艺等非物质文化遗产的传承	湖北省水南湾、上冯湾;湖南省板梁村、干岩头村、上甘棠村;江西省流坑村、燕坊村
政府主导的旅游开发模式(C3)	①依托村落的历史文化资源、自然景观条件和传统村落的典型风貌,以开发观光旅游业为主要目的;②根据旅游发展的需求进行空间优化	湖北省咸宁刘家桥;湖南省张谷英村;江西省罗田村、渼陂村
政府主导的就地异地新建模式(C6)	①在村落原址或择址规划新建;②促进产业发展、村民培训、组织构建、环境与风貌整治	湖北省小坦村、十堰刘家桥村;江西省桥庄村;安徽省陈桥洲村
NGO参与的激活与复兴模式(D1)	①多元主体参与;②建构内置金融组织,推动空间营造和产业经营	湖北省小朱湾、堰河村、桃源村
企业带动的激活与复兴模式(E1)	①依托企业的资金、技术、人才等要素发展乡村产业;②完善乡村设施建设,以满足乡村旅游及其他产业发展的需求	浙江省庾村;江苏省苏家村;湖北省龙马村
企业带动的就地异地新建模式(E6)	①开展村落规划、建设与环境整治;②开展公共服务设施的营建;③分阶段实施住宅的新建与改造	湖南省韶山华润希望小镇;江西省井冈山华润希望小镇;浙江省良渚文化村

续表

模式类型	模式特征	调查案例
村民自主的激活与复兴模式（A1）	主要针对住宅进行改造和新建	江西省桃林村、白山村
能人引导的激活与复兴模式（F1）	①组织开展艺术创作、文化再生、空间重构等活动；②通过新业态的植入激活乡村	安徽省碧山村
能人引导的农业产业发展模式（F4）	①依托乡村资源发展农业产业；②改善农业生产设施和村落环境	浙江省双庙村；湖北省郑家山村
专家引导的激活与复兴模式（G1）	①重点对公共空间、居住空间进行设计和建造；②通过空间和环境的营造促进乡村产业发展	浙江省文村；江苏省桦墅村

通过梳理模式特征发现，村民自主的激活与复兴模式（A1）主要由村民自发自主地对住宅进行改造和更新，比如采取拆旧建新、旧屋翻新等做法，较少涉及村落环境、公共空间、产业发展等内容，聚落空间处于一种随意和无序的营建状态。政府主导的保护与更新模式（C2）和政府主导的旅游开发模式（C3）都是基于传统村落的资源，其中前者以村落的保护和修复为主要目的，而后者以旅游开发为主要目的。以上3种模式不作为模式研究的重点对象。针对目前所调研的案例，长江中下游乡村聚落营建的基本模式主要包括政府主导的激活与复兴模式（C1）、政府主导的就地异地新建模式（C6）、NGO参与的激活与复兴模式（D1）、企业带动的激活与复兴模式（E1）、企业带动的就地异地新建模式（E6）、能人引导的激活与复兴模式（F1）、能人引导的农业产业发展模式（F4）、专家引导的激活与复兴模式（G1）8种模式。

5.2　长江中下游乡村聚落营建模式的基本特征分析

5.2.1　政府主导的激活与复兴模式

5.2.1.1　模式内涵

政府主导的激活与复兴模式主要表现为一种自上而下的营建方式。各级政府是乡村建设政策的制定者和发展方向的调控者，也是推动乡建的主要力量。政府一方面发挥组织作用，另一方面提供主要资金支持。乡村聚落营建中的具体内容多由各级政府主导和承担，包括经济发展、文化教育、医疗卫生、环境保护、基础设施建设等方面，其他营建主体作为辅助。政府主导的激活与复兴模式下最具代表性的是五类乡村公共建筑的营建，分别是行政管理类、教育机构类、文体科技类、医疗保健类、商业金融类，具体包括村委会办公楼、小学、幼儿园、卫生院等，在此基础上逐步完善活动中心、运动设施、文化礼堂、阅览室等配套设施。然而，激活与复兴不仅包括生活环境的改善，还包括乡村社会、产业和文化的重构。浙江省安吉县横山坞村、大竹园村、剑山村、高家堂村、余村等均属于这种营建模式，其共同特点是依靠政府的资金投入，强调村落营建的综合收益及村民生活水平的提高。

5.2.1.2 工作路径

政府主导的激活与复兴模式的工作路径如图 5-2 所示，主要包括以下内容。

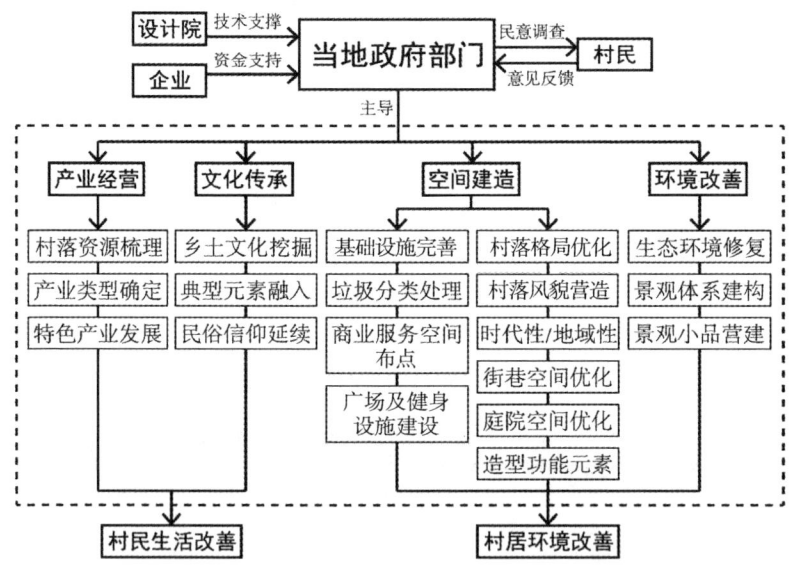

图 5-2 政府主导的激活与复兴模式的工作路径

（1）村落格局优化

结合规划设计的要求，对村落的用地布局、交通组织、市政管线和公共服务设施体系等进行优化。

（2）基础设施完善

结合村落的实际情况和村民需求，合理布置垃圾收集系统，逐步完善污水处理设施、布设商业服务空间、建设乡村文化广场及运动健身设施、优化村落道路系统等，并适当增设公厕，规范标识标牌，推进"五线下地"和亮化设施建设等。

（3）村落风貌营造

村落风貌的营建主要包括街巷空间、建筑立面、建筑造型风格的整体改造和更新。

（4）景观环境改善

针对村落生态环境的保护与修复提出可操作性措施，加强环保设施的建设。同时，建立"点、线、面"结合的景观系统，并利用山林、水系、田园等元素进行景观营造，改善村落环境。

（5）特色产业发展

根据地理区位和资源环境对乡村进行合理定位，推动特色产业发展，并通过梳理乡村经营的思路、方式和内容，明确产业发展类型和村民增收途径。

（6）地方文化传承

挖掘和传承村落的乡土文化元素，将代表性元素融入后续营建过程。

因为不同地区政府部门秉承的乡村建设理念不同，所以他们采取的激活与复兴模式也存在各自的特点。例如湖北省贯彻群众为本、产业为要、生态为基和文化为魂"四位一体"的营建理念，强调乡贤的带领作用，并通过政府、社会资源、村民和市场共同推进乡村的建设和发展（图 5-3）。

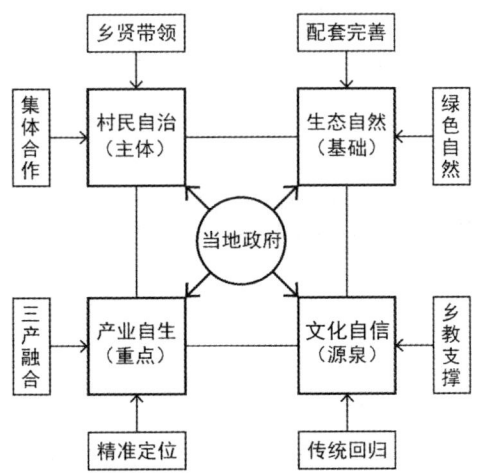

图 5-3　湖北省"四位一体"的营建模式示意图

5.2.1.3 营建重点

（1）村落风貌营造

在政府的主导下，多数村落的营建都以环境和风貌改善为重点内容，对村落展

图5-4 余村住宅立面整治

开统一的规划建设，通过增加外立面元素和粉刷整治等方式改造住宅建筑，对村民自主建造的附属用房或废旧住宅进行选择性拆除，并为新建住宅提供风格和设计上的指引。例如，浙江余村在住宅立面整治中借助墙面进行文化展示（图5-4）。

（2）特色产业发展

乡村旅游业发展同质化现象严重，不少村落并不具备发展旅游业的特质，在市场竞争的影响下，将造成投资收益低于预期的结果，不利于村落的可持续发展。因此，特色产业的发展是政府在推进乡村聚落营建过程中的重点内容，通过产业特色的重塑来打造一村一品，为现代农业、农产品加工等产业预留发展空间，最终实现村民的持续增收。

（3）地方文化传承

村落的总体格局和空间肌理体现了地域文化系统的物质性特征，首先，应对地方文化进行保护和延续。在宏观层面，顺应村落周边自然环境、地形地貌对聚落空间形态的影响，挖掘山水文化内涵；在微观层面，重点开展街巷、院落、民居等空间的优化设计，延续传统空间肌理。其次，文化传承在本质上是乡村生活方式内涵的体现，因此在公共设施布局、公共空间营造、院落组织、建筑设计等方面应符合当地村民的生产生活习惯。最后，应增强对风俗习惯、传统技艺等非物质文化遗产的创新意识，吸收现代元素来丰富乡村文化内涵。

5.2.1.4 优缺点

（1）优点

各级政府部门能够借助行政力量协调各方关系并组织乡建工作，具有很强的执行效率，能使村落风貌得到迅速提升，并能从村落的基础设施建设、环境整治、建筑立面改造等方面展开营建工作。

（2）缺点

这种模式并未改变乡村的生产方式和产业结构，容易忽视村民的实际需求和

主体意识,造成村民的依赖心理,使营建和投入难以持续。同时,偏重于外观形象的改善,未能建立后续管理和环境维护的长效机制,村落的产业经济和村民的生活水平也难以获得实质性提升。

5.2.2 政府主导的就地异地新建模式

5.2.2.1 模式内涵

政府主导的就地异地新建模式是新农村建设的主要方式。这种营建模式所针对的村落通常不具有传统村落的资源条件或产业经济优势。因此,村落营建需要依托政府的力量和投入,统一进行规划设计,并由各级政府组织推进村落空间营造、产业发展、设施建设、技能培训等,注重村民的自身发展和村居环境的改善。这种模式又分为两种类型:一种为就地新建,主要对原有破旧住宅及附属用房进行拆除,对质量较好的住宅建筑进行立面改造;另一种为异地新建,拆迁原有住宅并统一进行异地安置。

5.2.2.2 工作路径

政府主导的就地异地新建模式的工作路径如图 5-5 所示,主要包括以下内容。

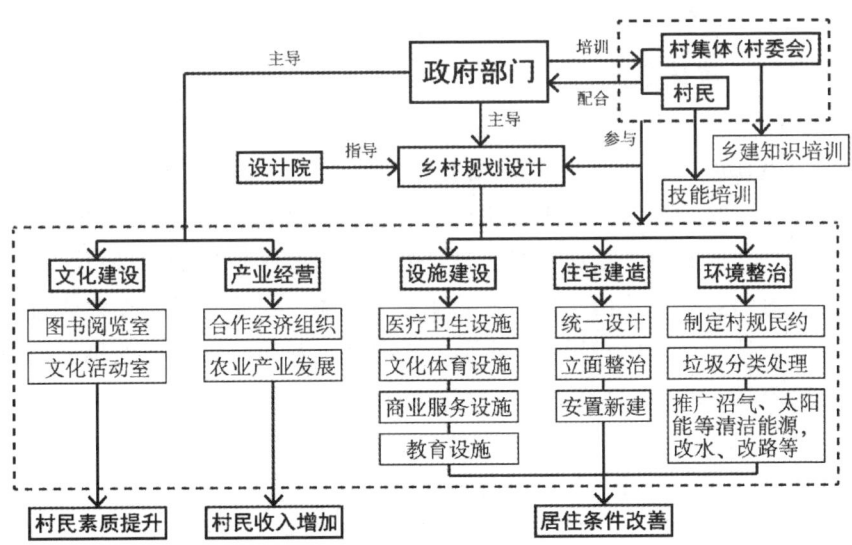

图 5-5 政府主导的就地异地新建模式的工作路径

(1)通过乡村规划指导村落营建

一方面,完善乡村规划,对于就地新建的村落,在破旧建筑拆除后不能复耕的土地由村集体统一收回,流转给其他村民并按照规划要求新建房屋;对于异地新建的村落,选址不占用耕地和林地,并实行"一户一宅"制度。另一方面,注重乡村基础设施和公共服务设施(如水电、通信、道路交通、医疗卫生、商业服务、文化体育及教育等设施)的完善。

(2)开展村貌塑造

首先,改善村落环境卫生条件,开展垃圾分类处理、水系净化、道路系统优化等工作。其次,推广沼气、太阳能等清洁能源,保护自然环境和资源。最后,建造住宅时尊重村民意见,统一设计并尽量体现空间形态的层次性和地域性。

(3)推动产业发展

首先,强化村民互助合作的意识,建立乡村合作经济组织,并结合先进的生产技术推动农业升级。其次,发展乡村特色产业(如种植业、加工业、养殖业等),构建企业、合作经济组织、村民、农业专业协会等多方协同的产业模式,建立健全的产业链,提高村民的经济收入和乡村可持续发展的能力。

(4)提高村民素质和能力

村落通过乡村文化活动室、图书阅览室、健身运动场地的建设,开展多种文体活动,以此丰富村民的文化生活。同时,建立职业培训基地和产业培训基地,开展实用技术和务工技能的培训,提升村民的致富能力。

5.2.2.3 营建重点

(1)村民主体

村民是营建的主体和受益者,在营建过程中应注重村民主体性的发挥,主要包括四个方面。一是维护村民在乡建中的话语权。在规划阶段,让村民积极参与,增强其对规划的认同感。二是鼓励村民自主营建。村落环境整治、村民住宅建造、基础设施建设等内容都应该由当地村民自主参与实施。三是让村民在营建过程中享有决策权。营建示范点由村民自主确立。四是建立村民出资投劳的机制。实行以奖代补,激励村民主动参与营建。

(2)科学规划

建立科学合理的乡村规划建设管理体制,以先规划再建造为准则。一方面开展乡村土地管理和整治工作,拆除"空心房",流转宅基地,消除一户多宅和占用耕地建房的现象。另一方面通过规划引导村民进行村落的营建,延续村落历史文脉和传统建筑风格,保留山体、河流、水塘、古树等自然景观元素,彰显地域特色,并逐步完善基础设施、公共服务设施和居住功能。例如,湖北省十堰市郧阳区刘家桥村在规划设计中,对原有山地和水系进行保留,并对门楼、墀头等地域特征元素进行重新演绎(图 5-6)。

5.2.2.4 优缺点

(1)优点

政府主导下的就地异地新建模式能够让村落环境质量、公共服务配套设施、村民的居住条件得到统筹和全面提升。

(2)缺点

图 5-6 刘家桥村住宅设计

新建村落难以延续原有村落肌理、文脉及产业基础。同时，在政府的主导下，缺乏引导村民自主营建和发展生产的有效措施，村民参与营建的积极性不足。

5.2.3 NGO 参与的激活与复兴模式

5.2.3.1 模式内涵

NGO 以第三方的身份介入乡建，促进了农业合作社等经济组织的建立以及村民自主意识的提升，有助于村落的持续发展。NGO 以经济介入的方式组建乡村的资金互助合作社，在其协助与动员下成立内置金融合作社，以内置金融为杠杆撬动产业经济、基础建设、环境治理、文化教育和养老保险等事业，并按照村民的意愿发展，使村民的主体性得到体现。

5.2.3.2 工作路径

NGO 参与的激活与复兴模式的工作路径如图 5-7 所示，主要包括以下内容。

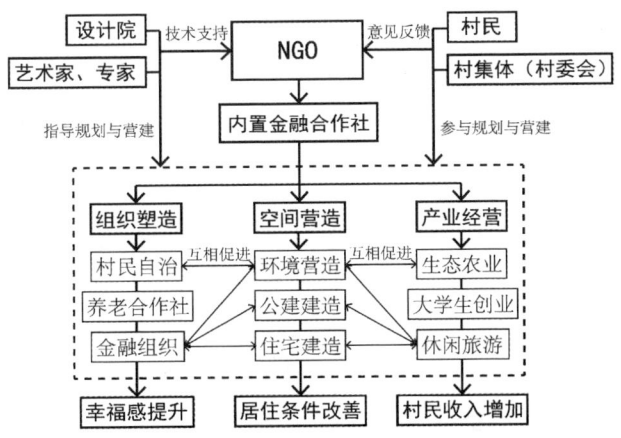

图 5-7 NGO 参与的激活与复兴模式的工作路径

(1)激活村社共同体,建立内置金融合作社

以内置金融合作社为激活村社共同体的切入点,以此促进乡村在政治、社会和经济方面的发展。首先将分散的小农以资金资源互助合作的方式纳入村社共同体;其次让产权等要素依托内置金融合作社资产化和股权化,重新进行集约经营;最后在内置金融合作社的支撑下,小农产权和乡村集体经济组织成员权等可在其中实现抵押、变现和交易。建立内置金融合作社是将村民重新组织为村社共同体的有效方式,在符合当地乡村发展的基础上成立合作社,整合各类资源推动乡村产业发展。

(2)进行全方位的乡村规划设计、建筑设计和景观设计

相关部门依照系统性和可操作性进行乡村规划设计、建筑设计和景观设计,并负责实施技术指导,注重全过程的跟踪和服务,以建立示范点的方式推动村落营建。

(3)修复乡村生态环境,建立自我循环系统

开展垃圾分类、修复水系、改良土壤、改水、改厕、改圈、增种植被、发展有机农业、营造村落公共环境与庭院环境等一系列工作,建立乡村环境的自我循环系统。

(4)对乡村进行地域性营造

对原有村落的肌理进行保留,合理利用村落内的废旧材料和乡土材料进行建造,让新建建筑兼具时代和地方特色元素,融入村落环境。同时,保留各个历史时期的老建筑,并结合新材料、新技术和新功能对其进行空间形态的重塑。

(5)开展乡村营建培训

对推动乡村营建的基层干部、乡建志愿者、协作者及村民开展乡建培训和经营性系统培训,促进乡村和产业的可持续发展。

5.2.3.3 营建重点

(1)以村民为主体,发展乡村协作者

NGO 的介入有助于激发村民的自主性和积极性,而 NGO、政府及其他社会力量均为协作者。NGO 长期驻村协助乡村开展建造与经营活动,通过建立乡村协作者中心形成一个共同协作的工作平台,吸引"三农"、金融、建筑、规划、环保、投资、运营、建造等各界人士系统性地开展乡建工作,并发展社工等专业人员配合 NGO 在乡建过程中持续发挥作用。

(2)恢复乡村自我"造血"功能,经营乡村

NGO 的参与以一种适度的增量来激活乡村巨大的存量,并通过整合村落内

部资源,逐渐恢复乡村内生式发展动力和自我"造血"功能,实现乡村三产联动发展。

5.2.3.4 优缺点

(1)优点

NGO 采用经济介入的方式参与乡建,通过产业经济带动乡村基础设施建设、环境治理、空间营造、文化和养老事业的发展,促进内生式动力的形成,具有一定的可持续性。在营建过程中重视村民的主体作用能够激发村民的认同感,并有助于营建共同体及多元主体协作关系的建构。

(2)缺点

内置金融不是普遍推行的融资形式,存在资金管理的风险。同时,这种营建方式缺乏系统化的组织架构,NGO、政府、村民三者之间如未能建立有序的协作机制,将导致营建实施过程中的管理问题。这种模式的营建周期较长,村民生活条件的改善情况有待检验,同时受资金和人才短缺的影响,会造成营建的停滞状态。

5.2.4 企业带动的激活与复兴模式

5.2.4.1 模式内涵

企业参与乡村聚落营建主要出于两方面的原因。一方面是政府引导,另一方面是利益驱动或塑造企业品牌。其优点在于从经济的角度出发,能够有效地改善乡建过程中资金不足的状况,减轻政府、村集体和村民的资金压力。企业对市场的把控能力有利于改善乡村的产业状况,提高村民的经济收入。其缺点在于企业在营建过程中容易追求利益的最大化而忽视村集体和村民的诉求。

5.2.4.2 工作路径

企业带动的激活与复兴模式的工作路径如图 5-8 所示,主要包括以下内容。

(1)空间改造

在村落空间的建造中,注重传统民居的保留和地方建筑材料的运用,并结合新功能和现代元素进行空间改造,为后续乡村产业经营提供适宜的场所。

(2)产业经营

企业一方面在改造后的村落空间中植入新业态,如民宿、文化创意产业、环保教育产业等,并增设餐饮服务、娱乐休闲等场所为乡村旅游提供配套功能,通过资源的活化利用推动乡村产业发展;另一方面投资建设乡村创业街区和产业园,吸引青年返乡创业。

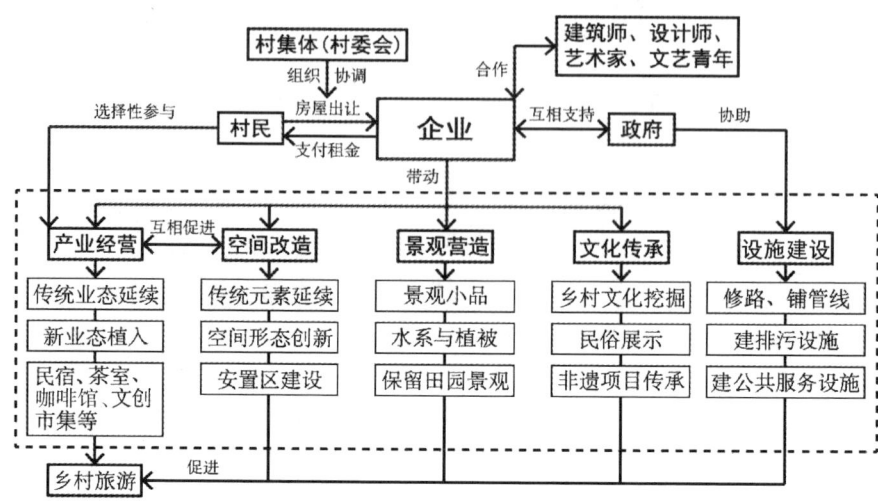

图 5-8　企业带动的激活与复兴模式的工作路径

（3）景观营造

结合村落水系资源进行景观营造，形成滨水景观和生态湿地景观。保留田园景观元素，在公共空间或住宅周边种植本地植物和农作物。

（4）文化传承

对乡村地方文化（如民俗、民间技艺等非物质文化遗产）进行展示和再生。

（5）设施建设

政府协助推进乡村公共设施的建设，通过提升村落风貌和公共服务功能，促进乡村旅游业的发展。

5.2.4.3　营建重点

（1）高品质空间的营造

空间是产业经营的载体，会对产业经营产生影响。一方面，对村落原有空间格局和空间肌理进行保护，并在空间改造中展现地域性和时代性的特征；另一方面，对民居和院落空间进行深化设计，使其空间组织、功能布局、空间尺度能够同时满足产业经营和乡村生活的需求。

（2）文化与产业的联动发展

注重对乡村文化的深入挖掘，并联合文化创意产业和休闲产业共同发展。一方面，带动当地村民转换观念，提升村民创业和就业技能；另一方面，为乡村植入新业态，吸引年轻创客回归乡村，增强村落的活力。例如，浙江庾村通过改造原有建筑来进行文化创意产业园的经营,以植入新功能的方式激活乡村(图5-9)。

5.2.4.4 优缺点

(1)优点

企业带动的激活与复兴模式通常是一种商业资本注入的方式,能够实现村落环境改善、景观提升和空间优化等,并注重地方文化与产业发展的关联,以此吸引外部力量来促进村落发展。

(2)缺点

村落基于旅游开发的营建方式,存在与周边村落发展同质化的现象,缺乏对村民实际需求及村落其他方面的关注。

图 5-9 庚村植入的新业态

5.2.5 企业带动的就地异地新建模式

5.2.5.1 模式内涵

政府为企业的开发营建提供土地政策和乡建政策的支持。企业以土地开发为依托,进行村落的就地异地新建或商业地产开发,实现居住环境、公共服务、劳动力就业等方面的改善。这种模式能快速改善乡村居住环境,村民从土地收益和从事企业相关工作中获取收益。然而,依托企业的开发,乡村缺乏自我完善和产业发展的主动性。

5.2.5.2 工作路径

企业带动的就地异地新建模式的工作路径如图5-10所示,主要包括以下内容。

(1)村域资源整合

对村域进行田野调查,以掌握其中的各类资源,并对这些资源进行分类整合。

(2)组织重塑

建立农民专业合作社,实现产供销一体化,建立政府和企业共同组织管理的模式。同时,组建由村民、企业、设计单位、政府组成的乡建共同体,进行协同设计。

(3)产业发展

产业发展遵循生态可持续发展原则,建立乡村合作经济组织(如农民专业合作社等),发展现代农业和旅游观光农业,并以"企业＋合作社＋村民"的产业发展模式进行统一规划经营和管理,促进村民增收。

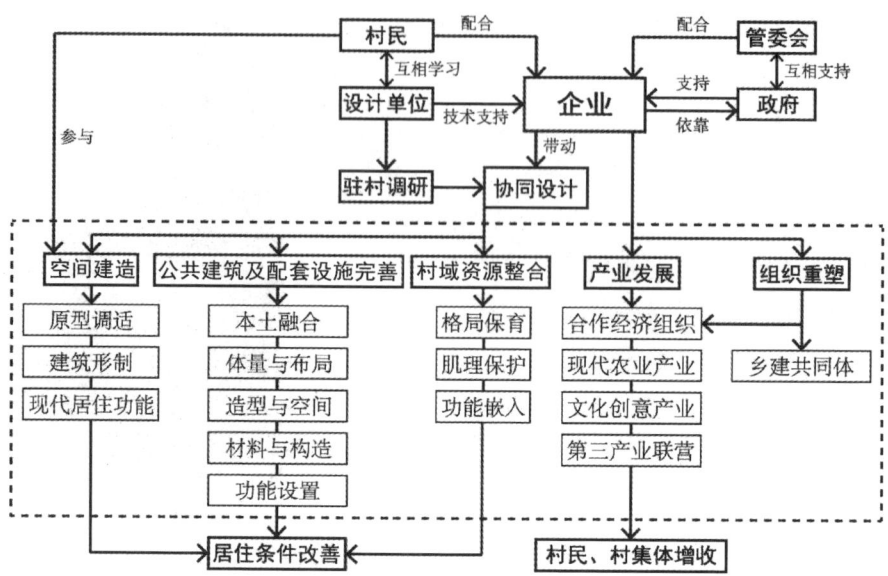

图 5-10　企业带动的就地异地新建模式的工作路径

（4）公共建筑及配套设施完善

结合地域特色建造公共建筑（如学校、卫生院等），完善配套设施，改善村落环境。

（5）空间建造

基于就地取材和低技术的原则，尽量保留和利用地方建筑原型、空间形制、地域元素和地形地貌，同时融合现代功能进行空间建造。

5.2.5.3　营建重点

（1）空间格局和肌理传承

在村落原有格局中嵌入小型组团，并延续山林、水系、耕地等自然环境肌理以及位置、体量、形状等住宅空间肌理，实施统一规划建设。

（2）产业转型

利用企业自身的产业和资源优势，协助村民成立乡村合作经济组织，发展新型乡村集体经济。产业发展从传统农业主导向农业、旅游服务等多元产业并重转型。

5.2.5.4　优缺点

（1）优点

企业带动的就地异地新建模式在提高建设效率、提升村落风貌、发展农业产业和加强管理运营等方面具有一定优势，能够得到政府的支持。两类主体相互配合进行乡村的经营管理，能够获得更大的市场份额和更多资金；通过建立合作社开展村民种植和养殖技能培训、统一销售农产品，以与农超对接，让村落更具市场竞争力。

（2）缺点

企业的统一组织和利益驱动，导致公众缺少有效参与路径，村民的利益和乡土文化的传承发展被忽视。乡村发展因受到企业和市场的较大影响，存在不确定性。

5.2.6 能人引导的激活与复兴模式

5.2.6.1 模式内涵

能人引导的激活与复兴模式是在知识分子和乡村精英的引导下，以恢复乡村公共生活为主要内容的返乡实践。此类乡村通常具有文化资源、传统建筑或自然条件等优势。营建过程以文化为主线，对乡村的文化资源进行调查梳理，让艺术家、乡建实践者、文艺工作者等多元主体参与乡村文化的再生，开展文艺演出、专题展示等活动。同时，鼓励村民参加活动，进行农产品和手工艺产品的售卖，以此扩大乡村的社会影响力，进而吸引社会资源不断输入乡村。

5.2.6.2 工作路径

能人引导的激活与复兴模式的工作路径如图 5-11 所示，主要包括以下内容。

（1）文化普查

对乡村文化资源进行全面调研，系统整理民间信仰、地方风俗、传统仪式、戏曲、手工艺等非物质文化遗产，以及乡土建筑等物质文化遗产，并以文字、图片、视频和书籍的形式展示。

（2）文化再生

文化在原生环境中获得保护和发展，结合各界人士不同的专业视角，开展与乡土文化有关的创作、演出和展示活动，让乡村的传统文化和公共生活得到激活与再生。

（3）建筑建造

遵循修旧如旧和就地取材的原则，对传统民居与乡土建筑进行修复和再利用，将与乡村产业经营相关的功能重新植入原有空间。在新建村民住宅中延续地方建筑风格，合理把控建筑色彩、空间布局、建筑元素等，使村落整体风貌协调统一。

（4）环境营造

在村落原有山水田屋的空间格局中，结合当地气候、土地等自然条件，营造田园特色景观。

（5）产业发展

文化艺术活动的开展、建筑的修复与建造、环境的营造等均有助于乡村旅游相

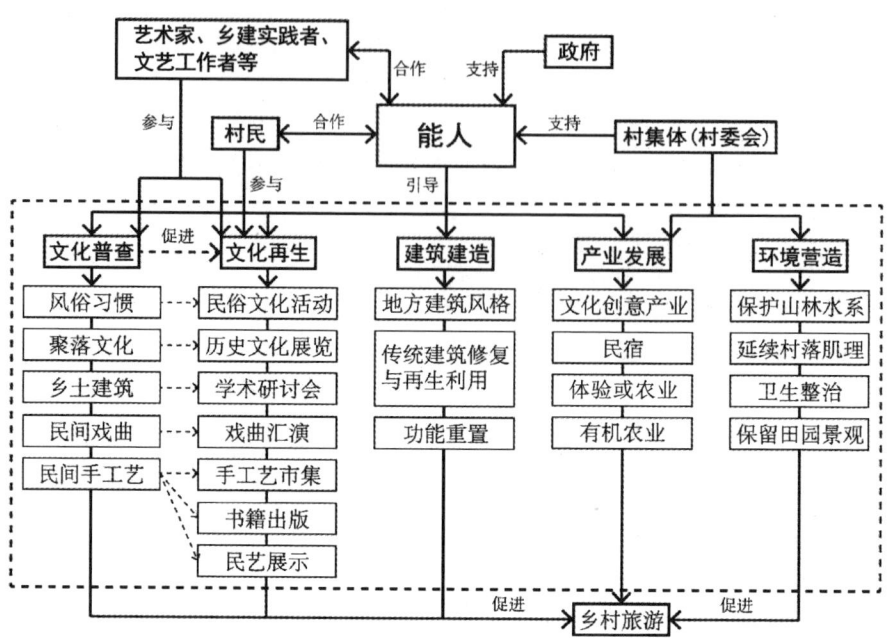

图 5-11　能人引导的激活与复兴模式的工作路径

关产业的发展。外来资本不断进驻，促进了民宿、文化创意产业、体验式农业、有机农业等的开发经营。

5.2.6.3　营建重点

（1）多元主体的协调配合

这种模式由多方力量介入和协同，各方在利益、立场和诉求上保持一致状态，在能人的引导和其他力量的辅助配合下，开展乡村经济、文化、空间和环境上的激活与复兴工作。

（2）文化的传承与发展

乡村文脉在本质上是乡村社会生活的文化内涵体现，村落文化的传承应与生产生活相关联。这种模式注重物质文化与非物质文化的双向联动关系，并在公共空间、院落空间、建筑形态、传统营建技艺等方面结合当地的生产方式和生活习惯，以空间的特色化营造推动文化的传承与发展。例如，碧山村在营建中保留了传统祠堂公共空间的形制和布局，并植入阅览和交流等功能（图 5-12）。

5.2.6.4　优缺点

（1）优点

能人引导的激活与复兴模式将文化作为乡建的切入点，在营建过程中注重地方文化的挖掘、保护和再生，以文化关联传统建筑的改造与更新，能够激发村民的主体意识和参与活动的积极性，并逐步建立村民的文化认同感和归属感。

（2）缺点

这种模式受资金来源不稳定以及能人专业资源单一化的影响，较少涉及村落产业、文化等层面的系统营建，对当地村民的实际收益提升和乡村生活的改善作用甚微。

图5-12　碧山书局的交流空间

5.2.7　能人引导的农业产业发展模式

5.2.7.1　模式内涵

能人引导的农业产业发展模式将农业生产作为乡建的主要内容。依托乡村的土地、水系、气候等资源，能人通过土地流转的方式租用村民的土地，进行现代农业、有机农业、生态农业等产业的发展。多数村民参与农业生产，成为农业工人。城市居民以社员的方式加入农场，并购买农产品。同时，乡村为了满足现代农业生产的需求，营造农业生产的基础设施和环境。在空间建造上，该模式强调地方特色及其与自然环境的融合，采用的营建技术因地制宜。然而，这种模式只涉及农业用地承包经营权的流转，通常适合大多数人口已流入城市的乡村。

5.2.7.2　工作路径

能人引导的农业产业发展模式的工作路径如图5-13所示，主要包括以下内容。

（1）产业经营

开办农场，发展农业生产，推广农业种植结合禽畜养殖的农业经营模式。适度拓展农业功能，进行农业内部的产业融合发展，注重体验式农业、休闲农业及民宿产业的发展。

（2）环境保护

完善道路交通系统、给排水系统、电力通信设施、污水处理系统、环境卫生设施、公共建筑等，一方面能够满足农业产业化发展的需求，另一方面使村落的环境状况得到改善。乡村聚落的形成受特定的自然地理条件的影响，以传统农耕为主的生产生活方式决定着村落的格局和建筑形态。因此，对山林、水系和空间格局的延续是进行村落营建和环境保护的基础。此外，发展有机农业能减少农药和化肥的使用，进而实现生态环境的保护与改善。

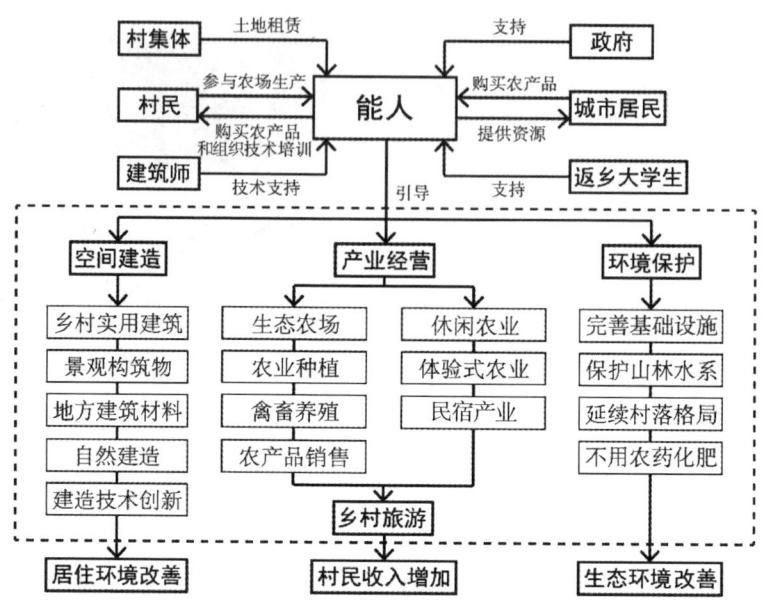

图 5-13　能人引导的农业产业发展模式的工作路径

（3）空间建造

乡村建筑空间和村民住宅常采用融入环境的自然建造方式，通过当地建筑材料的运用和传统建造技术的创新，进行修复性整治，以此改善乡村的居住环境。这种小而微的空间建造方式能适应村民的生产生活需求。

5.2.7.3　营建重点

（1）拓展农业功能

改善村落的生活设施，以拓展农业功能，在传统农业功能的基础上，向生态保护、休闲农业、旅游观光等现代农业功能拓展，从而带动乡村旅游业的发展，增加村民收入。

（2）自然建造

农业生产设施和空间的建造成为乡村特色产业发展的突破口。这类实用型建筑采用就地取材的自然建造方式，结合当地传统营建技艺进行创新设计，由当地村民和建筑专业人员共同建造，具有低碳、节能、可持续等特点。

5.2.7.4　优缺点

（1）优点

能人利用自身的专业优势及其在行业内的影响力，能够为乡村吸引更多的社会资源和资金，使村落的营建具有一定特色。同时，以生态农业和有机农业为主的产业发展方向有助于保护村落生态环境，使村民通过参与生产获得增收。

（2）缺点

这种模式受资金、区位和环境资源的影响，营建过程具有不稳定性。同时，这种模式偏重产业经济的发展，在一定程度上忽视了乡村空间建造及文化建设等内容，乡村公共服务和居住条件的提升不足。

5.2.8　专家引导的激活与复兴模式

5.2.8.1　模式内涵

专家包括社会学家、经济学家、规划师、建筑师等专业人士。关于专家引导的激活与复兴模式，本书将以建筑师所开展的工作为例进行探讨。专家介入乡建主要有两种方式。一种为专家参与、政府牵头、企业提供资助的方式，在这种模式下，专家的工作偏重于物质空间层面的营建，表现为被动式的技术指导，缺乏对乡村问题、村民利益等内容的深入思考。随着专家对实践结果进行反思，另一种专家引导、政府配合、企业参与的方式逐渐形成。专家的工作范围涉及乡村社会的深入调研、乡村聚落的在地设计、驻场建造，以及建筑投入使用后的管理、回访与维护等，并关注建造的社会效应，更加符合乡村聚落营建中"经营"和"建造"的内涵。当前有不少建筑师投身于乡建的研究和实践，并将建筑学的知识带入乡村。例如，浙江大学王竹教授在浙江地区开展了一系列的乡建研究和实践，如打造小美农业等；中国美术学院王澍教授以浙江文村为例进行了乡建探索和实践。在诸如此类的村落营建中，建筑师发挥了重要的引导作用。

5.2.8.2　工作路径

专家引导的激活与复兴模式以建筑师为例，其工作路径如图 5-14 所示，主要包括以下内容。

（1）乡村调研

乡村调研是专家开展乡建的依据和基础，具体包括地方文化、村民需求、村落格局、传统建筑等调研内容。

（2）空间建造

在空间建造中，专家引导村民建立对传统空间、地方材料、营建技艺等的价值认同，并以"授之以渔"的态度引导村民学习建造的理念和技术。同时，专家通过示范，引导村民结合自身需求对住宅进行改进设计与建造。在建筑造型上延续地域特征元素；在功能布局上融入现代居住功能；对传统建筑进行保留，修旧如旧，并植

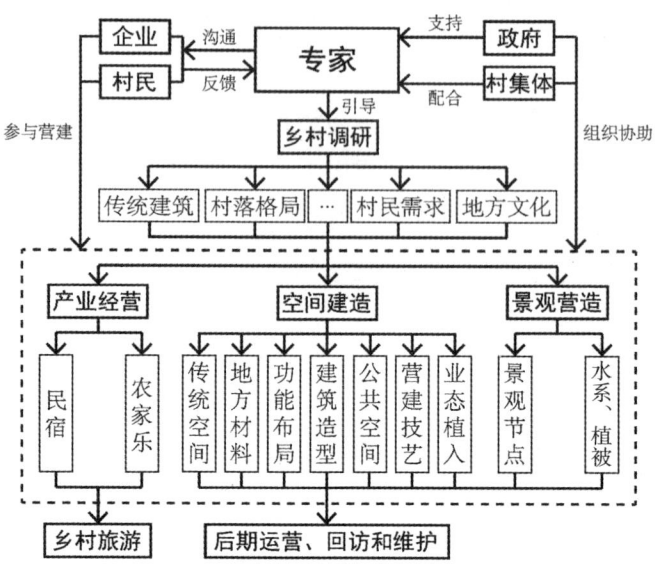

图 5-14 专家引导的激活与复兴模式的工作路径

入传统业态和服务型新业态，实现空间的活化。

（3）景观营造

合理利用古树、植被、水系等原有自然景观要素，并结合亭、桥、亲水平台等设施，共同营造村落公共空间和景观节点。

（4）产业经营

特色空间和景观环境的营造使村落具备了乡村旅游业发展的基本条件和资源。在市场经济和民间资本的作用下，村民自主参与农家乐和民宿的经营，以此提升生活水平。

5.2.8.3 营建重点

（1）建筑师的角色转换

乡村聚落营建以激发村民的参与热情为重点。建筑师在介入过程中应主动转换角色，从设计与建造的主导者向营建的学习者和服务者转变，与村民保持一致的立场，建立相互信任的关系，与村民共同营造。专家在关注单一物质空间的同时，还应关注乡村非物质层面的内容。

（2）特色空间和风貌的营造

物质空间是文化的载体，专家引导的激活与复兴模式的优势在于特色空间和风貌的营造。在空间营造上，专家应尽量保留历史信息，结合地方材料和营建技艺进行空间重构和设计改进，形成具有地方特色的空间形态和建造体系。在风貌营造上，应尽量保留村落原有风貌和肌理特征，让隐藏其间的社会、历史、文脉等得以保存。

5.2.8.4　优缺点

（1）优点

专家的引导有助于村落肌理、建筑风貌、地域特征及营建技艺等内容的塑造，使乡村环境质量与空间品质得到迅速提升，村落的历史记忆和特色空间得以延续。物质空间的优化将成为乡村后续营建和特色形成的基础，促进资本的引入和乡村旅游业的发展。

（2）缺点

专家在乡建过程中更多表现为一种协作和推动作用，其开展的工作具有一定的局限性。这种模式侧重于物质空间的建造，缺乏对产业发展的规划与思考。村民的生活水平未得到有效提高，参与营建的积极性不高。

5.3　社区营造视角下乡村聚落营建的评价体系

5.3.1　评价的理论基础

乡村聚落的营建是一个包含多层级和多要素的复杂系统，涉及主体层面、非物质层面和物质层面的内容。社区营造视角下乡村聚落营建的评价体系需要以一种全面整合的方式来建立。

（1）社区营造的相关理念

经过前文对社区营造相关案例特征及文献的梳理，可将社区营造的相关理念归纳为五个方面。

在总体上，社区营造强调一种永续发展或可持续发展的理念，使人与环境之间以及人与人之间长期处于一种和谐共生的状态，并主张从小微事件切入，循序渐进地延伸至社区各方面的发展。

在推行方式上，社区营造应是协助居民主动反映其需求，并在参与过程中建立具有社区意识和动员能力的社区共同体，使居民逐渐形成共同意识和认同感。

在主体层面上，社区营造的本质是通过社区参与和社区教育来全面提升人的过程。因此，社区营造以人为核心，一方面注重以居民为主体的参与方式，具有自下而上和公众参与的特点。另一方面以居民共同的利益诉求为营造的出发点。首先，社区营造采取公众参与的方式，能让居民实际参与营建并分享成果。了解居民的问题与需求，在参与过程中与居民进行责任分担和沟通协调，增强社区营造的可操作性。居民通过与专业设计人员的互动,获得相关知识与操作经验。其次,社区营造通过多方协力能够提升社区培力和实现自我管理,共同推动社区的有序发展。基于不同参与者在决策认知上的差异,社区营造需要考虑多元的目标与价值,并建立配合、沟通和协调的机制。

在非物质层面上,社区营造的主轴是社区产业发展。公众参与为社区提供了发展所需的资源和劳动力,社区由此具备可持续发展的动力。而社区营造的重点是在地性和文化性,从地域特征和传统文化的发掘中可获知社区所具备的优势和资源,从而强化社区感的营造。

在物质层面上,社区营造以参与式设计为核心,将"聆听社区的声音"作为社区营造工作的第一步,先了解居民的真正需求,而非凭借专业的价值观进行主观判断。设计人员应进行角色转换和价值观调整,协助居民界定其真正的需求,进而营造理想的空间和环境。同时,让居民积累实用性的设计知识,有能力去参与设计和修改。

(2)与社区营造相关的理论延展

第一,系统论的延展。社区营造或乡村聚落营建在内容上具有系统性,包含营建主体、自然地理、产业经济、社会文化、环境景观、空间形态等方面的内容;在层级上具有整体性,包括社区或聚落的宏观、中观、微观层面;在相互关系上保持动态平衡,系统与环境之间、子系统之间、系统要素之间相互关联和作用,并随着环境和居民需求的改变而不断自我调整,使社区保持动态平衡的状态。

第二,公众参与理论的延展。社区营造的过程是居民从参与学习到培养意识再到自主营造的过程。

第三,自组织理论的延展。开放性是社区系统的基本属性,社区通过与外界人员、物质和信息的交流实现有序发展。非线性是社区系统的基本特征,社区子系统之间相互作用,并通过竞争和协同走向有序。

第四,生态学理论的延展。系统与平衡:社区营造或乡村聚落营建的过程中要兼顾社会环境、建成环境和自然环境的相互作用和平衡发展。循环与再生:在建造过程中要注重环境资源的循环利用及材料的生态特性。适应与共生:社区营造或乡村聚落营建的子系统之间,以及与环境之间应建立主动适应、协作共存的关系。

(3)评价学

评价学是研究科学评价活动及其规律的学科,既包括科学评价研究对象系统,也包括科学评价活动系统[①]。评价学的研究内容包括理论、方法技术、实践应用研

---

① 邱均平,文庭孝,等.评价学理论·方法·实践[M].北京:科学出版社,2010.

究三个部分。评价方法是本研究开展乡建模式评价比较的基础。评价方法有定性评价方法、定量评价方法及综合评价方法。定性评价方法包括同行评议法、案例研究法、德尔菲法、调查研究法等；定量评价方法包括文献计量法等；而综合评价方法结合了定性评价和定量评价的特点，多用于多指标的评价对象，并通过单个指标来完成。

上述关于理论基础的分析有助于乡村聚落营建模式评价体系的建立。其中，社区营造相关理念及理论延展的总结为评价原则建立和标准制定奠定了基础，而对评价学的认知与借鉴则是获取评价方法的重要途径。

5.3.2 评价原则的建立

5.3.2.1 可持续性原则

基于社区营造中永续发展的理念，将可持续性作为衡量乡村聚落营建是否取得实际成效的重要标准。可持续性原则强调评价过程中乡建各要素及各评价指标之间的对应与协调关系。

5.3.2.2 系统均衡原则

指标体系应能全面反映评价对象的系统性特点。系统强调在评价过程中应涉及乡建各个层面和要素，从不同角度和层级来评价。均衡则强调各层级的评价指标具有相似的比例和数量，从而保持整体动态平衡的状态。

5.3.2.3 村民主体原则

基于社区营造关于公众参与及参与式设计的相关理念，在评价方法和指标的建构中应充分体现村民的主体性，包含村民真实的需求和感受、收入情况、参与设计建造的过程以及参与公共事务的程度等内容。

5.3.2.4 主观与客观相结合原则

基于社区营造以居民为核心的理念，在乡建模式的系统评价中不仅应以调查案例的实际状况为客观评价的依据，还应结合当地村民的实际体验和感受进行主观评价。

5.3.2.5 定性与定量相结合原则

评价方法和标准应满足定性与定量相结合的原则，在定性分析的基础上进行量化处理，通过量化分析能够更直观地反映评价结果。

5.3.2.6 简明合理原则

评价指标应涵盖达到评价目标所需的基本内容，能呈现乡村聚落物质与非物质的全部信息。评价指标体系应简明合理且层次分明，每个指标内涵清晰且相对独立,同一层次的指标避免重叠。

5.3.3 评价方法的选取

既往研究中的评价方法包括因子分析法、专家打分法、层次分析法、灰色聚类综合评价法等,通常适用于复杂、多层次的评价对象。然而,这些评价方法较少用于乡村聚落的评价分析。李立敏在村落系统可持续发展评价指标体系的研究中将村落系统划分为自然生态子系统、社会文化子系统、经济生产子系统和建筑环境子系统,由总熵 A、一级熵 B、二级熵 C、三级熵 D 及底层码 E 构成系统熵,并建立评价模型[①]。其中,底层指标的赋值通过德尔菲法获得,各级熵的权重系数采用专家打分法与熵权法相结合的方式获得。这种评价模型所依赖的底层码及底层指标权重的确定一方面需要对村落各个系统层级的具体内容和信息进行全面整合,而底层码所涉及的因子本身也存在异质性,另一方面需要在专家打分法的运用过程中对大量专家的调查反馈进行数据统计。因此,当评价对象涉及多个村落案例时,这些因素将导致巨大的工作量,使评价过程趋于复杂且难以操作。所以,本研究仅结合乡村聚落可持续发展评价指标体系熵构成的研究思路,针对乡村聚落营建系统进行分级评价,并对系统各项指标和要素展开逐一评价。

乡村聚落营建是涉及乡村各方面的复杂系统,本研究采用修正的综合评价方法对其进行评价,包括主观评价和客观评价两个部分。其中,由于专家打分法具有多次反馈和持续时间较长的特点,本研究为了获得更高的效率,结合专家会议对其进行修正。2016 年 11 月 16 日,著者组织了一次专家座谈会,由 7 位专家组成专家小组,包括 4 位建筑学专业专家、2 位城乡规划专业专家和 1 位风景园林学专业专家(姓名从略),这 7 位专家均主要从事乡村聚落相关方向的研究。著者对每个调查案例进行详细展示,专家根据情况对评价指标逐项进行打分。评价指标权重系数确定后,采用层次分析法问卷调查来评价各项指标的相对重要性,从而完成客观评价。由于乡村各要素之间的边界存在一定的模糊性,权重系数在本研究中的作用更多是一种研究方法和思路,属于一项参考值,而非绝对值。各项指标的权重系数能够为模式中关键要素的选取提供依据和参考。同时,本研究结合村民的主观感受和满意度评价,建立乡村聚落营建的主观评价体系(图 5-15)。

雷达图分析法是综合评价方法中常用的一种方法,尤其适用于对多属性体系结

---

① 李立敏.村落系统可持续发展及其综合评价方法研究[D].西安:西安建筑科技大学,2011.

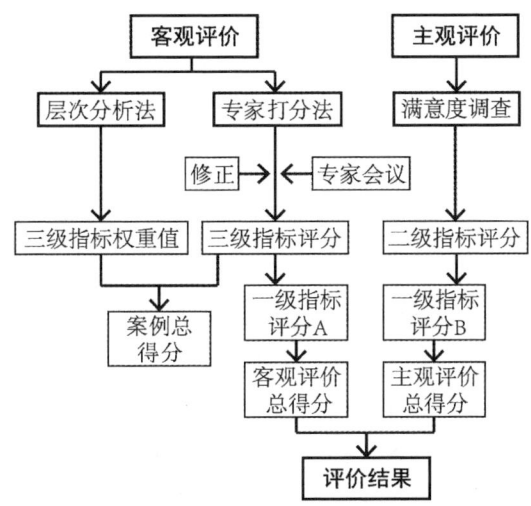

图 5-15　评价流程示意图

构描述的对象作出全局性和整体性的评价。本研究将采用雷达图分析法对乡建案例的多项指标进行全面整合和分析，以此呈现完整、清晰和直观的评价结果。

5.3.4　评价标准的制定

制定评价标准首先要确定评价因子。本书在既往研究中评价因子的基础上，结合社区营造相关理念以及乡建调查案例的要素特征进行拓展和调整，以此建构社区营造视角下乡村聚落营建的评价指标体系（图 5-16）。社区营造视角下乡村聚落营建的客观评价指标体系（以下简称"客观评价指标体系"）可划分为 6 项一级指标，一级指标下设二级指标，二级指标下设三级指标，逐级展开，形成三个层级（表 5-2）。上一级指标的分值为下一级指标分值的总和，逐级叠加。

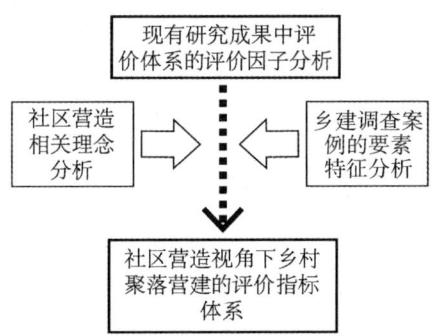

图 5-16　评价因子确定方法

表 5-2　社区营造视角下乡村聚落营建的客观评价指标体系

目标	一级指标	二级指标	三　级　指　标	分值
社区营造视角下乡村聚落营建的客观评价指标体系（A）	营建主体（B_1）	营建主体的参与程度和协作能力（C_1）	村民参与乡村聚落营建的程度（D_1）	2
			营建共同体中各方的作用及协作程度（D_2）	2
		村民心理与行为状态（C_2）	村民的认同感（D_3）	2
			社区的归属感（D_4）	2
			乡村聚落的安全感（D_5）	2
	自然地理（B_2）	乡村聚落资源的利用（C_3）	水资源的循环利用（D_6）	2
			土地资源的合理利用（D_7）	2
			乡村聚落对地形地貌和气候特征的适应状况（D_8）	2
		乡村聚落能源的使用状况（C_4）	可再生能源的开发利用（D_9）	2
			常规能源的拓展与优化（D_{10}）	2
	产业经济（B_3）	乡村产业结构优化程度（C_5）	地方特色产业的潜力与开发程度（D_{11}）	2
			农业产业化程度（D_{12}）	2
			村办工业、企业发展程度（D_{13}）	2
		乡村的经济效益与价值体现（C_6）	乡村经济绩效（D_{14}）	2
			村民的经济收入状况（D_{15}）	2
	社会文化（B_4）	乡村组织与制度的推行情况（C_7）	乡村组织的建立与运行情况（D_{16}）	2
			乡村政策与行政管理水平（D_{17}）	2
		文化与公共事业的发展（C_8）	地方历史文化、风俗习惯的传承延续（D_{18}）	2
			文化教育活动的开展（D_{19}）	2
			村民对乡村公共事业的参与度与满意度（D_{20}）	2
	环境景观（B_5）	环境的品质（C_9）	乡村聚落对生态环境的适应性（D_{21}）	2
			居住环境的适宜程度（D_{22}）	2
		景观的处理（C_{10}）	景观布局与设计的状况（D_{23}）	2
		卫生条件的改善状况（C_{11}）	生活垃圾的分类与处理（D_{24}）	2
			生产污染的防治（D_{25}）	2
	空间形态（B_6）	乡村聚落公共空间的品质（C_{12}）	基础设施的建设状况（D_{26}）	2
			公共空间的类型、分布及使用状况（D_{27}）	2
		宅院空间的品质（C_{13}）	宅院空间的功能布局、规模与品质（D_{28}）	2
			地域性风格元素与形态特征的传承延续（D_{29}）	2
			地方建材的开发与使用状况（D_{30}）	2

　　客观评价指标体系由营建主体（B_1）、自然地理（B_2）、产业经济（B_3）、社会文化（B_4）、环境景观（B_5）和空间形态（B_6）6 项一级指标构成。B_1 指标体现的是营建主体的参与程度和协作能力，也是村民心理与行为状态（包括归属感、认同感、安全感等）的反映。B_2 指标体现的是乡村营建从自然地理环境中获取资源和能源的状况，

包括自然生态资源开发利用的状况、能源的使用状况等。其中，资源方面涵盖了村落对地形地貌和气候特征的适应状况，以及水和土地等资源的存量与利用状况；能源则包括各类能源的使用效率。B_3 指标是乡村经济发展能力的体现，主要包括对地方特色产业的挖掘，也是推进社会文化、环境景观、空间形态营造的基本保障。经济方面受产业结构的优化程度和经济效益影响。B_4 指标是判断乡村聚落社会文化协调性的标尺，反映了乡村在组织结构、政治制度和文化观念方面的发展状况，以及村民对各项公共事业的满意度。B_5 指标是乡村环境和景观可持续发展程度的体现，反映了乡村生态环境、居住环境、景观状况、卫生条件和污染防治情况。B_6 指标是村民生产生活的建筑空间品质和建设质量的反映，取决于乡村公共空间和宅院空间的品质。

社区营造视角下乡村聚落营建的主观评价指标体系可划分为一级指标和二级指标两个层级，其中，一级指标与客观评价指标体系中的一级指标相同，二级指标对应村民满意度调查表中的各项指标，并以村民对乡村聚落营建的主观体验和使用后的感受为评价依据（表5-3）。

表 5-3　社区营造视角下乡村聚落营建的主观评价指标体系

目标	一级指标	二级指标	分值
社区营造视角下乡村聚落营建的主观评价指标体系（A）	营建主体（B_1）	村集体组织管理工作（C_1）	10
	自然地理（B_2）	水土资源与能源利用（C_2）	10
	产业经济（B_3）	产业发展与经济收入状况（C_3）	10
	社会文化（B_4）	文化活动的开展（C_4）；邻里关系（C_5）	10
	环境景观（B_5）	垃圾收集处理设施（C_6）；生活污水处理与污染管控（C_7）；村落的景观环境（C_8）	10
	空间形态（B_6）	道路及交通条件（C_9）；水利、供电、通信设施（C_{10}）；居住条件与房屋的舒适度（C_{11}）；学校教育设施（C_{12}）；商业服务设施（C_{13}）；医疗卫生设施（C_{14}）；休闲娱乐设施（C_{15}）	10

评价标准的制定是展开模式比较分析的基础，以社区营造视角下乡村聚落营建体系中的营建主体、自然地理、产业经济、社会文化、环境景观和空间形态 6 个构成要素为基础，分别建立客观评价标准和主观评价标准。其中，客观评价标准由一级指标下设的三级指标构成，每项一级指标包括 5 项三级指标，总分值设定为 10分。将每项指标划分为高、中、低三个等级，分值标准对应为 2 分、1 分和 0 分，根据修正后的专家打分法进行赋值，取专家意见集中的值，并进行求和，得到一级指标

的总分值,对各项一级指标分值进行求和,可以获得客观评价的总得分。

客观评价总得分为 K,可通过式(5-1)计算。

$$K = \sum_{i=1}^{n} \sum_{j=1}^{m} K_{ij} \tag{5-1}$$

式中:K——客观评价总得分;K_{ij}——第 i 项一级客观评价指标下的第 j 项三级客观评价指标的得分;n——一级客观评价指标的项数;m——三级客观评价指标的项数。

主观评价标准基于村民满意度调查的数据进行统计,主观评价标准由 6 项一级指标下设的二级指标构成。将各项指标的总分值设定为 10 分,根据各项指标 $0\sim100\%$ 的满意度,分别对应分值 $0\sim10$ 分,比如 90% 的满意度即为 9 分。由于每项一级指标所对应的二级指标项数不同,因此,每项一级指标的分值应取相应二级指标分数的平均值,总分值也为 10 分。对各项一级指标的分值进行求和,可获得主观评价的总得分。

主观评价总得分为 Z,可通过式(5-2)计算。

$$Z = \sum_{i=1}^{n} W_i \left(\frac{\sum_{j=1}^{m} Z_{ij}}{m} \right) \tag{5-2}$$

式中:Z——主观评价总得分;Z_{ij}——第 i 项一级主观评价指标下的第 j 项二级主观评价指标的得分;n——一级主观评价指标的项数;m——二级主观评价指标的项数;W_i——第 i 项一级主观评价指标的权重,根据问卷调查资料,利用层次分析法进行一致性检测后获得。

5.4 营建模式的比较与评析

5.4.1 各类营建模式的评价分析

著者依照以上评价方法和评价标准,分别对 20 个长江中下游乡建案例进行客观评价。组织会议,将调研人员在实地调研中获取的乡村聚落营建的各项详细信息,以图表、视频、文字等方式呈现给专家,由专家小组给出评分,对表 5-2 中评价体系的三级指标进行汇总统计,以此为客观评价的基础数据。同时,将调研案例中对村民满意度调查的数据作为乡村聚落营建的主观评价指标。简化统计与计算过程,表格均以汇总的形式呈现各项指标的评分结果。为了直观体现数据的差异,本研究将各表格数据的统计结果绘成雷达图,以此为营建模式比较分析的依据。雷达图按模式类型展示,以一级指标所对应的营建主体要素、自然地理要素、产业经济要素、社会文化要素、环境景观要素和空间形态要素为坐标轴。

　　政府主导的激活与复兴模式较为常见，所涉及的案例较多，各案例所侧重的内容不同，尽管存在诸多不足，但从整体来看，这种营建模式的各要素获得了较为均衡的发展（图5-17、图5-18）。首先，环境景观要素表现尤为突出，表明政府主导下的乡建以提升景观和改善环境为乡村聚落营建的首要任务，比如在垃圾分类处理、污染防治和环境整治等方面取得成效。其次，产业经济要素和营建主体要素取得较好的评价，但在各案例中有不同的表现。值得注意的是，由于该模式对地方文化传承及文化活动开展等缺乏重视，社会文化要素普遍成为表现不足的方面。

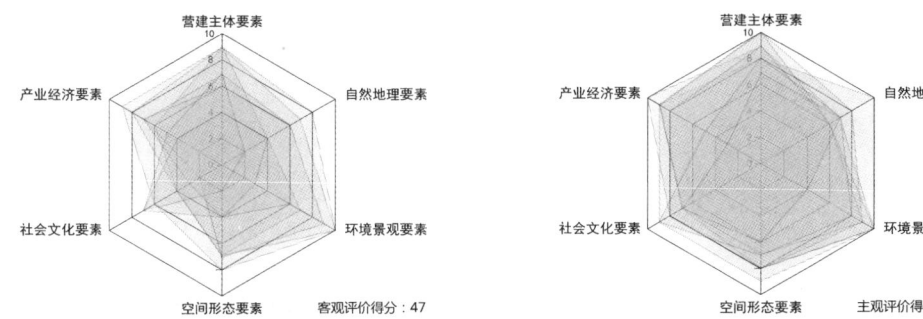

图5-17　政府主导的激活与复兴模式
客观评价分析图

图5-18　政府主导的激活与复兴模式
主观评价分析图

　　从整体来看，政府主导的就地异地新建模式并未获得各要素的较好发展，由于拆旧村、建新村的方式脱离了原有村落的资源环境、空间肌理和产业基础等，环境景观、空间形态、产业经济等要素需要重新发展和建构。同时，在以追求效率为导向的营建过程中，缺乏对周边地理资源的有效利用，造成村民满意度偏低的状况（图5-19、图5-20）。其中，社会文化要素在主、客观评价中的反差是由于专家和村民的认知不同，专家关注地方文化的传承延续及村民对乡村公共事业的参与度，而村民则以文化设施建设和文化活动开展的情况为直观评价依据。

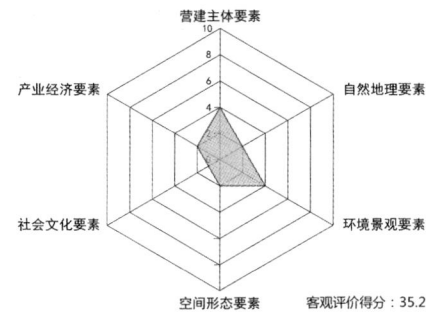
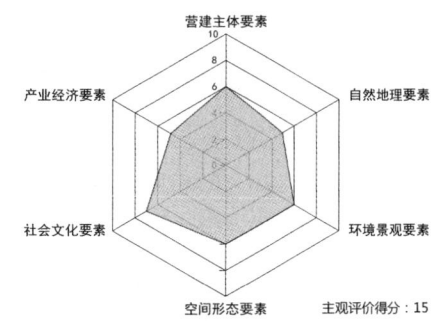

图5-19　政府主导的就地异地新建模式
客观评价分析图

图5-20　政府主导的就地异地新建模式
主观评价分析图

NGO 参与的激活与复兴模式的各要素获得较为均衡的发展。首先,在营建主体要素、产业经济要素和社会文化要素上具有突出的优势(图 5-21、图 5-22)。NGO 通过内置金融的方式组织村民建立村社共同体,促进了乡村产业经济的发展和自我管理意识的建立。其次,在空间形态要素和环境景观要素上也取得一定成效。NGO 以村落环境卫生的改善为切入点,并在地域风格、特征元素、公共空间及景观设计等内容上有所偏重。

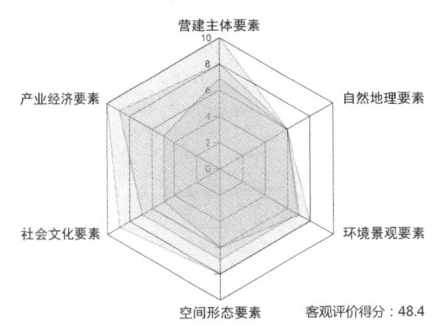

图 5-21　NGO 参与的激活与复兴模式
客观评价分析图

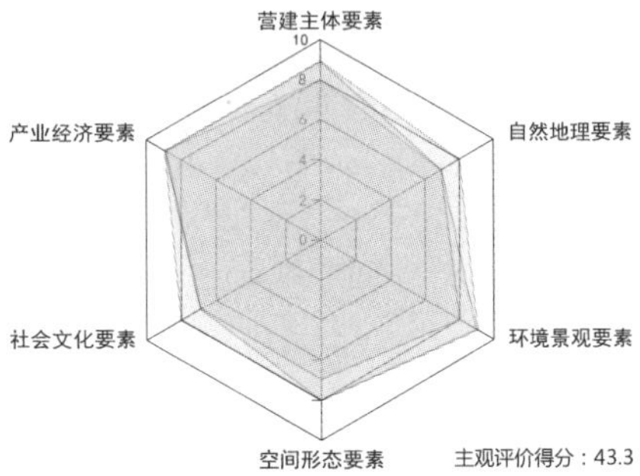

图 5-22　NGO 参与的激活与复兴模式
主观评价分析图

企业带动的激活与复兴模式是一种商业资本注入的方式,主要侧重村落的景观环境和空间形态的改善,其他方面的发展存在不足。综合主观和客观评价来看,环境景观要素、空间形态要素和营建主体要素较为突出,一方面是因为企业资金的投入使营建得以持续推进,另一方面是因为建成环境的提升能够促进乡村产业经济的发展。自然地理要素和社会文化要素存在不足,表现为对资源利用和地方文化缺乏关注(图 5-23、图 5-24)。

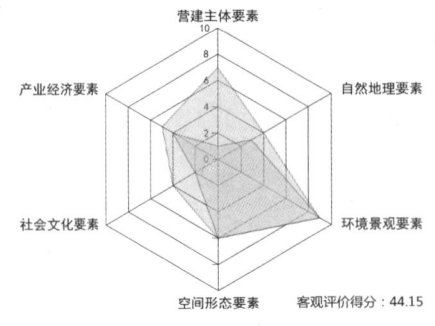
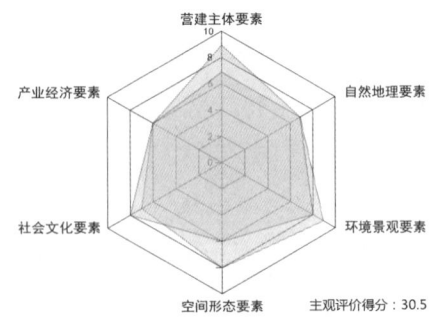

图 5-23　企业带动的激活与复兴模式
客观评价分析图

图 5-24　企业带动的激活与复兴模式
主观评价分析图

　　企业带动的就地异地新建模式受不同村落资源条件和企业开发理念的影响，营建过程中呈现出对各要素的不同偏重（图 5-25、图 5-26）。综合主观和客观评价来看，表现较突出的要素包括环境景观要素、空间形态要素、自然地理要素和产业经济要素，而营建主体要素和社会文化要素则评价偏低，反映出该模式对村民本身权益的关注度不高，侧重于物质经济层面，却忽视了社会文化层面的营建。

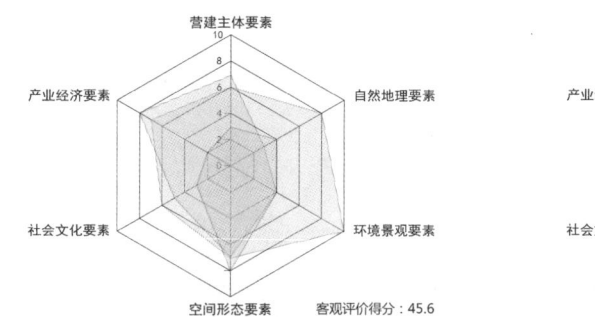

图 5-25　企业带动的就地异地新建模式 客观评价分析图　　**图 5-26　企业带动的就地异地新建模式 主观评价分析图**

　　能人引导的激活与复兴模式以社会文化要素为主要营建内容，其次是环境景观要素，体现出能人以地方文化为线索来激活乡村的理念，有助于乡村旅游业的发展。然而客观来说，能人引导的方式与乡村的实际状况和管理体制存在偏差，缺乏持续推进的动力，表现为营建主体要素、产业经济要素、空间形态要素及自然地理要素发展的不足（图 5-27、图 5-28）。

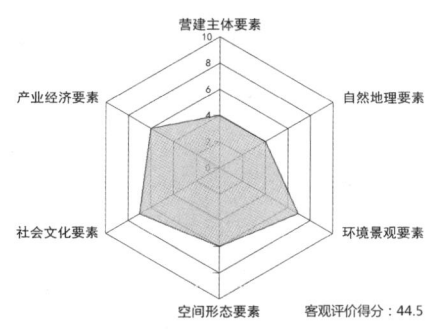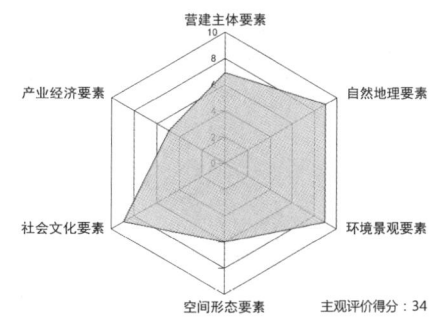

图 5-27　能人引导的激活与复兴模式 客观评价分析图　　**图 5-28　能人引导的激活与复兴模式 主观评价分析图**

　　能人引导的农业产业发展模式中表现最为突出的是环境景观要素，其次是自然地理要素、营建主体要素和产业经济要素,其原因是这种有机农业和生态农业的发展需要依赖村落的自然资源和生态环境。然而,该模式中的社会文化要素和空间形态要素未受到重视(图5-29、图5-30)。

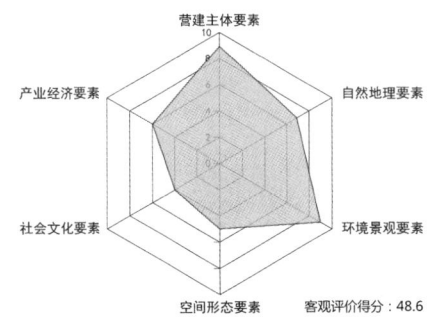

图5-29　能人引导的农业产业发展模式客观评价分析图

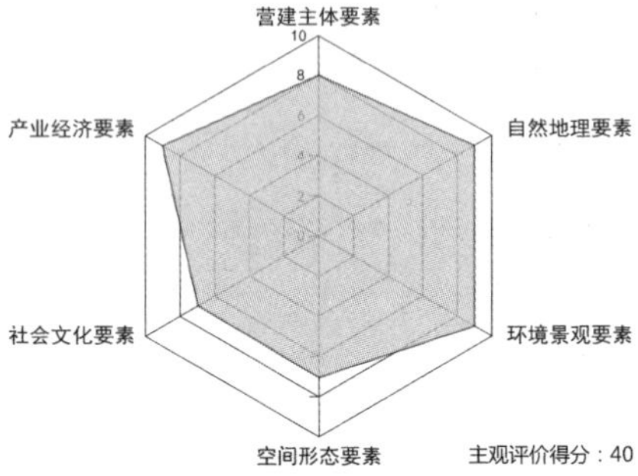

图5-30　能人引导的农业产业发展模式主观评价分析图

专家引导的激活与复兴模式在空间形态要素和环境景观要素、营建主体要素上具有突出优势,其次是营建主体要素和产业经济要素,表现为建筑师等专业人员在改善空间环境后,带动了乡村特色产业的发展和村民实际收益的提升。虽然公共空间的营造促进了邻里交往和文化活动的产生,但未改变村民参与公共事务的积极性及乡村组织运行的状态,因此,在社会文化要素和自然地理要素方面仍显不足(图5-31、图5-32)。

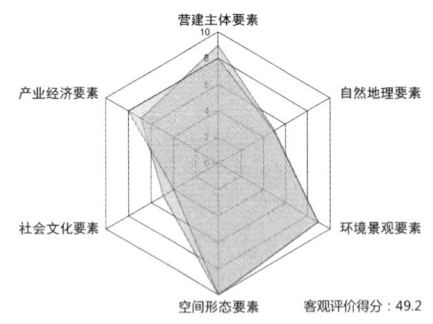
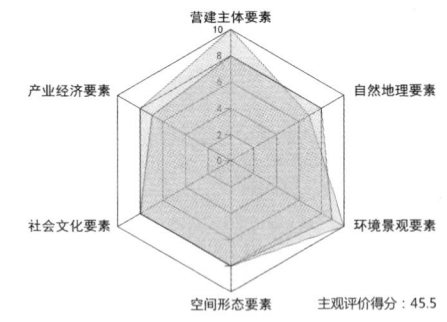

图5-31　专家引导的激活与复兴模式客观评价分析图

图5-32　专家引导的激活与复兴模式主观评价分析图

经由上述分析可以发现,专家对村落现状的客观评价和村民基于使用后的主观评价在结果上存在相似性。根据主、客观评价累计总分值对各模式进行排序,分值由高到低为专家引导的激活与复兴模式、NGO参与的激活与复兴模式、能人引导的农业产业发展模式、政府主导的激活与复兴模式、企业带动的就地异地新建模式、能人引导的激活与复兴模式、企业带动的激活与复兴模式、政府主导的就地异地新建模式。

5.4.2 营建模式的比较分析

5.4.2.1 相似之处

(1)多元主体参与状态相似

总体看来,各类营建模式普遍存在多元主体参与的相似状况。随着各界对乡建的日益关注,企业、能人、专家、NGO 等主体不断介入乡村,成为乡村聚落营建和发展的强大动力。多元主体参与能够激发乡村活力,强化乡村聚落各个方面的营建成效,并有助于改善乡村"内卷化[①]"现象。在对各类模式评价进行分析后发现,政府部门在乡建中有不同程度的参与、支持和干预,构成乡建的共有条件和背景;村民是营建的主体和受益方,但在各模式中的实际参与状况还有待改善;村集体是协调政府与村民之间关系的纽带,在营建过程中应为村民争取最大的利益,并发挥带动和协助作用。然而,最为重要的是建立多元主体之间的协同机制,共同推进乡村聚落的营建。

(2)各要素营建不均衡的状态相似

每种模式所侧重的内容不同,普遍存在各要素营建不均衡的现象。由于各主体在乡村聚落营建过程中所扮演的角色及对营建的理解不同,直接影响营建的价值取向和成效,由此造成各要素不均衡的状态。例如,政府主导、企业带动和专家引导的模式均对社会文化要素存在一定疏漏,而能人引导的模式则较少关注空间形态要素等。

(3)营建的最终目标相似

虽然各类营建模式有不同的工作路径,但其最终目标多集中在增加村民收入和改善乡村环境两个方面,具体表现为经卫生条件改善、建筑建造、景观营造实现居住环境的改善,同时通过农业产业和乡村旅游业的发展来提高村民收入。

5.4.2.2 差异分析

(1)营建主体的参与程度与主导力量不同

能人、NGO、专家、企业等主体不同程度地介入乡村,并逐渐成为营建过程中

---

① 资料来源:百度百科。美国人类学家格尔茨(Clifford Geertz)将内卷化定义为一种社会或文化模式在某一发展阶段达到一种确定的形式后,便停滞不前或无法转化为另一种高级模式的现象。

的主导力量。①在政府主导的模式下，政府部门是营建的主导者，设计方和村集体配合政府部门进行乡村的规划设计和营建实施，村民参与规划设计阶段的意见反馈及住宅的建造。②在NGO参与的模式下，NGO是营建的组织者，设计单位提供技术支持，村集体组织和协调各方关系，村民参与设计和建造，并加入金融合作社。③在企业带动的模式下，企业是营建的投资方，政府部门提供政策支持，村集体协助配合，设计单位提供技术支撑，村民选择性地参与住宅建造。④在能人引导的模式下，能人是营建的牵头人，村民、政府、村集体、建筑师、返乡大学生等主体从多角度配合能人参与营建。⑤在专家引导的模式下，专家发挥引导作用，政府和村集体配合专家推进乡建各项工作，村民提出意见并参与产业经营和空间建造。

（2）资本动力与营建资金来源不同

资本动力是认知乡建内在驱动机制的基础。从总体来看，各类模式的营建资金来源大致可分为财政专项资金、社会商业资金和村集体自筹资金，以及三者相互组合形式的资金。政府主导的模式主要由财政专项资金提供营建动力，用于乡村基础设施完善和环境风貌整治。企业带动的模式和能人引导的模式主要由社会商业资金提供营建动力，通过对乡村空间和场所的营造创造空间价值。NGO参与的模式由村民共同筹资建立内置金融组织，以集体自筹的方式为乡村各项事务提供支持。专家引导的模式通常为以上三种资金来源方式或其组合的形式。

（3）营建内容与侧重点不同

不同主体和目标决定了营建的内容与侧重点不同。从不同主体来看，政府主导的模式注重基础设施建设、环境景观营造和建筑形态更新；NGO参与的模式注重内置金融组织的建立，以此为开展其他各项营建工作的基础；企业带动的模式注重公共服务设施建造或商业开发；能人引导的模式根据其专业与职业的资源条件，注重产业经济和地方文化的发展；专家引导的模式多以空间营造为切入点，以此展开乡村的激活与复兴。从不同目标来看，激活与复兴模式强调乡村的全面发展，通过要素营建，激发乡村持续发展的活力；就地异地新建模式以村落空间的重建为主，在此基础上建立其他要素发展的新秩序；农业产业发展模式从产业发展的角度延续农耕文明，恢复农业生产，以生态农业、有机农业、观光体验式农业等方式激活乡村经济，并以此带动其他要素的营建。

5.4.3 典型模式与关键要素

本书将客观评价和主观评价的结果及乡村聚落营建6个构成要素的均衡发展作为确定典型模式的依据，从8种基本模式中筛选出5种典型模式，分别为政府主导的激活与复兴模式、NGO参与的激活与复兴模式、企业带动的就地异地新建模式、能人引导的农业产业发展模式、专家引导的激活与复兴模式。结合客观评价指标体系中的三级指标和权重系数进行关键要素的梳理。

5.4.3.1　政府主导的激活与复兴模式的关键要素

（1）村民参与乡村聚落营建的程度

政府主导的乡村聚落营建主要表现为一种自上而下的政府行为，由政府委托规划或建筑设计单位完成设计，设计方案与实施过程缺少与村民的沟通，更多体现的是政府的想法。然而，村民是乡村的主体，应提高村民在乡村规划设计、营建实施及维护管理阶段的参与度，发挥其主体性和创造性，并以满足村民的实际需求为设计和营建的目标。

（2）乡村政策与行政管理水平

在乡村政策方面，政府首先通过落实"强农惠农"等乡村政策调动村民的积极性。其次，制定乡村建设的具体政策，如扶持产业发展、支持住宅改造、加强基础设施建设、改善公共服务等政策，以及相关的激励政策。在行政管理方面，应注重政府组织引导能力的加强，并将营建工作的推进成效作为检验行政管理水平的标准。

（3）文化教育活动的开展

乡村文化教育活动的开展有利于整体提高村民的文化素养和技术素质。在乡建过程中，应由政府组织对村落现有文化资源进行挖掘，开展文化教育活动和地方特色文化活动，并通过提高村民参与的积极性，重新建立村民对地方文化的认同感和自信。同时对村民开展农业生产技术和务工技能的培训，增强村民就业创业和经营管理的能力，使其适应农业生产及地方产业发展的需求。

（4）生活垃圾的分类与处理

生活垃圾分类处理与村落环境卫生整治是改善乡村风貌的前提。在营建过程中，政府部门应注重垃圾分类及污染处理设施的建设，建立村民代表分区域监管的长效机制。在具体步骤上，先通过各类媒体宣传增强村民参与垃圾分类和环境整治的意识，再完善垃圾分类配套设施，最终建立"每户分类，村组收集处理"的垃圾分类处理长效机制。

（5）基础设施建设

基础设施建设是政府推动乡建的主要内容，对于乡村经济发展、村民增收、环境改善、城乡生活水平差距缩小等都有重要的意义。为了改善村民生活现状，政府部门应加大在基础设施建设上的投入。基础设施主要包括三类：一为农业生产基础设施,如农田水利等设施;二为村民生活基础设施,如道路交通、水电、通信等设施;三为乡村公共服务基础设施,如教育、商业服务、医疗卫生、文化娱乐等设施。这些设施的建设不仅为乡村经济发展提供了物质基础,也满足了村民生产、生活和社会文化活动的需求。

5.4.3.2　NGO 参与的激活与复兴模式的关键要素

(1)乡村营建共同体中各方的作用及协作

乡村营建共同体是建立在现代乡村社会"社群与社区"结构关系基础上、具有开放性和整合度的组织,在构成上包括村民、村集体、政府、企业、NGO、能人、专家等。其中,村民是营建共同体中的主要成员,以互助建造的方式成为村落基础设施建设、公共服务设施建设、景观营造和住宅建造的主要参与者;NGO 是营建共同体中的帮扶者和示范者,能促进政府部门与村民之间的沟通交流和意见整合,协助推进村落空间的改善;村集体在乡建中扮演组织者和管理者的角色,主要负责组织村民开展乡村公共设施的建设,维护村民的权利;政府是营建共同体中的支持者,提供政策、资金、教育、技术上的支持;企业是乡村公共服务设施及住宅的投资者;能人为乡建提供经济、外联、文化和理念上的支持,是共同体中的策划者和协调者;建筑师等专家尊重地方传统技艺,并提供适宜的建造技术、方法和策略的引导,是共同体中的技术引导者。多元主体通过共同参与乡村的公共事务和文化教育活动建立彼此之间的信任和合作关系。

(2)村办工业和企业的发展

村办工业和企业的发展是提高乡村经济水平的有效方式。在乡村环境保护的基础上,结合当地村落的优势(如地理环境、土地资源、资金、技术等),发展具有地方特色的经营项目,一方面解决了乡村剩余劳动力的就业问题,另一方面可以实现乡村资本的快速流通和村办企业的资本积累。乡村营建以村级经济的发展为先导,从而带动乡村设施的建设和居住环境的整治。

(3)乡村组织的建立与运行

乡村社会存在从传统家族共同体自治为主到基于血缘、地缘、业缘关系的村社共同体自治为主的演变路径。村社共同体是主导乡村经济发展、村落营建和自治的基本组织。NGO 参与的模式通常以内置金融的方式重新组建村民组织,并将村社作为推动乡村持续发展的引擎。这种由村民主导、利益归村社成员的内置金融组织可以将土地、山林、水系等静态的"生产要素"变成动态的"金融资产",促进村民家庭经济和新集体经济的发展。此类乡村组织的建立与运行有助于改善乡村"被建设"和村民"被上楼"的状态,实现村民自主营建和乡村可持续发展。

（4）宅院空间功能布局、规模和品质

NGO 参与的激活与复兴模式在空间形态要素上侧重于宅院空间的营造。宅院空间是住宅建筑单体与院墙围合而成的居住空间，由住宅和院落两部分空间构成。其功能布局反映了乡村的家庭生活方式，具体包括客厅、餐厅、卧室、厨房、卫生间、车库、储藏室、阳台、前后院等功能空间，而空间规模则与村民家庭人口结构相对应。宅院空间的品质是住宅建筑质量、结构、形态及场所精神等内容的综合反映，其营造成为改善村民居住环境的重要手段。

5.4.3.3　企业带动的就地异地新建模式的关键要素

（1）地方特色产业的潜力与开发

乡建不能依靠外来"输血式"的救济，而应该恢复乡村的"造血"功能。企业拥有乡村产业发展所需的资金优势，其带动有助于推动村民以土地承包经营权入股产业化经营，梳理乡村各类资源、空间环境和产业基础，并结合互联网和生态农业等内容发展特色产业，如种植与养殖业、乡村旅游业、文化产业等。特色产业的开发为乡村聚落营建提供了持续动力。

（2）景观布局与设计

在景观布局与设计中应延续乡村原有的景观格局，充分考虑当地的地形地貌和历史文化，注重乡土元素的提取和地方建筑材料的运用，建构以道路、农田、水系等元素组成的乡村景观系统，并将自然资源、农耕文化、民俗风情等纳入景观布局。

（3）公共空间的类型、分布及其使用

乡村公共空间是指村民进行日常交往与活动的公共场所，是乡村生活和乡土文化的物质载体，具有广场、井台、祠堂、公园、活动中心等丰富的类型。公共空间的合理设置、功能重组和形态创新可满足现代乡村生活的使用需求，并促进村民交往行为的产生。

5.4.3.4　能人引导的农业产业发展模式的关键要素

（1）村民认同感的建立

当代乡村普遍存在"离农化"和"空心化"的现象，一方面是因为农业生产的实际收益较低，另一方面是由于村里的年轻人对农业和乡村缺乏认同感，大多数选择背井离乡。能人引导的农业产业发展模式吸引年轻人留村就业或返乡创业，并以开展公共服务和文化建设的方式激发村民参与的积极性，逐步建立村民的认同感。

（2）农业产业化发展

能人引导的农业产业发展模式需要借助农业产业化发展来推动乡村聚落的营

建,一方面发展现代农业,包括以节约劳动力为特征的农业机械主导模式和以节约土地为特征的生物技术主导模式,在节约水土资源的同时提高土地产出效率。另一方面拓展农业功能,在传统生产型农业功能的基础上,向生态农业、有机农业和休闲观光农业拓展,使之具有生态保护、文化传承、旅游、教育等功能,最终以乡村经济的发展带动乡村其他各项设施的营建和村民增收。

(3)乡村聚落对生态环境的适应性

乡村聚落与生态环境相互适应,共同构成有机整体。乡村聚落空间的营造多采用地方的自然材料和营建技艺,形成与当地气候和地形地貌相适应的空间形态。聚落格局、建筑形态与田园、山林、水系等元素相互融合,使乡村的生态系统保持平衡状态。

5.4.3.5 专家引导的激活与复兴模式的关键要素

(1)社区归属感的建立

传统乡村社会因血缘关系聚族而居,人们共同的生产劳作、生活习惯、文化信仰形成了村落的归属感。邻里之间建立了良好的感情和交往基础,而交往是归属感建立的前提。当代乡村的归属感从以下方面获得。首先,建立认同感是归属感产生的基础,包括对身份、地域的认同感等;其次,对村落逐渐产生依恋;再次,关注公共事务;最后,培养责任感[①]。如果村民以主体的身份积极参与乡村聚落营建的过程和各项活动,逐渐关心乡村公共事务,对村落的归属感也将随之增强。因此,村民参与是归属感建立的关键。

(2)地方历史文化的传承

地方历史文化蕴含着乡村的价值观念和意识形态,包括物质性要素和非物质性要素两个层面。在专家引导的乡村聚落营建中应注重对历史文化遗产和乡土文化(如村落历史、文化、习俗、戏曲、宗教信仰、传统仪式、社会组织形式、民间手工艺、建造技艺、传统建筑等)的调查和保护,在与村民共同梳理村落资源和文脉的过程中,逐渐建立村民的认同感和自信,也让地方文化得以传承和延续。

(3)适宜的景观环境营造

乡村景观环境的适宜性营造从建筑类景观、道路景观和水系景观三个方面展开。建筑类景观营造包括乡土建筑风貌营造、庭院空间环境与景观营造、公共空间(如村口空间、广场、井台、中心绿地等)场所营造。道路景观主要包括路面、道路绿化、道路附属物等。水系景观包括湖泊、江河、溪流、水库、水塘和水渠等,其中溪

---

① 李华忠.乡村旅游:村民参与、影响感知与社区归属感研究[D].广州:华南农业大学,2016.

流、水塘和水渠是乡村水系景观中的常见元素。

(4)地域性风格元素与形态特征的重新演绎

地域性塑造是挖掘乡土建筑文化的重要方式，也是解决传统与现代建筑文化冲突的有效途径。地域性风格元素来源于地方建筑，是当地所特有的元素。这些元素的传承延续不是符号化的简单复制，更不是仿古，而是在乡村现实生活与自然条件、地域文化、村民意愿的综合作用下，自然而然形成的结果。其形态特征不是脱离实际功能的建筑符号，而是适应环境所形成的实用形式[①]。对地方特色空间进行选择和提炼，结合适宜材料进行重新演绎，使村落空间富有文化内涵和个性。

(5)地方建筑材料的开发与使用

地方建筑材料是在当地自然条件下形成的，具有低能耗、文化性、经济性、就地取材和环境适应性等特点，是地域性建筑传承的关键内容。乡村地方建筑材料以土、木、竹、石、砖、瓦为常见材料，建筑师在营建过程中应该充分理解这些材料的特性，选择与之相适应的空间形式、结构形式和建造技艺，并对材料进行创造性开发和使用，一方面注重材料在建造工艺和性能技术上的提升，另一方面将其改良使用，例如添加石灰来提高土坯的稳定性和耐久性等，从而使地方建筑材料不仅能提高空间的舒适度，还能让建筑更好地融入乡村环境。

5.5　本 章 小 结

调查案例梳理及模式类型划分是乡建模式比较与建构的基础。本章首先对乡村建设模式类型进行梳理，以营建主体和营建目的为模式划分的依据，根据 50 个长江中下游乡村调查案例所涉及的模式类型，筛选并归纳出乡村聚落营建的 8 种基本模式类型，具体包括政府主导的激活与复兴模式、政府主导的就地异地新建模式、NGO 参与的激活与复兴模式、企业带动的激活与复兴模式、企业带动的就地异地新建模式、能人引导的激活与复兴模式、能人引导的农业产业发展模式、专家引导的激活与复兴模式。其次，从模式内涵、工作路径、营建重点和优缺点 4 个方面对各种模式的特征进行总结。在此基础上，将社区营造的相关理念与乡村聚落营建的构成要素相结合，建构了社区营造视角下乡村聚落营建的评价体系，并以此为基础对各类模式展开评价和比较。同时，综合客观评价和主观评价的结果，提炼出长江中下游乡村聚落营建的 5 种典型模式。最后，参照客观评价的三级指标及其权重，对典型模式的关键要素进行提炼，为适宜模式的建构提供依据和支撑。

---

① 李晓峰，谢超.地域性如何塑造——以汉江上游移民村营建为例[J].华中建筑,2015,33(1):149-155.

6 建构与调适：社区营造视角下 乡村聚落营建的适宜模式

社区营造以人的再造为核心内容和理念。对于当代乡村聚落的营建而言，村民主体的作用尤为重要。以村民的利益为导向，注重村民自主参与应该是适宜模式建构的重要语境。本章围绕适宜模式的建构从三个部分展开。首先，结合社区营造的相关理念建立乡村聚落营建模式建构的原则，并以此为基础进行适宜模式的建构。其次，针对不同的模式分别进行实证研究，并根据案例的实施情况进行分析，验证适宜模式的合理与不足之处。最后，尝试提出关于模式调适的一系列策略。适宜模式的建构原则和调适策略将为长江中下游乡村聚落营建提供指导和参考。

6.1 乡村聚落营建模式的实施与建构原则

乡村聚落营建是涉及自然环境、社会环境和建成环境的复杂系统，并涵盖营建主体、自然地理、产业经济、社会文化、环境景观和空间形态六要素。根据前文的分析可获知各类营建模式需要重点把控的要素，然而在模式的实施过程中，这些要素是相互关联的，所涉及的内容在界限上存在一定的模糊性。因此，需要结合乡村聚落的实际情况和营建模式的不同特质，依照相应的原则来进行乡村聚落营建模式的建构。具体原则包括系统联动原则、公众参与原则、因地制宜原则和动态持续原则。

6.1.1 系统联动原则

当代乡村聚落营建具有复杂性与差异性，需要以一种系统联动的策略和方式来对待。系统就是相互联系、相互作用、相互影响、相互制约着的若干要素的复合体，强调从要素的全局和整体角度切入问题[①]。而联动是指这些相互关联的要素中，若其中一个要素发生了运动和变化，其他要素也会随之改变，强调各要素的关联发展。系统联动原则是将乡村聚落营建模式视为一个各要素关联的系统，通过

---

① 王冬.族群、社群与乡村聚落营造——以云南少数民族村落为例[M].北京：中国建筑工业出版社，2013.

调适要素的联动关系促进各要素在物质、能量、信息等方面的联系，从而使各要素和营建模式处于良性循环状态①。因此，营建模式的建构不能依靠单一要素来实现，譬如针对空间形态要素的探讨不能脱离其背后社会文化要素和产业经济要素的影响，也不能避开其与营建主体要素、自然地理要素的联系。只有当各要素相互匹配和适应并达到动态平衡时，聚落营建才能持续推进②。

系统性原则不仅体现在空间层面，还反映在时间层面。乡建的实施和模式的形成过程是一个完整的生命周期，是对乡村生产生活及周边环境不断适应的长期过程。因此，营建模式的建构需要确保要素在发展过程中的连贯性，并以一种全面系统的视角推进各要素的联动与协同。

6.1.2　公众参与原则

多元主体参与是乡村聚落营建和社会治理的普遍方式，包括村民、村集体、政府、企业、NGO、能人及以建筑师、规划师为代表的专家，且各主体在参与营建的过程中拥有不同的角色定位。其中，最为关键的主体是村民和政府，二者在营建中的不同作用力形成了两种典型的乡建模式，即自下而上的模式和自上而下的模式。社会其他力量的参与对乡村聚落营建也是至关重要的，促进了营建共同体的建立，并形成多元主体协力共建的模式。村民是乡建的主体，也是内在力量和直接受益者。营建过程中要激发村民的主体意识，一方面要调动村民主动参与的积极性，并要获得村民的支持和配合；另一方面要尊重村民的意愿，营建成效要得到村民的认同。从公众参与的程度来看，乡村聚落营建经历了从非参与型到被动参与型再到村民主体参与型的模式转变。在既往乡建案例中，公众参与通常只在规划方案征集和实施阶段，从形式上看村民获得知情权和监督权，但实际上村民处于被动参与的状态。

公众参与原则强调村民主体的参与不仅要在营建的最初设想阶段，在营建目标确定、规划方案选定等环节更应鼓励村民参与。因此，需要政府、村集体、企业及其他参与方的协助，尽可能提供多种途径让村民了解营建的全过程和利益关系，提高村民的认知、素质和参与程度。与此同时，培养村民的自主意识与合作精神，建立主体互助机制，这是对公众参与的进一步推动，也是建构适宜营建模式的重要条件。

---

① 吕红医.中国村落形态的可持续性模式及实验性规划研究[D].西安：西安建筑科技大学，2005.
② 李贺楠.中国古代农村聚落区域分布与形态变迁规律性研究[D].天津：天津大学，2006.

6.1.3　因地制宜原则

不同地区的村落在自然地理、产业经济、社会人文及风貌环境等方面存在较大差异，由此形成的多样性决定了乡村聚落营建从形式到内容、从路径到模式都各具特色。不同村落应根据资源条件，采取适应自身发展的规划方法和营建模式。例如山地型聚落、滨水型聚落、平原型聚落等不同类型的聚落，可结合不同的营建目的（如新建、改造和综合整治等）进行模式选择。同时，基于营建经验的总结与提炼所形成的适宜模式，通常只能作为具体营建实践的参照，不能照搬套用，而应根据因地制宜原则去选择合适的方式，在实践过程中逐渐凝炼特色，从而赋予模式新的内涵。因地制宜原则强调模式的建构要充分考虑当地乡村所特有的自然资源、经济条件、文化习俗、生活特征及村民的收入水平，实行分类型建构，使模式突显特色。

6.1.4　动态持续原则

乡村聚落营建是一项长期、动态的系统工程，应将其分阶段确定目标，按步骤实施，并以适宜、适时、适度的原则持续推进。营建模式的建构也是一个动态持续的过程。动态持续原则强调模式的建构是一种分步骤的方式和慢速的状态，在过程中能对乡建各方面内容进行充分的认知、理解和提炼，并在此基础上进行各要素的把控和调适。动态性表明营建模式在不断接纳外部元素和力量，并随着主体、社会、经济、空间等因素的改变而优化。持续性表明营建模式是整体性的考量和延续性的行动计划。模式的建构过程实际上是一种秩序的形成过程，主要以聚落空间形态为呈现的内容，通过对建筑空间与院落空间、公共空间与街巷空间、聚落空间进行分级引导和调适，逐渐形成模式的空间形态要素。因此，动态持续原则强调乡村聚落营建模式的建构是分类型、分步骤、分层级和不断调适完善的过程，也正是这种渐进和"未完成"的状态，让模式建构更具弹性。

6.2　适宜模式的建构

本书基于长江中下游乡村聚落营建案例的调查与分析，总结出 5 种乡建典型模式，而适宜模式的建构是在典型模式的基础上融入社区营造的相关理念和适宜做法所进行的模式重构。首先，对社区营造强调的以人为核心、社区培力和赋民予能的理念进行延展。对于乡村聚落营建而言，各类适宜模式的建构应以村民为主体，鼓励村民参与，并以村民的需求和利益为营建的导向。其次，将社区营造的相关理念整合并融入适宜模式的建构。社区营造视角下乡村聚落营建的工作模式可以认为是通过对乡村"软件"和"硬件"各要素的营建，最终实现村民提升的过程（图 6-1）。

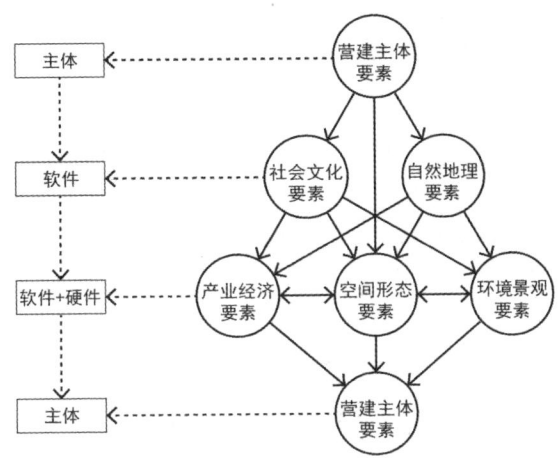

图 6-1　社区营造视角下乡村聚落营建的工作模式

乡村聚落营建典型模式的营建主体包括政府、NGO、企业、能人和专家 5 类。在当代乡村营建的案例中，NGO 参与的案例数量较少。同时，NGO 作为公益性组织，在组织建设和管理模式方面还有待检验和完善。企业带动的就地异地新建模式多受企业性质的影响，从调查的案例来看，主要由华润集团和万科集团等房地产企业带动营建，其中华润希望小镇具有一定的政策性和公益性，而万科良渚文化村则偏重于房地产开发。从经济学角度看，追求产品价值最大化是商业资本介入乡村的持续动力。NGO 和企业在营建之前会综合考虑村落现有资源条件，以及村落的特殊性（如与村委会的合作情况、乡村能人参与的状况等）。大量普通的乡村难以获得企业和 NGO 这两类主体参与营建的机会。另外，从普适性的角度来看，这两类主体介入的营建模式的推广价值不足。因此，这两种模式暂不作为本书进行适宜模式建构的类型。

适宜模式应具有可操作性，以一种简化的方式引导营建的实施，同时还应具有普适性，使相同地区和类型的村落能够参考。

6.2.1　政府主导以村民需求为导向的激活与复兴模式

从既往政府主导的乡建实践案例来看，其工作路径缺乏乡村调研和乡村经营阶段，是在政府的主导下从营建主体要素直接转为空间形态要素和环境景观要素的营建过程。政府主导以村民需求为导向的激活与复兴模式涉及乡村各个层面和要素,属于一种全面综合的营建模式(图6-2)。在营建过程中,政府提供让村民参与营建的机会并组织开展乡村调查工作,了解村民的实际需求,以此为营建的方向。政府的主导作用主要表现在三个方面,分别为给乡村提供各类政策支持和指导、推进公共基础设施的建设、市场监管。具体而言,政府通过政策及资金投入,引导村民参与村落营建;在乡村文化、交通、卫生、环境保护等方面,采用股份制、合作制、招投标制等市场运作方式,调动社会力量参与村落营建。政府不断完善市场监管机制,为村民提供公平合法的市场环境和秩序,并通过市场运行来增加村民收入①。该模式的建构可根据营建过程划分为四个步骤和阶段,在主要做法上从整体层面和空间层面进行把控。

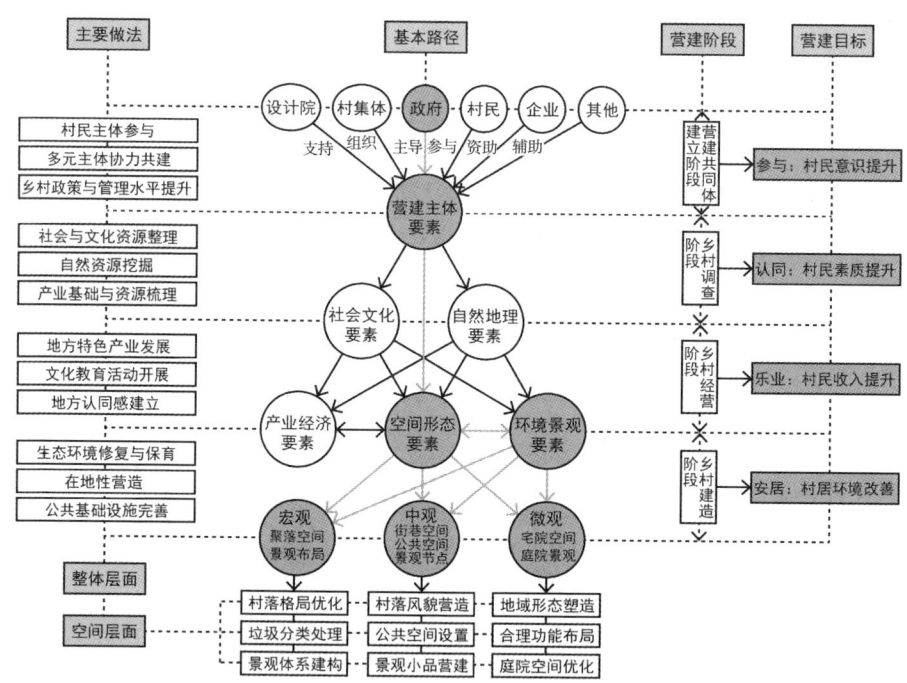

图6-2　政府主导以村民需求为导向的激活与复兴模式示意图

6.2.1.1　营建共同体建立阶段

营建共同体的构成主要包括政府、村民、村集体、企业、设计院及其他(图6-3)。在乡村聚落营建过程中,各主体的参与程度不同。其中,政府需要从资源分配者变为

---

①　王兆君,蔡苏文,张占贞,等.中国东部沿海地区社会主义新农村建设问题研究[M].北京:中国书籍出版社,2013.

资源管理者，提高乡村各项制度和规划的整合度，并提供资金、技术和人力支持。同时，政府具有较高的建设效率和执行力，尤其在基础设施建设和环境整治工程上能呈现较好的效果。然而，政府的全面参与和支持容易让村民形成"等、靠、要"的心理[①]。政府将营建责任交给村集体，由村集体组织村落营建的各项工作。村集体是联系外部力量和内部力量的纽带，借助带动作用和有效沟通，使村民成为乡村聚落营建的主体。村民的主体性表现为规划阶段的意见和需求的反馈，以及营建过程中的主动参与和建议。企业为乡建提供资金支持，多侧重于乡村社会经济的发展。设计院提供专业知识和技能，主要负责乡村规划编制和营建技术指导等工作。其他力量结合各自领域，对乡建进行辅助。营建共同体建立阶段的主要做法包括村民主体参与、多元主体协力共建、乡村政策与管理水平提升等，具体做法如下。

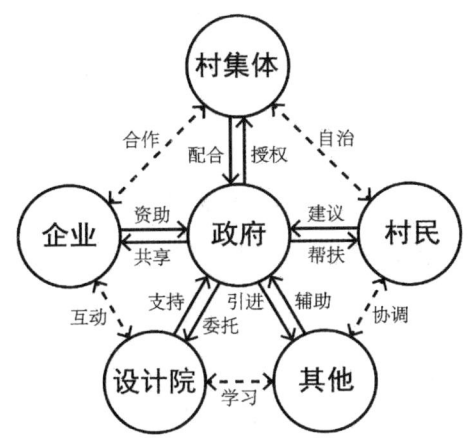

图6-3　政府主导以村民需求为导向的激活与复兴模式营建共同体组织关系图

（1）村民主体参与

村民主体参与应贯穿乡建的全过程，包括乡村规划设计阶段、营建实施阶段及建成之后的更新维护阶段。在规划阶段须充分了解村民的意愿，使空间布局与村民的生产生活需求保持一致，同时，村民参与规划目标的制定、方案的选择、意见的反馈等过程。在营建实施阶段，村民的参与能打破专业设计人员的"主观臆断"式设计与建造，使其不断调整空间的布局和形态来满足乡村动态发展的需求。在建成之后，村民参与物质空间和精神环境的持续营造，以此建立情感依赖。为了实现村民主体的有效参与，应开展各类公共活动和培训来提高村民素养和专业知识水

---

① 周颖.社区营造理念下的乡村建设机制初探——基于三个乡村建设案例[D].重庆:重庆大学,2016.

平,逐渐培养村民主体参与的意识和能力。

（2）多元主体协力共建

社区营造的核心在于社区培力和赋权,强调主体的建构和自主性。乡村营建共同体建立了一种新的人际关系,村民获得自主权和自下而上推动乡建的力量。多元主体是指与乡村规划和营建相关的个人与群体的总和。协力共建的方式强调村民、政府、企业等主体协同合作,共同参与村落的营建,是一种多元协商和多层循环的模式。多元主体可以划分为主导方和协助方,其中政府作为主导方负责规划方案的落实,并统领营建的全过程,其他协助方负责协调、监督或指导。多元主体参与以村民主体参与为基础,逐步实现各方角色的适应与转变。

（3）乡村政策与管理水平提升

首先,对美丽乡村建设相关政策、措施、目的、意义进行普及宣传,增强村民参与和推进乡建的信心。其次,制定"强农惠农"政策和采取激励措施,调动村民参与的积极性。再次,将扶持产业发展、支持住宅更新改造、完善基础设施和公共服务的政策落实到具体项目。最后,用健全的制度来促进基层管理水平的提升,形成乡建的推动力,并让村民了解营建的推进能够解决实际问题。

6.2.1.2 乡村调查阶段

（1）社会与文化资源整理

传统乡村聚落中的血缘关系和共同信仰是构成乡村凝聚力的重要元素。乡村社会与文化的调查过程正是重建信仰和重拾记忆的过程,村民在集体参与的过程中找回文化认同感和归属感。

（2）自然资源挖掘

针对村落特色自然资源进行挖掘,将资源转化为发展资本,这些资源将成为乡村产业发展的优势和条件。乡村在地资源包括山水环境和植被等,通过开发和利用可成为带动乡村经济发展的"推进器",基于这些资源条件可选择性地发展乡村生态旅游、生态农业和休闲观光旅游等特色产业。

（3）产业基础与资源梳理

对乡村产业基础和相关资源进行全面梳理,明确主导产业及特色产业发展思路,了解各类资源的利用价值,并发挥优势资源的作用。

6.2.1.3 乡村经营阶段

（1）地方特色产业发展

产业经济的发展能为乡村的年轻人提供更多工作机会,乡村聚落营建也由此获得持续动力。地方特色产业指基于一定区域范围内的资源，以生产技术、工艺和组织管理方式等的创新为条件，形成有竞争力的产品或服务的行业。地方特色产业为乡村提供了发展机会，而被挖掘的地方资源反过来能支持乡村产业的可持续发展。另外，村民是特色产业发展的主体，应通过提高村民的技能和认识，逐步完善特色产业的生产与经营体系。

（2）文化教育活动开展

首先，开展文化教育活动能将村民有效地凝聚起来参与组织管理，建立相互信任的基础。其次，文化活动属于乡村生活中不可或缺的部分，也是乡村文化建设的重要内容。再次，文化活动与经济组织相辅相成，合作社需要以文化为纽带，进而增强合作精神和信任感。最后，以文化活动为核心的文化建设兼具教育功能，结合多样化的表达形式能使乡村公共生活得到恢复。应加强乡村文化教育设施建设，开展丰富的文化教育活动，完善村民终身学习的机制，从而实现乡村文化的重建和发展。

（3）地方认同感建立

组织村民参与文化活动及公共事务，唤醒乡愁记忆，拉近邻里距离，促进交往行为的产生，村民对地方的认同感随之建立。

6.2.1.4 乡村建造阶段

（1）生态环境修复与保育

良好的乡村生态环境是生产发展的保障，是生活改善后的追求，是乡风文明的标志，是村容整洁的核心，是管理民主的结果[1]。针对生态环境的修复与保育，首先，要加强宣传力度，提高村民对生态环境的保护意识；其次，要结合乡村的实际情况，制定适合当地的环保法规；最后，要加大对生态环境研究工作的投入，运用科技的力量来实现生态环境的有效修复与科学保育。

（2）在地性营造

在地性营造包含了建筑材料、建造方式和地域特征三个方面的内容。首先，根据特定地域范围内的资源条件，以就地取材的方式获取建筑材料。其次，遵循当地世代相传和具有实效性的建筑建造方式。最后，营造以特定乡村生活圈为基础的基于生活与习俗而形成的地域特征。乡村聚落的在地性表现为空间格局、街巷肌理、建筑形态对地理环境和气候条件的较强依赖性。在地性营造强调利用当地自然元素更本质地诠释空间，同时展现不同自然地理环境和社会文化环境下的地域

---

① 骆世明.农村环境整治与生态修复[M].北京：中国农业科学技术出版社，2007.

美学层面的差异。

（3）公共基础设施完善

乡村公共基础设施的建设是政府主导推进乡建的重要内容，包括道路交通、卫生设施、水电与通信设施、公共服务与文化设施等的完善，以此改善村民的居住环境和生活条件。

6.2.2 能人引导以村民收益为导向的农业产业发展模式

从既往能人引导的乡建实践案例来看，其工作路径是在能人的引导下从营建主体要素到自然地理要素的转向，再到产业经济要素的发展，进而带动空间形态要素和环境景观要素的营建。能人引导以村民收益为导向的农业产业发展模式侧重于对农耕文明的传承与延续，以恢复乡村自我"造血"功能和村民增收为核心内容，属于一种保守渐进的营建模式（图6-4）。乡村能人拥有广阔的视野、更多的优势资源和个人能力，能够洞见乡村的发展方向，并能组织和引导其他村民参与产业发展和村落营建。这种模式以农业产业发展为乡村聚落营建的动力，围绕现代农业、生态农业、有机农业和休闲观光农业来发展乡村经济，营建具有农业及田园风貌特征的乡村聚落。

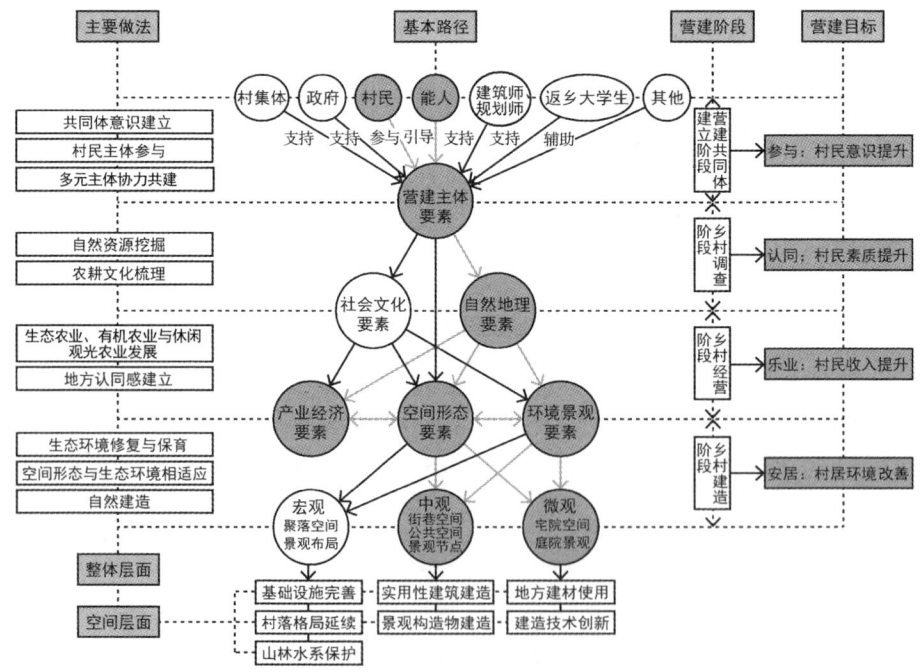

图6-4 能人引导以村民收益为导向的农业产业发展模式示意图

6.2.2.1 营建共同体建立阶段

营建共同体的构成主要包括能人、村民、政府、村集体、建筑师、规划师、返乡大学生及其他(图 6-5)。其中,能人的引导作用主要表现在两个方面:一方面,能人成为构建乡村内部组织的核心,所提出的发展理念和营建思路易获得村民的认同;另一方面,能人成为乡村内部和外部社会联系的纽带,吸引外部资源,并使村民不断积累资本。能人投入资金进行农业产业开发,利用新媒体的力量改变乡村经营模式,扩大经营范围。村民在能人的组织和带动下参与农业生产和村落营建,并因此提高经济收益和改善居住条件。政府制定现代农业帮扶的相关政策,提供部分资金资助,并推进农业生产设施和基础设施的规划建设。村集体组织道路和水利等基础设施的建设,开展农业加工基地、合作经济组织、农产品市场的建设,促进农业产业化发展。建筑师、规划师等专业人员提供产业发展规划以及空间营建技术指导。在"互联网+农业"的模式下,返乡大学生结合专业知识和互联网资源为能人助力。其他力量从多个角度与能人交流协作,共同促进乡村农业产业的发展。该阶段具体做法如下。

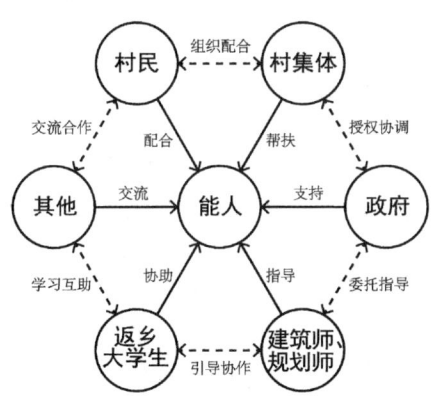

图 6-5 能人引导以村民收益为导向的农业产业发展模式营建共同体组织关系图

(1)共同体意识建立

乡村营建共同体内部关系紧密,拥有共同的价值观和营建目标。共同体意识的建立是其运转的关键,也是乡村营建的重要内容。各类主体通过参与自然资源与历史文化资源的调查、合作社的运营、垃圾分类教育、基础设施建设及文化活动,逐渐形成共同体意识。同时,在公共资源管理过程中,各成员互动日益密切,逐渐成为一个互助团体。

（2）村民主体参与

由能人投资进行农业产业开发，引导村民参与农业生产和村落营建，并将村民的实际增收作为目标之一。在这种模式下，村民是农业生产过程和营建过程的主要参与者。

（3）多元主体协力共建

在多元主体协力共建的过程中，能人是主导方，负责村落的营建和运营。政府、村集体、村民、建筑师、规划师、返乡大学生等是协助方。其中，政府制定政策推进营建；村集体负责监督协调工作；村民作为主体参与营建活动；建筑师、规划师等专业人员提供方案设计和实施过程中的技术指导，维护村民的利益；返乡大学生和其他力量协助能人进行产业发展和营建实施。

6.2.2.2　乡村调查阶段

（1）自然资源挖掘

针对当地乡村特有的自然资源进行挖掘，种植具有地域特色的经济作物，以此带动农业产业的发展，并凸显农业旅游的价值。

（2）农耕文化梳理

农耕文化是建立在自给自足的传统经济基础上的文化形态，包括依附于传统农业的社会关系、生产关系、典章制度及与之相适应的文化、习俗、道德等意识形态的总和。对农耕文化进行梳理，可拓展农业产业的内容和结构。弘扬农耕文化能够丰富村民的文化生活，提升其综合素质和能力，促进乡村精神文明建设。例如，二十四节气等农业文化元素的运用可以在推动休闲农业、乡村旅游业发展等方面发挥重要价值。

6.2.2.3　乡村经营阶段

（1）生态农业、有机农业与休闲观光农业发展

目前乡村处于从传统农业向现代农业发展的过渡期，农业功能由生产农产品向生态农业、有机农业、休闲观光农业等领域拓展。

（2）地方认同感建立

地方认同感建立于地方特有的要素和人地互动关系，主要涵盖四个特征。一是对自然环境的熟悉感及作为当地人的感知；二是地方带给村民的情感满足；三是地方成为村民的一种符号和象征；四是地方认同感会影响村民的行为。农业产业发展模式更多依赖于地方的资源、文化、经济和社会，通过生产活动及公共活动，增强村民对村落的情感依赖性和认同感。

6.2.2.4　乡村建造阶段

（1）生态环境修复与保育

良好的生态环境是农业产业发展的前提，有助于农业产量和质量的提升，同时，农业生产过程也是生态环境持续循环的过程。生态环境的修复与保育应注重对环境污染的防治、环境自我修复能力的恢复、先进技术的推广、生态教育的实施等，通过人工方法和创新技术重新建立生态平衡。

（2）空间形态与生态环境相适应

乡村聚落在选址、布局等方面立足自然禀赋和地域气候条件，依山就势、逐水而居都体现了村落空间形态与生态环境相适应的关系。村落的空间格局、建筑空间形态对生态环境存在依赖性。

（3）自然建造

自然建造主张简单材料的使用和自然场所的营造，是一种融乡村生活、农业、文化和建造于一体的循环经济，也是人居和自然平衡发展的方式[①]。自然建造使农业产业发展和乡村可持续营建相关联，并成为自然、农业和生活统一的媒介。

6.2.3　专家引导村民主体参与的激活与复兴模式

专家包括建筑师、规划师、艺术家、社会学家、经济学家等，均基于各自的专业领域介入乡建。本书中专家引导村民主体参与的激活与复兴模式的建构以建筑师和规划师为例展开分析。从既往专家引导的乡建实践案例来看，其工作路径是在专家的引导下从营建主体要素直接到空间形态要素的营建，再在此基础上带动产业经济要素和环境景观要素的营建。专家引导村民主体参与的激活与复兴模式更多侧重于空间的营造和重构，属于一种追求乡村特色化发展的营建模式（图6-6）。专家的介入改变了政府和村民对乡村物质与人文环境的认知，让营建过程立足于乡土的独特性而非城市化的标准，也让村民能够重新审视土地和生活。专家、村民、政府等主体在乡土价值和文脉保护上达成共识，进而开展文脉延续所依赖的物质环境的营建。这种模式以建筑更新与空间营造为主要内容，对村落部分传统建筑进行改造和更新，植入新的业态和功能，以此激活乡村公共空间。专家引导村民主体参与的激活与复兴模式能够实现兼具时代性和地域性的特色乡村空间营造，政府以此为开展工作的基础，资本有了业态导入的方向，村民获得新的就业渠道，在这个过程中，村民收入得到提升，村居环境获得改善。

---

① 陈浩如.乡村建设与自然建造[J].城市环境设计，2015（Z2）：213-214.

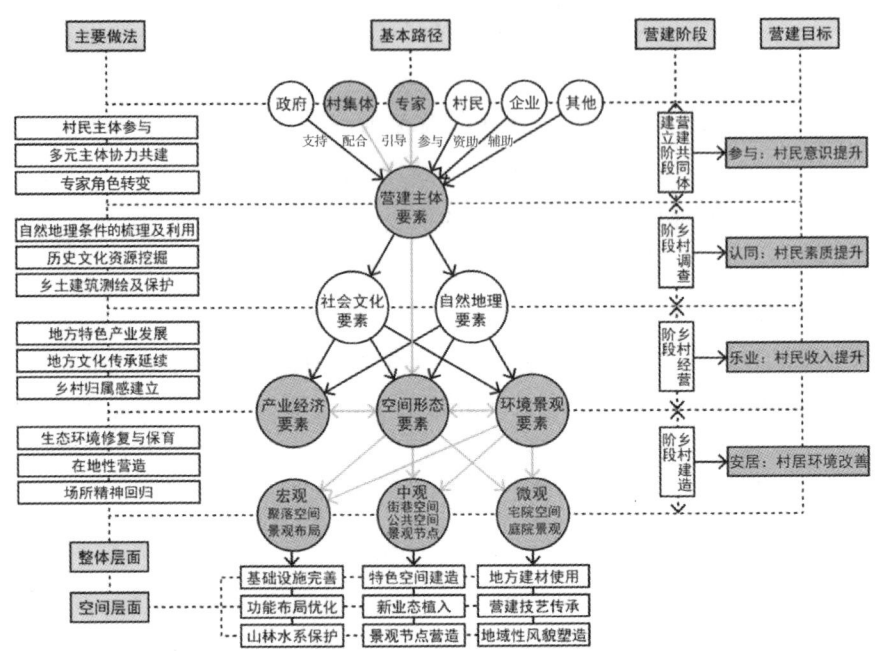

图 6-6　专家引导村民主体参与的激活与复兴模式示意图

6.2.3.1　营建共同体建立阶段

营建共同体的构成主要包括专家、村民、村集体、政府、企业及其他(图 6-7)。其中,专家应打破既往以精英阶层意志为主导的服务关系,转向为草根阶层服务和争取利益的价值取向。专家应与村民建立相互学习、相互信任的平等关系,并扎根于乡村社会,从中形成营建的想法和理念。专家不应以造型和空间的个性化表达为追求目标,而应解决村民的实际问题,譬如以解决生产生活功能需求、资金与人力支持、资源分配等问题为营建导向。专家成为营建过程的核心力量,引导各参与主体共同对乡村营建理念和工作路径作出定位,达成共识之后再介入乡村调研、村民动员、沟通协调、驻村指导等工作。政府扮演协助者的角色,保持适度干预,提供政策帮扶和人力、物力的援助。村集体主要负责组织村民活动、带动村民进行村落营建和推动公共事业发展等工作。企业提供资本,并与其他力量交流合作,实现利益共享。村民配合专家参与建筑改造等各类营建活动。

(1)村民主体参与

乡村聚落是村民生产生活的空间载体,村民参与空间的建造和文化的传承,因而也是乡建最直接的利益相关者。村民主体参与一方面体现在对生产生活需求的

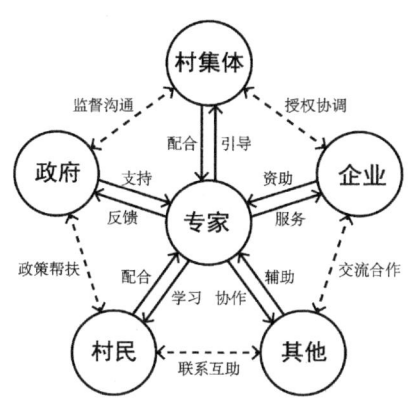

图 6-7 专家引导村民主体参与的激活与复兴模式营建共同体组织关系图

反馈及空间诉求的表达上，另一方面体现在营建方向及内容、设计决策及实施、利益分配等一系列环节的参与上。村民在营建过程中的主体性发挥是认同感建立的基础，与其他主体共同协作的过程有助于其共同意识的形成，并通过宣传教育提升参与的能力。

（2）多元主体协力共建

专家扎根乡村并提供专业引导，与村民充分沟通，使地方文化、传统空间和营建技艺等内容得到传承和发扬。与此同时，村民、政府、村集体、企业及其他力量的协助和参与，多角度、系统化地推动乡村产业发展、景观格局重塑、村民自主营建体系完善等，使之成为空间营造的重要支撑，进而实现乡村的可持续发展。

（3）专家角色转变

专家应改变以往仅凭个人主观判断推进设计建造和村落营建的方式，从设计主导者向引导参与者转变。专家深入乡村，建立与村民的沟通机制和信任关系，了解真实需求和地方文化等信息，以专业素养引导村民广泛参与，激发村民参与设计的意识。专家是营建共同体中的组织者，在政府、村民、村集体及其他各方之间具有沟通协调的作用。专家应立足专业视角，注重村民的利益和村落的长远发展，逐渐引导村民关注公共事务，传授建筑建造的方法和技术，并促进村民不断学习。

6.2.3.2 乡村调查阶段

（1）自然地理条件的梳理及利用

建筑与自然地理条件密切关联，专家在营建过程中因地制宜地利用自然条件和资源，结合当地气候凝炼设计策略，以就地取材的方式进行建造，并从生态技术、新能源、新材料等方面加强对自然地理条件的综合利用。

（2）历史文化资源挖掘

历史文化资源是乡村发展的根基，包括物质历史文化资源和非物质历史文化资源，彰显了地方的历史文化禀赋。一方面对历史文化资源进行挖掘有助于文化创意产业的发展，另一方面对文化元素进行提炼有助于地域性空间的塑造。此外，在专家的引导下，村民共同参与历史文化资源挖掘的过程也是重建文化认同感和共同体意识的过程。

（3）乡土建筑测绘及保护

乡土建筑是乡村社会文化的物质体现和基本生活场所。专家组织乡土建筑的测绘，并根据建筑的综合质量评价采取相应的保护方法，如功能性更新改造、修复式功能转换、增建改建等，在小规模渐进式保护的基础上进行再利用，在新的环境中重新赋予乡土建筑适当的功能和文化属性。

6.2.3.3 乡村经营阶段

（1）地方特色产业发展

对乡村各类资源的深入调查，尤其是对乡土建筑的重构，不仅保留了乡村特有的文化内涵，也使得村落的整体风貌得到改善，为乡村旅游、文化创意及其他特色产业的发展提供了空间和载体。

（2）地方文化传承延续

乡村文脉在本质上是社会生活的文化内涵体现。地方文化的传承延续就是将村落营建与村民的生产生活方式紧密结合。具体而言，在营建过程中充分尊重村民传统的生产和生活方式，在聚落空间布局、街巷空间与公共空间营造、院落空间组织、公共设施建造等方面符合村民的习惯和需求。

（3）乡村归属感建立

归属感是指村民与所属群体间的一种内在联系，是个体对群体及其从属关系的划定、认同和维系的心理表现。专家通过对乡土建筑的保护与再利用及乡土风貌的重塑，让村民在参与营建的过程中找回身份认同感和话语权，并逐渐建立对乡村的归属感。

6.2.3.4 乡村建造阶段

（1）生态环境修复与保育

生态环境是由生物群落及非生物自然因素组成的各种生态系统所构成的整体。村落布局及公共空间的建造应考虑山水环境、植被、气候条件等因素，是适应环境的结果。对生态环境的修复与保育有助于营造良好的乡村居住环境，在乡村营建中充分融入自然因素，并让建筑与生态环境形成"互塑共生"的和谐关系。

（2）在地性营造

专家从乡野场景中获知建筑与环境的适应关系，从田间地头找寻地方材料，从传统建筑中提炼营建技艺，然而这些做法未能深入触及乡村社会本体的重塑[①]。在地性营造强调专家应关注乡村社会重构，注重空间形态与气候条件、地理环境的关联。

（3）场所精神回归

场所精神是人的意识和行动在参与过程中获得的一种场所感和有意义的空间[②]。在乡村聚落营建中，应首先归纳出可用于建筑改造的实用性特征元素；其次，从当地的自然地理、社会文化、产业经济等要素中提炼共同的价值特征，并通过场所的营造综合呈现；最后，在聚落空间、公共空间、街巷空间、宅院空间、景观环境等多个层面进行系统考虑，从而创造出体现场所精神的新载体。

6.3　适宜模式的实证研究

针对上述适宜模式，著者所在的华中科技大学民族建筑研究中心团队进行过一些实验和尝试。对于模式、方法及相关内容的验证，其中有部分内容符合适宜模式的要求，并得到了有效验证，但由于存在外力和无法预测的客观因素，部分内容在实际操作中结果不理想。乡建是涉及乡村社会各个方面的复杂命题，随着其不断推进，相关研究成果也不断增加与更新。本书所开展的实验和实践属于阶段性的成果，为后续乡建研究提供了实践基础和经验。

6.3.1　案例选取缘由

本书选取湖北省的乡村聚落为主要的实证研究对象是出于以下思考。首先，湖北省地处长江中游，具有承接上下游的经济基础和贯通南北的地理条件，湖北省的乡村与我国大多数地区的乡村具有相似性，处于发达与欠发达之间的状态。其次，从 2016 年起，湖北省大规模开展美丽宜居乡村的建设，围绕乡村基础设施、人居环境、特色宜居、经济发展及公共服务体系 5 个方面推进具有地方特色

---

①　叶露，黄一如.资本动力视角下当代乡村营建中的设计介入研究[J].新建筑，2016(4)：7-10.

②　唐立达."以人为本"，在旧城改造中让"场所精神"回归——以陕南石泉县老城区建筑改造为例[J].城市建筑，2013(2)：14，23.

的乡村建设,为本书的研究提供了实践机会。著者针对所建构的 3 种适宜模式,在诸多乡村实践中分别以湖北省恩施州恩施市龙凤镇龙马村、湖北省黄冈市蕲春县青石镇郑家山村、湖北省鄂州市梁子湖区涂家垴镇熊易村熊万隆湾为实证研究的案例。其中,龙马村的营建是基于政府主导下扶贫搬迁的背景;郑家山村原本处于"空心化"的状态,其营建是基于能人返乡激活乡村的背景;熊万隆湾具有历史民居资源且民居为村民自建,其营建是基于村集体发起并由专家引导推进的背景。基于上述原因,著者对适宜模式中各实施阶段的主要做法和构成要素分别进行可操作性验证,以期获得关于乡村聚落营建模式的实用性做法、运行规律和经验。

6.3.2 湖北省恩施州恩施市龙凤镇龙马村

恩施州是武陵山少数民族经济社会发展的试验区,而龙马村的营建作为综合扶贫改革试点启动项目之一具有一定的示范意义,是政府主导、企业辅助的乡建。在政府主导以村民需求为导向的激活与复兴模式的引导下,龙马村的营建能否改善村居环境,实现产业结构转型,让村民搬迁下山后的居住、就业等诉求得以解决?能否保留村落原有的自然风貌和人文景观,让民俗风情得以传承?能否真正实现社会、经济、文化和环境的综合效益?面对这些问题,营建工作从龙马村的现状调查开始。

6.3.2.1 村落及其营建概述

龙马村位于龙凤镇的西北方向,距恩施市中心 37 千米。龙马村具有"山大人稀"的基本生态条件(图 6-8)。在营建开始之前,围绕龙马村有什么人、要建设一个怎样的龙马村、如何建设龙马村这三个问题,展开乡村聚落的社会学调查。

图 6-8 龙马村鸟瞰图

首先,龙马村有什么人?龙马村的人口主要分为两种类型:一种是在龙马集镇上有稳定居所、长时间生活经历和熟悉的社交圈的"村上人"，包括村落主街两侧从事商业经营的业主、散布村落的小工业作坊老板和普通村民；另一种是从山里到集镇上开展商贸等活动的"山里人"，包括周期性赶集的山里人和因小孩上学等暂居集镇的山里人。因此，龙马村经济社会的显著特点就是流通性。伴随着资本流动，人员也具有流通性，主要表现为村上人逐渐向龙马村外的城镇迁移，山里人则向龙马集镇上迁移，或向山里交通较为便利的地方迁移（图6-9）。而如何缩短村民居住空间与公共服务设施、基础设施之间的距离，成为山里村民亟待解决的问题。

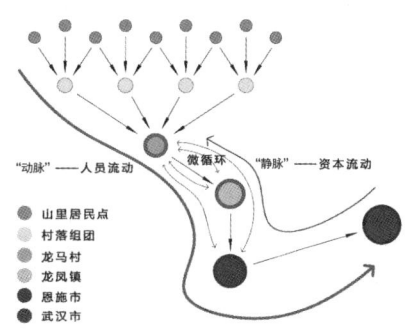

图6-9 龙马村资本与人员流通分析图

其次，要建设一个怎样的龙马村？与苏南地区具有生产性质的村落不同，龙马村家庭小作坊多，属于消费性质。因此，营建思路包括两个方向，一个是持续不断地向乡村注入资本，而不管资本的流失情况；另一个是打造能吸引资本注入乡村的特殊"装置"，比如开发当地资源，包括旅游资源。然而，"输血"式营建方式只能解决即时问题，难以满足长远且持续的发展需求。因此，龙马村选择"造血"式营建方式。同时，龙马村的营建还需要把握一组辩证关系，就是"既要建得好，又不能建得太好；既要集中，又不能太集中"。"建得好"是指不断有村民来居住，需要一个良好的居住环境，包含完善的教育、医疗、商业和服务等功能；而"不能建得太好"是因为龙马村只是乡村人口向城市迁移过程的中间环节，不能让原本计划离乡的村民因为乡建实施就不走了。乡村要"集中"，是指村民向集镇或城市等拥有更好的公共服务和基础设施的地方迁移；而"不能太集中"是因为并非所有村民都能够承受这种改善所需要支付的成本和后续风险。

最后，如何建设龙马村？面对诸如土地或房屋产权、家庭收支、养老、人口流动秩序和公共资源侵占等问题，先要做好切合村民需求的土地规划和建设规划，针对重要节点制定详细的控制性规划和实施方案。再对生产条件和基础设施进行改进，并建立多元化的社会组织单元，加强村民之间的交往和联系。

6.3.2.2 营建的目标与内容

（1）营建定位

龙马村以改善民生、扶贫安置、发展生产为营建目标，从村落环境整治、移民安置点建设、基础设施与公共服务配套建设等方面入手，营造出宜居、宜业、宜游，且具有土家族特色的村落。龙马村的营建定位具体包括以下方面。

①完善服务。在营建中注重完善服务型功能,以满足村民对公共服务和基础设施的需求。

②特色营建。龙马村是传统盐茶古道上的节点,具有丰富的传统建筑和自然景观资源,但因村落相对封闭,旅游业的基础条件不足,需要大量外部资本投入。村落营建采用渐进式思路,利用地方资源和文化特色,使传统文化与现代生活相融合。

③合理控制。应合理控制营建的规模与强度,避免侵占山间平坝和农田,并加强对自然与人文资源的保护和利用,避免大拆大建。

(2)营建共同体建立阶段

龙马村的营建主体包括政府、村民、村集体、企业、设计院等。其中,政府的主导作用表现为组织各方和搭建平台,为营建提供各类资源、政策和部分资金支持。企业作为主要出资方,配合政府对村落营建的各项内容进行组织和管理。村集体配合政府实施村落营建。村民参与社会学调查与需求反馈,并参与住宅的新建与改造。设计院提供规划与建筑设计、市政工程设计、景观设计等技术支持。龙马村以一种多元主体协力共建的方式实施村落各项内容的营建。

(3)乡村调研阶段

①地理环境。龙马村拥有群山环绕清水河的自然格局,以低丘缓坡地形为主,在河滩平坝形成了梯田景观(图6-10)。同时,龙马村拥有高山地形及富硒土壤等资源,成为恩施地区富硒茶叶的重要产地。

②社会文化。川渝鄂盐茶古道是推动武陵山区经济和社会发展的关键性要素,是民族文化传播与交融的历史见证。龙马村作为盐茶古道的重要节点,建筑沿主要道路两侧布置,在空间形态上体现了土家族和苗族的民族文化特色。

③产业经济。龙马村以茶叶、蔬菜、果树种植,以及禽类养殖为主,少量加工业分布较为零散。富硒农产品的种植和加工是龙马村的特色产业。村民家庭经济为半工半农式,以务工收益为主,其次是农业收入,主要来自茶叶。据调查,2014年村民户均家庭纯收入约为3万元,较低的约为2万元,较高的可达到5万元。

④建筑风貌。位于清水河南岸的建设路曾是盐茶古道的组成部分,也是龙马村早期的主要商业街道,街巷格局保存良好,保留着青石板路面和多处前店后宅式传统民居,多为青瓦木结构的1~2层建筑,然而这些建筑现状较差(图6-11)。原

双龙公路是村落的主要街道，沿街建筑风貌呈现明显的年代断层特征，各个时期的建筑风格并存。村落主要公共建筑分布于街道两侧，其中少量建筑为5层以上，而村民自建住宅以砖、石、木、瓦等材料为主，多为2～3层的建筑。

图6-10　龙马村的自然地理环境

图6-11　龙马村的传统建筑

（4）乡村经营阶段

①确立特色产业及乡村发展方向。由于龙马村拥有区位优势、自然生态资源、土家族民俗风情、盐茶古道等历史文化资源，具备旅游开发的潜力，旅游业和茶产业成为村落产业发展方向。然而，村落的基础设施和公共服务配套水平仅能承载当地村民的基本需求，需要通过环境整治改善村居条件，完善基础设施和配套功能，引导村民向集镇有序迁移和集中。

②建立地方认同感。进行社会学调研，了解村民的改造意愿和生产生活需求。村民在信息反馈的过程中逐渐建立主体意识。村民参与村集体组织的各类文化活动，以及老街区的改造与移民安置区的新建，邻里之间的交流互动增多，以此建构对地方的认同感。

③对空间进行合理布局。在尊重聚落原有空间形态的基础上进行改造，形成新旧空间融合的格局，并根据村落现状和地形特征分析，确立多组团式总体空间结构。

④原真性保护和原住式建造。在主要街道界面的改造修复中，依据房屋的建筑年代、层数、结构类型进行建筑评级和分段改造，保留不同年代建筑在各历史时期的真实特征。移民安置区的营建在延续原有肌理的同时进行原住式建造，使建筑既符合现代建造标准，又体现民族特色和乡村风貌。

（5）乡村建造阶段

村落营建将龙马大街、盐茶古道（建设路片区）、田园村舍、龙马小学、移民新寨

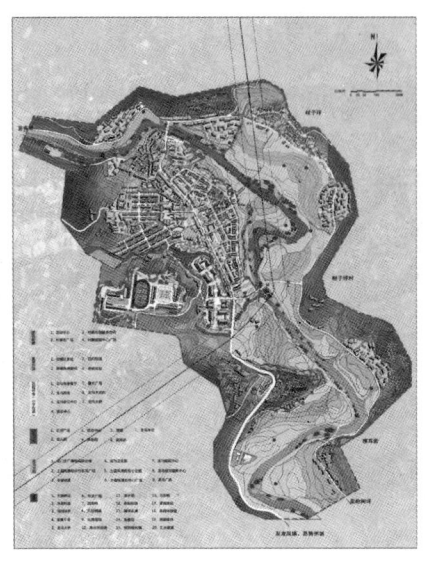

图 6-12　龙马村规划总平面图

"一街四区"作为主要对象,根据每个区域的具体特征,采取有针对性的营建措施(图6-12)。

①丰富——龙马大街。龙马大街全长800米,南北贯穿村落,主街空间过于宽敞,两侧建筑风貌混杂。在这种平常的场景背后,其实潜藏着丰富的生活信息,"丰富"成为该区域的改造手段。沿街共有170余户村民,拆迁成本高,因此采取以基础设施改造和建筑风貌、形态功能整治优化为主的营建措施,将主街划分为历史商贸街、土家族风情街、公众活动街进行分段营造,获得多样化的空间主题,并结合街墙和村民自建活动形成丰富的街道空间界面。

②激活——盐茶古道。盐茶古道保留了传统商业街道的特征,如前店后宅的格局、临街界面的木质柜台、石板街排水系统、旧礼堂和卫生所等,以"激活"为主要营建措施,一方面注重沿街立面的保护与修缮,另一方面注重街道空间活化,植入商业、居住、旅游等功能,并通过空间组织将街道空间界面与河道空间界面重新建立联系(图6-13)。

③适应——田园村舍。为满足龙马村的发展需求,这一区域以"适应"为营建手段。一方面,新建区域的道路系统顺应原有地形等高线,合理控制建设强度和规模,尽可能保留沿河的梯田景观风貌。另一方面,村民住房采取统建与自建相结合的方式,以此适应多样化的功能需求。

④绿色——龙马小学。龙马小学位于河畔桥头,改造后成为村落的公共活动场所。根据场地的实际条件,"绿色"成为这一区域的改造手段,通过对操场与食堂之间的高差处理,结合生态屋顶的建造,打造清水河畔的开放式生态广场,并对原有建筑进行绿色生态改造(图6-14)。

⑤尊重——移民新寨。移民安置区位于山脚,结合等高线进行建筑布局,是对山地型聚落营建传统的"尊重"。同时,顺应场地的肌理,将当地的竹、木、石块等作为建造材料,有效降低建造成本。

图 6-13 盐茶古道改造效果图

图 6-14 龙马小学改造效果图

6.3.2.3 龙马村营建的实施情况

乡村在营建实施的初期，通过政府组织，政府、企业、村民、村集体、设计院共同参与规划过程，在一定程度上建立了共同参与的意识，然而，村民主体性未得到充分发挥。政府和企业主导的统一营建未能真正以村民需求为营建导向。在乡村调查阶段，专家团队针对村落的产业基础、自然资源、地方文化、生活状况、空间形态等内容进行了整体记录和系统梳理，对村民的经济来源、收入水平和家庭结构进行了入户访谈和调查。在乡村经营阶段，地方特色产业从传统农业逐渐转为乡村旅游业方向，文化活动随之增多，但村民收入未获得实质性提高。在空间建造阶段，龙马村主要完成了基础设施建设，但在生态环境保护与修复，以及在地性建造上存在一定偏差。尤其是此前强调保留原有建筑不同历史阶段的建筑形态和风貌，而实际营建过程中采取增加土家族文化符号和刷白墙面的立面整治方式，与最初设计方案有所偏离。

具体而言，龙马村在地方特色产业方面，改变了以往粗放型经济模式，形成茶产业、苗木种植产业和家禽养殖产业三大支柱产业，并分别成立专业合作社，在巩固传统农业产业的同时，发展第二、三产业。龙马村围绕盐茶文化、民族文化及山水田园风貌，打造兼具民族特色和民宿、农家乐、养生等功能的休闲旅游业。在文化活动方面，完善文化活动中心、健身广场等公共设施，组织村民参与文化活动和土家族民间艺术活动，村民对地方文化的认同感得到增强。在空间建造方面，以青瓦、白墙、木门窗为基本风格，并增设具有土家族特色的建筑元素，如跑马廊、吊柱、披檐等（图 6-15），乡村居住空间形态凸显地域特色。

图 6-15　龙马村建筑

6.3.3　湖北省黄冈市蕲春县青石镇郑家山村

郑家山村的营建采取能人引导以村民收益为导向的农业产业发展模式,通过能人开办有机农场,以自然农耕的方式带动地方产业发展,并逐渐深入乡村文化、空间、景观等层面的营建。

6.3.3.1　村落及其营建概述

郑家山村位于蕲春县青石镇,地处大别山山脉南部,四面环山,平均海拔 500 米,保留着原有的梯田地貌,具有机械化水平较低等特点(图 6-16)。当地属亚热带季风气候,雨量充沛,气候温润。郑家山村的营建是由能人返乡开设农场,流转土地 300 多亩,用于种植当地特有的优质稻谷,通过自然农业的方式提高村民的组织能力、种植技术和经济收入,吸引了设计团队和返乡大学生参与,通过农业发展带动乡村其他方面的建设。

图 6-16　郑家山村鸟瞰图

6.3.3.2　营建的目标与内容

(1)营建定位

郑家山村的营建采用多元主体参与的方式,围绕农业、旅游、人居等主题,具体内容和定位包括以下方面。

①自然农业。选用当地的农作物品种,以一种无需农药和化肥的可持续农耕方式进行种植,让农业回归生态本源,探索生态农业发展的新方向。

②乡村旅游。依托郑家山村的山水环境和自然资源优势,推进户外探险和乡村旅游的发展。

③古村风貌。挖掘村落的历史文化资源,对传统建筑进行保留和更新,延续村落原有风貌。

(2)营建共同体建立阶段

郑家山村的营建主体包括能人、村民、政府、村集体、设计团队及返乡大学生等。其中,能人既是乡村农业产业的主导者,又是村落营建的组织者和引导者,主要负责产业的投资、管理经营及部分建筑的建造。村民可将田地出租给能人统一种植,以三年为周期;村民还可自主参与农场的农业生产,并按天获取工资酬劳。政府在营建过程中起监督和协助作用,提供营建建议及政策支持。村集体是村民与能人等主体沟通的纽带,代表村民反馈对乡建的诉求,并完善道路、厕所等基础设施。返乡大学生协助能人参与农场的生产管理及村落的营建。设计团队提供营建技术支撑,开展村落调查、建筑设计、施工指导、在地建造等。

(3)乡村调研阶段

①自然资源。郑家山村历来盛产"水葡萄"这一地方粳型优质水稻品种,其加工后的稻米即为水葡萄米,是农场重点种植的品类。郑家山村山林面积约20000亩,拥有群山、怪石、瀑布等典型的原生态地貌与自然景观,为生态观光和探险等主题的旅游开发提供了条件。竹子、松树等植被资源丰富,为建造材料提供了稳定来源(图6-17)。

图6-17　郑家山村的自然地理环境

(来源:谭刚毅提供)

②文化资源。郑家山村以农耕文化为主题,定期开展割稻等体验式农作活动。

此外,村落中还有多处传统建筑、石桥及小型庙宇等有形的文化资源。

③社会调查。对郑家山村 31 户村民进行入户调查,其中家庭规模为 7 人及以上的有 4 户,4~6 人的有 21 户,3 人及以下的有 6 户。郑家山村"空心化"和老龄化现象较为严重,留守乡村的多为空巢老人,以务农为基本生活保障。多数年轻人外出务工或迁居镇上。

④建筑风貌。郑家山村共有村民住房 42 间,空置住房 24 间,废弃住房 10 间;有猪圈、牛棚共 41 处,厕所 35 处,小型庙宇 3 处(图 6-18)。村民住房多为 1~2 层的砖混结构建筑,而传统民居则为坡屋顶建筑,以当地的砖、石、瓦、木为主要建材(图 6-19)。

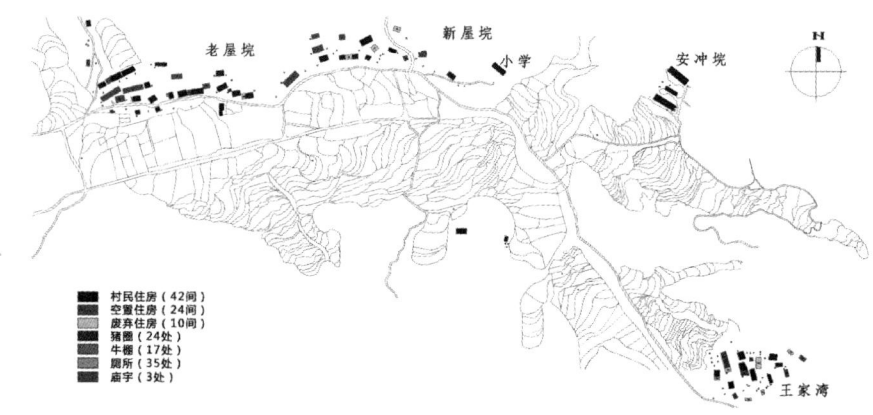

图 6-18　郑家山村总平面图

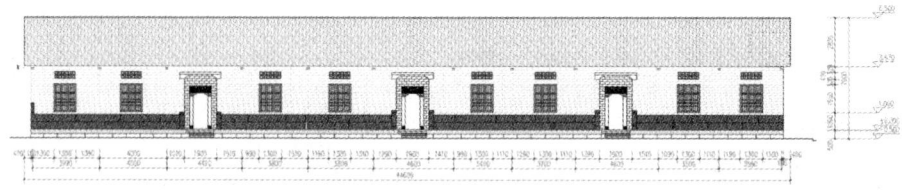

图 6-19　郑家山村典型民居立面图

(来源:华中科技大学民族建筑研究中心提供)

(4)乡村经营阶段

①自然农业发展。郑家山村在能人的引导下开展自然耕种,在稻田中种植紫云英作为自然肥料,当其成熟并腐烂之后可以有效提升土壤肥力。由于不使用农药,田间的青蛙、白鹭随之增多,通过生物链机制,以原始办法减少了虫害。耕种选

用当地流传下来的老种子,体现了自然农业的特色和理念。与此同时,当地依托"互联网+"拓展销售和宣传渠道,开展生态农业众筹,为农业产业发展提供资金保障,进而带动乡村在食、住、游等相关产业的发展。

②村民主体参与。自然农业以村民主体参与为重点。村民通过分享长期积累的地方认知和耕种经验,与能人和专业设计人员建立协作关系,这个过程也促进了村民主体意识和认同感的建立。返乡大学生参与乡村生产、运营和建造。

(5)乡村建造阶段

谦益农场虚心谷是郑家山村的公共活动场所,由一所废弃小学的教学楼改建而成,改造后以自然教育和旅游民宿为主要功能。原有建筑空间关系简明,场地及周边环境特征突出,因此,将建筑纳入场所,将场所变为风景,成为设计建造的出发点。建造过程注重当地村民的参与,并采用就地取材和减少建筑能耗的方式,让建筑形态自然化。

①适度设计。主楼的改造尊重原有体量和格局,结合对造价的考量,选择当地盛产的竹作为建筑材料,将其作为结构构件、栏杆及建筑外表皮的装饰,起伏有序的排列方式为方正的建筑添加了曲线元素,空间形态与环境相互适应。此外,内院加建了半圆形竹厅、竹构讲坛等活动空间(图6-20)。

②适宜材料。竹具有成材周期短和低碳环保的特点,而捆绑式原竹结构又能快速建造和拆除,因此选择当地的毛竹、石材等作为营建的主要材料。竹具有"中空"的特点及良好的物理热工性能,可作为围护结构,如用于外墙、厕所窗户等,也可将竹劈成两半,正反相扣用于建筑屋顶,呈现出瓦垄、瓦沟等传统建筑意象。无论是竹表皮,还是竹厅、竹廊、竹篱,都能加强原有建筑与加建空间的联系。

③适宜技术。尽管郑家山村竹资源丰富,但当地村民很少将竹作为建材。因此,设计团队需要提供外来技术方法,如竹筒切割灌浆、钢筋固定、喉箍等。竹厅的建造结合"呼吸表皮"的理念,采用内外双层围护结构的做法促进空气流通,内墙半米以上位置采用阳光板,下端用钢丝网围合,并将结构固定在36根直径为80毫米的竹柱上。屋面则由正反相扣的半竹和阳光板构成,兼具防水和隔热的功能。此外,可调节开合的木制坐凳可促进室内空气的循环流通(图6-21)。

④在地建造。著者所在项目组成员、谦益农场成员和当地村民共同参与在地建造。首先,设计建造竹浴亭,通过螺栓拉结竹框架,将防水彩条布用作围护结构和顶棚(图6-22、图6-23)。其次,建造"竹牵牛花",并将其设置在田间地头的平坝处,作为村民劳作之余的休憩空间。其建造过程包括取材、搬运竹材、初步加工、钻

孔、螺栓固定、制作箍圈、固定箍圈、分篾、编织、制作竹风铃、悬挂竹风铃、搬运至场地、插入木桩固定等（图6-24～图6-27）。

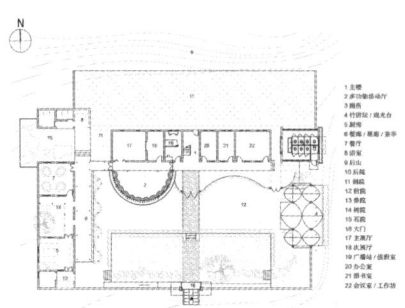

图6-20 谦益农场虚心谷首层平面图

（来源：华中科技大学民族建筑研究中心提供）

图6-21 竹厅内可调节开合的木制坐凳

（来源：华中科技大学民族建筑研究中心提供）

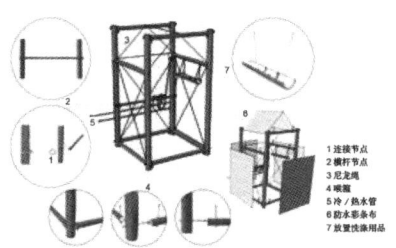

图6-22 竹浴亭构造示意图

（来源：谭刚毅提供）

图6-23 建成后的竹浴亭

图6-24 竹材初步加工

图6-25 固定箍圈

图 6-26 "竹牵牛花"编织　　　　　　图 6-27 "竹牵牛花"建造完成

6.3.3.3　谦益农场营建的实施情况

谦益农场在营建初期，通过能人的发起和设计团队的介入，逐步建立了能人、村民、专业设计人员、政府、村集体、返乡大学生等多元主体之间的协作关系。然而各主体仍然存在不同的价值取向和诉求，能人和村民希望通过营建获得经济收益，政府希望打造品牌和发展乡村旅游，村集体希望借此获得更多资金投入。在乡村调查阶段，对自然资源和农耕文化进行挖掘，开展传统建筑的调查和测绘，为乡村后续发展收集资料。在乡村经营阶段，生态农业成为村落的品牌和特色，并推动了乡村旅游业的发展。村民在参与农业生产的过程中，逐渐建立了对地方的认同感。在乡村建造阶段，生态环境的修复与保护、空间形态与自然环境的适应及自然建造等做法得到应用和验证，但这些设计和建造主要围绕能人的需求开展，缺少对村民利益和住宅改造的关注，同时，生态农业的发展也未能带动乡村其他公共设施的建设。

具体而言，谦益农场在产业经营方面，采用"互联网＋农业"的方式，建立网络平台，通过网络销售的方式获得更大市场。在村民参与方面，村民通过参与农业生产获得报酬，其主体性未能得到充分体现。在空间建造方面，专业设计人员引导村民共同参与农场虚心谷的建造，但未涉及村民住宅和乡村公共服务设施的建设（图6-28、图6-29）。

图 6-28　虚心谷建成实景

（来源：谭刚毅提供）

图 6-29　虚心谷内院

（来源：谭刚毅提供）

6.3.4　湖北省鄂州市梁子湖区涂家垴镇熊易村熊万隆湾

6.3.4.1　村落及其营建概述

熊易村是湖北省鄂州市梁子湖区涂家垴镇的一个行政村，而熊万隆湾则是熊易村的村委会所在地。熊易村丘陵地带，属亚热带季风气候，拥有良好的自然和人文环境。2015 年，熊万隆湾基于专家引导村民主体参与的激活与复兴模式组建设计团队，并引导当地村民共同参与营建，通过乡村公共空间和住宅的建造，促进村民之间的交往和乡村居住环境的改善，进而带动乡村产业、文化等方面的发展。

6.3.4.2　营建的目标与内容

（1）营建定位

熊万隆湾的营建定位可分为两部分。在乡村经营方面，强调新型农业与旅游业、文化创意产业的相互融合，建立农业旅游产业链；在乡村建造方面，结合简单质朴的建筑元素，凸显地方建筑风貌。其营建主要包括以下方面（图 6-30）。

①稻香驿站。稻田景观赏玩区围绕主题稻田画、秋季草垛艺术展、稻田露营体验三种功能，将现代艺术融入乡村聚落。

②乡村记忆。乡村文化体验区以乡村记忆馆为核心，围绕乡村民俗和历史名人等主题，将乡村记忆和文化体验打造成村落的特色内容。

③树林艺趣。树林童趣休闲区以树屋为主题，以度假树屋和昆虫主题的儿童设施为重点，让儿童在体验乡村农趣的同时获得生态教育。

（2）营建共同体建立阶段

熊万隆湾的营建主体包括专家（建筑师、规划师）、村民、村集体、政府等。其

246

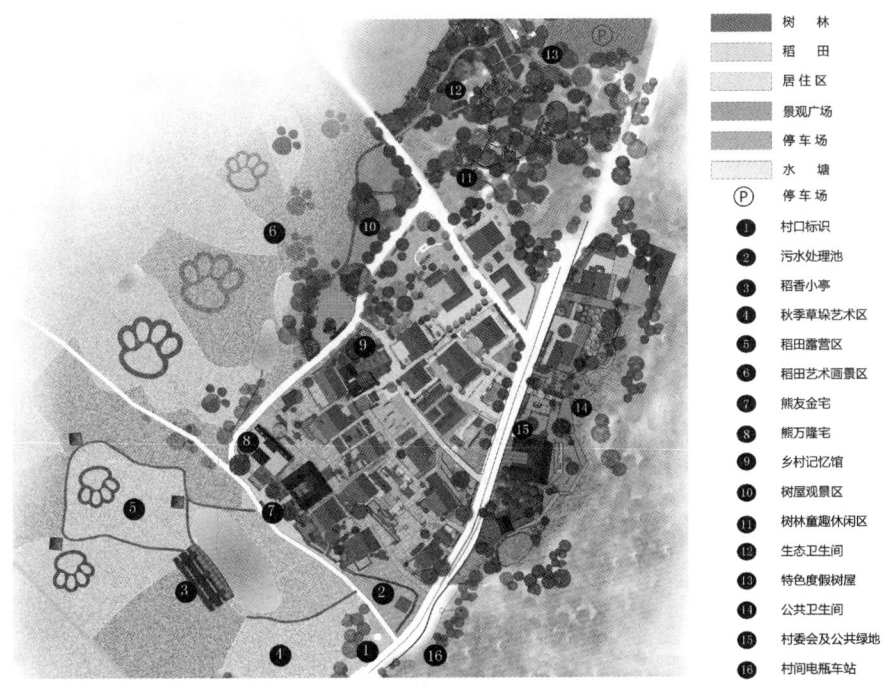

图例：
树 林
稻 田
居住区
景观广场
停车场
水 塘
Ⓟ 停车场
❶ 村口标识
❷ 污水处理池
❸ 稻香小亭
❹ 秋季草垛艺术区
❺ 稻田露营区
❻ 稻田艺术画景区
❼ 熊友金宅
❽ 熊万隆宅
❾ 乡村记忆馆
❿ 树屋观景区
⓫ 树林童趣休闲区
⓬ 生态卫生间
⓭ 特色度假树屋
⓮ 公共卫生间
⓯ 村委会及公共绿地
⓰ 村间电瓶车站

图 6-30 熊万隆湾规划总平面图

（来源：华中科技大学民族建筑研究中心提供）

中，专家发挥组织和引导的作用，深入挖掘村落资源，组织各方参与营建活动，引导村民关注村落公共事务，并提供规划设计方案与建造技术指导。村集体在营建资金、人力、资源上支持专家，建立各主体之间交流沟通的机制，并对村落营建的各类信息进行整理和公开。政府推行美丽乡村及宜居乡村建设的相关政策，并提供一定的专项资金支持。村民参与营建并承担部分空间建造的费用。

（3）乡村调研阶段

①自然资源。村落周边为大面积的林地和稻田，田地之中散布着多个小型水塘，具备水产养殖的条件。农业资源丰富，生产荞麦、油桃、莲藕等农产品。林业资源有紫玉兰、金丝楠、高杆红叶石楠、海棠等特色植被。矿产资源主要有磁铁矿、白钨矿、铝矿、白云母矿等。

②文化资源。熊万隆湾拥有丰富的地方民俗，还有抗倭名将熊桴等众多历史人物，对其进行文化与历史元素的挖掘可获取村落的文化旅游资源。

③建筑风貌。熊万隆湾最具代表性的建筑风貌元素包括三合院空间、清水砖

墙、块石墙基、小青瓦等。

（4）乡村经营阶段

①地方特色产业发展。村落以体验式农业、观光农业结合乡村旅游产业为特色产业发展方向。充分发挥村落稻田的资源优势和乡土景观特质，以稻田为文化和艺术创作的载体，进而推动特色产业的发展。一方面，绘制文化主题的稻田画；另一方面，制作务农的稻草人，并将其布置于稻田中，生动地反映农业生产活动。此外，在农田里举办扎稻草人活动，在这个过程中村民与其他主体的互动关系逐步建立。

②地方文化传承延续。乡土建筑是承载乡村文化和记忆的容器。乡村记忆馆由一幢传统乡土瓦房改造而成，成为展示村落历史、民俗与文化的窗口，包括室外景观活动区、休闲艺术茶室、文化广场活动区等功能区（图6-31）。乡村记忆馆所开展的活动包括农耕农具展示、民俗展示、植物编织、针线刺绣、名人事迹讲述与老物件展示等，是对乡村记忆文化符号的保护，也是对村民精神家园的重建。村民从中受到教育和激励，从而建立了对乡村文化的认同感。

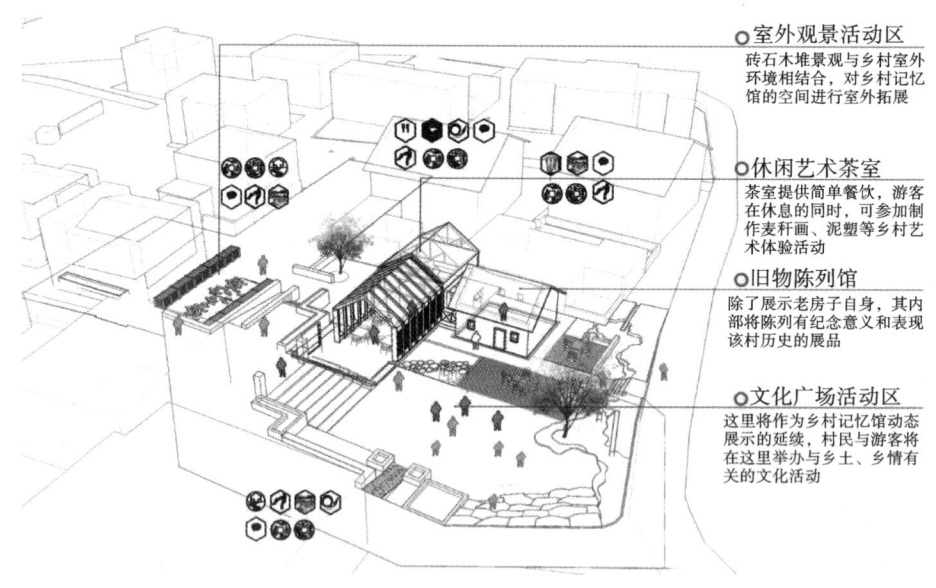

○室外观景活动区
砖石木堆景观与乡村室外环境相结合，对乡村记忆馆的空间进行室外拓展

○休闲艺术茶室
茶室提供简单餐饮，游客在休息的同时，可参加制作麦秆画、泥塑等乡村艺术体验活动

○旧物陈列馆
除了展示老房子自身，其内部将陈列有纪念意义和表现该村历史的展品

○文化广场活动区
这里将作为乡村记忆馆动态展示的延续，村民与游客将在这里举办与乡土、乡情有关的文化活动

图6-31　乡村记忆馆功能分区示意图
（来源：华中科技大学民族建筑研究中心提供）

③认同感与归属感的建立。树屋采用模数化的板块搭接方式，在围护结构中加入乡土元素"竹筛"，使整体结构既稳定又美观。开办生态教育农园进行生态教育和自然创作，让儿童在乡村体验的过程中学习大自然的知识，由村民参与指导昆

虫认知、植物识别、禽畜认知、果蔬识别、木工制作、稻草人绑扎、创意刺绣等，在与游客的互动中，村民的认同感得到增强。

（5）乡村建造阶段

①生态保护与景观营造。对稻谷秸秆进行创意设计，使之兼具使用和景观功能，也减少了焚烧秸秆的现象，有利于保护生态环境。在村落主要道路两侧设置景观带，结合路口、村委会等空间营造景观节点。

②在地性营造。乡村记忆馆是熊万隆湾重要的公共建筑，由 A 楼、B 楼、加建门廊、加建连廊四部分构成（图 6-32）。B 楼保留原始土坯房，是历史记忆和地方建筑的真实还原，A 楼由另一幢民居改造而成，对其抬高屋架、加设门廊，作为茶室和活动室使用。A 楼和 B 楼之间用玻璃连廊连接，以此增强建筑的现代感和通透性。乡村记忆馆的建造一方面延续了土坯砖墙、块石墙基、镂空砌筑青砖墙、杉木屋架、传统木门等地方建筑元素，另一方面运用了竹木胶合板、阳光板、双层中空玻璃、铝合金窗框、轻钢梁等外来建筑元素。建筑结合室外广场为村民提供了交往活动的空间，使村民在参与文化活动和建造的过程中获得场所感（图 6-33）。

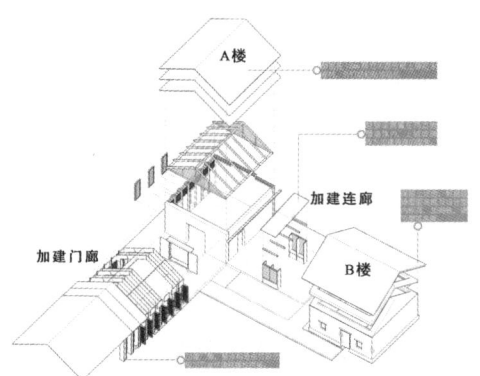

图 6-32　乡村记忆馆分解建造示意图

（来源：华中科技大学民族建筑研究中心提供）

图 6-33　乡村记忆馆建造完成

（来源：谭刚毅提供）

景观长廊是田间水边休憩的重要场所，采用不同尺度的三角框架为基本骨架，使长廊的整体轮廓呈一条自然的曲线。主体结构由竹胶合板和金属连接件搭建，地垄部分采用石材支撑三角框架，以减少基础中金属连接件的使用，同时，砖基础竹制条凳有平衡三角板纵向受力的作用（图 6-34）。

6.3.4.3　熊万隆湾营建的实施情况

熊万隆湾的营建过程主要体现了专家、村民和村集体三方主体的协力共建。专家的作用不仅体现在空间的设计和建造方面，还体现在对产业发展方向的指导

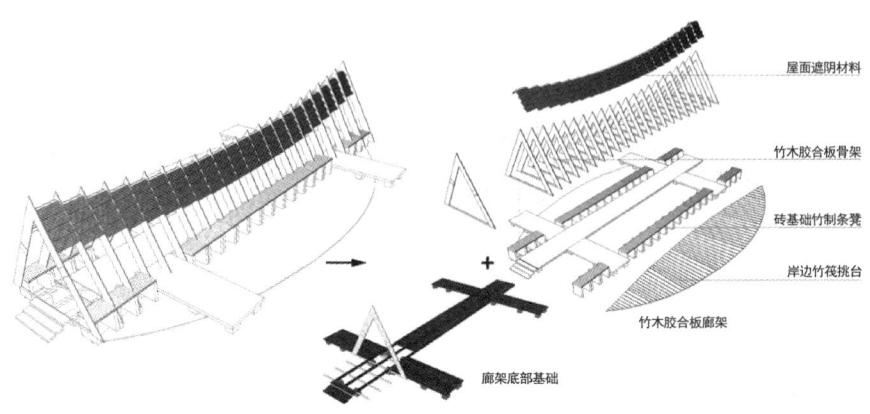

图 6-34　景观长廊分解建造示意图

（来源：华中科技大学民族建筑研究中心提供）

方面。村民参与公共空间的建造，但力度和广泛性不足，尤其是其主体性不足。专家引导开展了自然资源、历史文化资源和乡土建筑的保护利用，适宜模式中关于乡村调查阶段的部分做法得到验证，然而针对历史文化资源的挖掘有所不足。在乡村经营阶段，当地注重乡村产业、文化、生态和空间的相互融合，建立了产业运营机制和建筑建造的标准，通过专家对村落空间的改造，推动了农业旅游产业链的发展，然而因资源约束及周边村落的同质化竞争，未能形成地方优势产业。公共空间的设置为文化活动的开展提供了场所，但对传统文化的延续及村民归属感的建立存在不足。同时，乡村记忆馆的建造使在地性营造和场所精神回归等做法得到验证。

　　具体而言，在公共空间方面，乡村记忆馆的营建遵循了循环使用的生态理念，采用低技术、适应性的建造方式，空间布置灵活多变。其建成后不仅具有社交、休闲、民俗记忆体验、会议展示交流等多种功能，还能引导村民进行创造性使用及活动策划。在居住空间方面，对村民住宅进行了选择性的重点改造，1 号楼熊友金宅采用传统三合院的空间组合方式，在风格上提倡简朴自然，以木材、竹材、石材等地方建材为主，并通过木板、清水砖墙、灰瓦坡屋顶、地方传统门窗等传统建筑元素营造出具有荆楚特色的民居建筑。2 号楼熊万隆宅位于道路转角处，以强化建筑视觉标志性为设计导向，将前后院划分为动与静的院落空间，并在屋顶平台加建屋架以获得丰富的建筑轮廓、良好的观景视线和休憩空间。清水砖、木门、竹格栅、花窗的组合运用，使之兼具地方性和现代性。4 号楼位于村口，以外挂竹材为建筑表皮，弱化原建筑的瓷砖贴面。加建清水砖墙并围合成小型半开敞院落，提高了空间的私密性，并阻隔了道路对建筑的影响。5 号楼采用当地砖石砌筑矮墙，结合不锈钢栏杆等进行立面改造。6 号楼增设了披檐和门头等传统建筑元素（图 6-35）。

图 6-35　村民住宅改造后实景

6.4　模式调适的可持续性整体策略

通过实证研究发现,适宜模式在实际应用和操作过程中存在诸多待改进之处,比如营建主体的意识和价值观不一致、对地方文化的挖掘和传承不足、空间形态未能与生态环境相适应、特色产业发展不力,以及对村民参与及其需求和收益关注不够等,这些使乡建过程难以形成良性循环。因此,需要建立一系列模式调适的可持续性策略,分别对应营建主体、社会文化、自然地理、产业经济、环境景观和空间形态要素,从乡村聚落营建的整体层面对模式进行调适。

6.4.1　构建上下结合与内外协作的乡村营建主体

乡村聚落营建体现了多方社会力量的共同作用和不同角色的定位。政府提供资源、政策、资金支持并进行制度建设;企业、NGO、能人等推动乡村经济和产业发展;建筑师等专家提供技术支持与服务;村集体配合各方主体,发挥组织和协调作用;村民积极参与,并提出生活改善的内在需求。乡村聚落营建在本质上是自下而上历经长期演化与村民们达成共识的结果。"自下而上"强调村民从个体到集体的推动力,以满足乡村生产生活的真实需求为营建方向。而"自上而下"强调政府通过乡村规划设计进行营建的统筹管理。

社区营造可以认为是居民自发参与并全方位进行社区的经营和管理,以及建立社区文化风貌的过程。它与政府支持引导、专家持续关注、民众积极参与有着重要关联[①]。在这种视野之下,乡村聚落营建不仅要合理利用内源力量,强调村民、在地组织或团体自下而上的推动,同时还要合理借助乡村外部力量。

---

① 赵容慧,曾辉,卓想.艺术介入策略下的新农村社区营造——台湾台南市土沟社区的营造[J].规划师,2016,32(2):109-115.

因此,乡村聚落营建需要改变过去专家主导规划设计或政府主导营建过程的传统模式,建构自上而下与自下而上相结合、内源力量和外部力量相协作的营建共同体,让自上而下的政府推动及统筹规划结合自下而上的村民自发性建造,发挥互补互惠的作用。作为乡村集体利益代表的村集体,应着重协调政府、村民、专家等主体之间的关系,搭建沟通平台,使村民、村集体、政府、专家等主体之间逐渐形成多方协作关系。构建村民主体参与的营建共同体是乡村振兴的关键,基于共同体的意识和视角可以持续激活乡村的经济、文化与生活。

6.4.2　寻求地方特色的文化传承之道

文化营造是乡村社会发展的重要内容,强调对文脉与精神的重塑。村民是乡村社会文化的主体,而聚落空间中蕴含着村民最真实的生活情感,乡村文化营造实际上是在村民与乡村社会不断交流互动中完成的。乡村地方文化的发展不仅要"继往"还要"开来",文化传承应该有多种途径。首先将乡村中日渐式微的物质文化形态及非物质文化形态采集记录下来,建立资料数据库;其次通过展示、研讨及出版物的形式传播,并探索一套行之有效的地方文化传承方法论及模型体系;最后反馈给乡村。对历史背景、传统生活用品、民俗文化物品、家族家谱等乡村记忆载体的内涵进行挖掘与梳理,让参与其中的村民认知乡村文化的价值和力量,恢复原有的集体认同感或建立新的认同体系,从而恢复乡村文化的"造血"功能。因此,文化传承之道的关键在于"践行"。

6.4.3　塑造与人共生的自然生态环境

高品质的环境给人以归属感,能够找回村民与自然之间的依存关系。乡村聚落营建首先要选址择地,挖掘和利用自然环境提供的物质资源,以此满足乡村生产生活的需求。同时,村民的行为活动和聚落空间又受到环境的制约。自然生态环境赋予村落天然的空间特质,给出了村民在营建中对自然最质朴的回应,也承载着乡村的生产生活。人地共生的营建观念产生于依托农耕文明的传统聚落,人们在长期对环境的认知与改造实践中,探寻出一种与自然和谐共生的乡村营建方式,其中蕴含了环境的意义及营建的哲学,然而在大量追求效率和利益的营建行为中,生态环境的系统平衡被打破。乡村空间是村民活动的物质载体,与人共生强调乡村聚落空间形态与自然环境的有机结合。空间的建造与演变是适应环境的结果,体现了新时代背景下朴素自然观念的回归。对自然环境进行修复和保育,让可再生的生态系统在乡建中发挥巨大生命力,成为乡村聚落营建的重要目标。

6.4.4　制定渐进持续的产业发展计划

地方产业是乡村营建的动力来源之一，其发展是长期且持续的过程。新型产业的出现和兴盛须具备多种条件，因此要制定渐进式的引导机制。在这个过程中，政府部门应发挥引导、监管和服务的作用，而不是直接参与产业发展。渐进持续的产业发展计划能够恢复地方产业支撑就业和供养人口的功能，凸显村落空间与产业发展的联动关系，建立产居一体化的乡村聚落。与此同时，产业结构的调整对乡村营建的推动也具有重要作用。随着信息技术和互联网不断深入乡村，乡村产业的发展方向正在改变，乡村旅游等成为发展"关键词"，多产业融合将成为乡村产业发展的重要内容，以农业为基本依托，并结合生态、文化、旅游等元素，将农业生产、农产品加工和销售、餐饮、休闲及其他服务业进行有机整合与关联协同，最终实现乡村经济的可持续发展和村民收入的增加。

6.4.5　建立适度整合的乡村景观系统

乡村景观是承载村民价值认知和精神寄托的物质，它的适度营造能够促进场所精神的回归，实现地域性的塑造和增强村民的地方认同感。然而，以往乡村景观的营建存在内容片面、过程快速、格局主观等问题，缺乏对主体需求的掌握，也缺乏对工匠技术资源的整合，导致乡村景观营建出现以下几种偏向。其一，偏重视觉表现的景观营建，乡村景观成为形象工程的代名词，忽视了其地方特质和乡土特征；其二，偏重经济发展的景观营建，将乡村景观作为一种旅游产品进行开发，以提高经济收入和扩大旅游市场为导向，忽视了生态环境保护和村落发展；其三，偏重文化保护的景观营建，聚焦单体建筑和聚落群体的文化价值等，与其他要素的结合较少；其四，未将产业纳入景观系统进行整体思考，未将乡村经济、环境、文化与村民认同感进行关联与共融。可见，上述偏向忽略了乡村景观营建在内容和方法上的系统性，需要对各要素进行适度整合，从而实现生产、生活、生态功能的系统联动发展。适度整合、发挥合力将成为乡村景观系统可持续发展的重要途径。

6.4.6　融合统筹管理与自主调适的空间营造

统筹管理强调一种全局视野，从宏观上强调营建活动的整体性和可持续性，并将其限定在可控制的范围，在自组织框架下对聚落空间形态进行统一规划与整体把控，对地方的建筑元素、秩序、风貌进行专业整理，从而使村落风貌完整协调。同时,统筹管理有助于将乡村营建主体、自然地理、产业经济、社会文化、环境景观等要素与空间形态要素进行融合,为各要素的营建明确实施和发展框架。在空间风貌营造上,统筹管理通过引导和示范的组织方式,实现从建筑单体到街巷院落再到聚落风貌的逐级引导和控制。然而,由于不同的家庭规模和经济状况,村民自主进行住宅的改建和加建成为较普遍的现象。将村落空间视为有机生长的生命体,对系统内部要素进行适度调适是乡村聚落营建可持续性的体现,能够引导村落空间朝更具活力的方向发展。统筹管理为村落空间提供了有序的营建框架,而自主调适则以一种灵活的营建方式,将满足村民生产和生活需求的功能性空间要素纳入实施范畴,最终以综合的方式使乡村聚落营建达到相对理想的状态。

6.5 模式调适的适宜性空间策略

6.5.1 宏观层面:聚落空间布局

6.5.1.1 自主营建,协力建造

自主营建模式是乡村聚落和乡土建筑得以形成和延续的重要途径,这种模式存在固有优势。第一,自主营建依赖乡村中富余的劳动力进行,使用者和建造者的统一或信任关系使建造者成为营建过程中的主角,从而能够控制建造成本,让利益最大化。第二,就地取材,建筑材料源于本地,不需要在外地加工,减少了运输转换的过程,并可以充分利用农、林、牧、渔、手工和建造各领域的物质循环和转化,形成绿色循环体系。第三,在自主营建和协力建造的过程中,乡村聚落的自我"造血"功能能得到提升,村民的契约意识和法理意识得到增强,在此基础上形成的村民互助及与外来力量的协力合作能成为乡村经济发展的内力[1]。这与"协力造屋"的开放体系及常民建筑所倡导的"开放系统、适用技术、简化构法、居民参与"不谋而合。协力建造是村民自行组织建造,以低于市场价的成本完成住宅建造(图6-36)。在这一过程中,设备和建构方法逐渐简化,让非专业人员能够参与建造,建造所需的劳动力以"工"为单位,并以互换的方式完成。协力互助的建造方式让村民深度参与,逐步建立共同意识与主体性。开放系统使建造与传统技艺、地域特征相结合,自然而然地产生多样化的建筑文化内涵[2]。

① 王冬.乡土建筑的自我建造及其相关思考[J].新建筑,2008(4):12-19.

② 聂晨."协力造屋"——农房重建模式与技术——台湾建筑师谢英俊及乡村建筑工作室农房设计与建设[J].建设科技,2009(9):56-58.

图 6-36 四川省阿坝州茂县杨柳村村民协力建造
（来源：网络①）

6.5.1.2 因地制宜，最小干预

因地制宜强调与现有场地的资源环境和自然风貌相结合的建造方式，因地制宜的原则可运用于村落布局、空间组织、建筑建造、景观营造等方面，具体包括顺应原有地形地势进行聚落空间布局（图6-37）、适应当地地理气候特征进行空间形态的建构、充分发挥地方材料的特性进行适宜营建方式的选择等，从而获得空间与环境的有机融合。例如，在山地丘陵地区构筑台地来协调建筑与山体的关系；在多雨地区采取架空结构，让建筑更好的通风防潮。此外，对村落的既有空间和元素进行提炼塑造，挖掘场所记忆；尊重原有地形和建筑特征，对保存较好的建筑元素及地域特色空间做最小干预，既能提高经济性，又能保证整体风貌的协调。

图 6-37 湖北省十堰市郧阳区柳陂镇刘家桥村规划总平面图

6.5.1.3 格局延续，意象还原

乡村聚落格局是长期不断完善的结果，包括对自然环境的回应、文化习俗的融入、生活情感的承载，蕴含着丰富的历史信息和地方文脉。当前乡村营建中撤村并点的做法导致大量小规模的村落逐渐消失，同时在村民追求利益平等的观念下，呈现出整齐划一的"兵营"式村落格局，导致建筑缺乏个性特征和可识别性，对空间深

---

① 资料来源：https://www.zhulong.com/bbs/d/10041675.html。

层次的需求往往被忽略。为了解决这些问题,在营建中延续村落原有的肌理和空间格局,并采用更新与插建的方式,有助于对零散土地集约化利用,呈现乡村原有的意象和风貌。在村落整体风貌协调的状态下,空间的地方性、叙事性等意象特征表达更加生动自然。

6.5.2 中观层面:街巷空间与公共空间营造

6.5.2.1 小微式与渐进式的建造

既往大刀阔斧式的大拆大建不符合乡村普遍的实际状况,是对建造多样性和时段性的忽略,因此在乡村空间建造中应选择恰当的方式和适宜的规模,尤其是社会经济发展较弱的村落更应如此。小微式与渐进式的建造能够与当地社会经济、乡土资源和地方技艺实现最大结合(图 6-38),既能保持乡村的多样性,又能让村民的自建和参与成为现实。渐进式建造具有可操作性,每个步骤都能在施工现场对建造过程做出直接、低成本、高效的调适。乡村聚落保持着与自然环境的紧密关系,也蕴藏着传统文化和建筑信息,小微式与渐进式的建造能与自然环境保持适应关系,有助于村落的有机更新,以及与营建资金的有效对接。

图 6-38　河南省信阳市新县西河粮油博物馆

6.5.2.2 邻里重塑,尺度界定

乡村聚落以血缘关系和熟人社会为基础,邻里关系在互助和交往中产生,村民之间相互串门、聊家常、农事交流是乡村日常生活的重要组成部分。邻里重塑强调对邻里单元和交往空间的合理布局。交往空间为村民提供了聚集和交流的场所,是生活空间的延展。街巷空间是村落的交通空间,也是村落格局的支撑骨架,由两侧的建筑所界定。对不同形态和类型的街巷空间进行尺度界定能让村民获得一种积极的空间氛围感受。因此,多样化的公共空间和人性化的街巷尺度成为乡村空

间宜居性的集中体现。

6.5.2.3 原型再生,场所营造

拉普卜特在《宅形与文化》中提出乡土建筑的建造是"模型＋调整"的过程。当代乡村聚落在乡村文化和环境共同作用下产生了建筑形制、形态和功能三个方面的特征。原型再生强调对空间结构真实性的还原、空间形态可塑性的延续及营建技艺地域性的再现。原型再生不是对传统乡土建筑符号和模式的固守,而是结合时代背景、地域环境和村民生活状态,融入与之相适应的新元素和新形式。这种策略体现在乡村居住空间、公共空间或文化建筑的营造上。例如湖北省鄂州市万秀村书吧的设计,在形态上融合了适应当地气候的传统民居坡屋顶和树叶的意象,采用竹子、杉木及新型的竹木胶合板等低碳环保材料,在建构形式上真实反映结构和材料等元素的内在逻辑,将传统民居木结构体系与参数化设计相结合,最终实现原型再生(图6-39)。与公共空间紧密关联的是场所营造,一方面通过处理公共空间与建筑形体、景观的关系,营造良好的空间环境;另一方面综合考量空间环境的社会文化价值和使用功能,激发空间的活力和场所感,促进村民开展公共活动(图6-40)。

图 6-39　湖北省鄂州市万秀村书吧

图 6-40　湖北省鄂州市万秀村公共空间

6.5.3　微观层面:宅院空间建造

6.5.3.1 院落回归,空间重构

院落是传统乡村居住空间的典型形态,具有丰富的生活信息,也是乡村文化的载体和符号。随着乡村生活的变迁与发展,原有院落空间的规模和功能难以满足当代乡村生活的实际需求,经过村民自主拆除和加建后,院落的空间组合关系被瓦解甚至不复存在。院落回归是指空间模式、生活形态、人文精神的回归,通过空间和功能的重新组织、乡村生活场景的还原、院落精神内涵的提炼,实现院落空间的

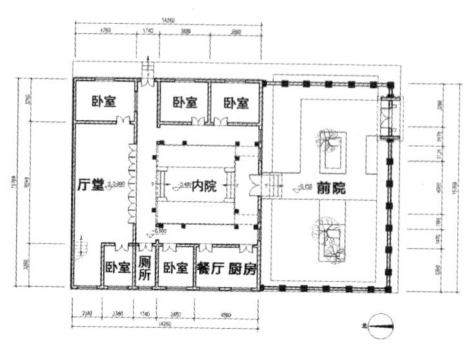

图 6-41　熊万隆湾 1 号楼院落空间布局
（来源：华中科技大学民族建筑研究中心提供）

重构（图 6-41）。具体而言，前院作为主要入户空间，应留有足够的空间，以此强化住宅的私密性和领域感，在功能上可作为生产劳作、邻里交流、晾晒、搁置农具和停放车辆的场所。内院作为院落空间的核心部分，具有"藏风聚气"和改善居住空间采光通风条件的功能，是含蓄内敛意境的体现，也是家庭生活和交往的重要场所[①]。根据生活需要，可增设具有辅助功能的后院。

6.5.3.2　建构兼具时代性与地域性的空间形态

在乡村聚落空间形态的建构中，应注重地域特征元素与乡村生活诉求的结合。空间形态的地域性是为了应对乡建中盲目模仿、异地样式、批量生产等现象，而时代性则是为了反映当代乡村日常生活的真实性。因此，建构"此时此地"的空间形态既是时代发展需求的体现，也是地方建筑文化的反映。一方面，应从地方传统建筑中提炼实用性元素，如对院落空间格局、门楼、坡屋顶、阁楼空间、山墙、天井空间、墀头、叠涩等元素进行现代演绎，并针对每一种元素的材质、色彩、尺度、比例、细部处理等进行把控（图 6-42）；另一方面，应结合现代乡村生活模式进行空间与功能的重新组合，将客厅、餐厅、厨房一体化设计，增设车库、露台、书房、活动室等功能空间。此外，在传统特色形态中融入不锈钢栏杆、玻璃顶棚等现代元素，既符合村民的审美习惯，又能满足乡村生活的实用性要求（图 6-43）。时代性与地域性并非一种空间形态普适性的建构策略，而是强调创造性地选择适宜方式来解决当下当地的营建问题。

图 6-42　湖北省十堰市郧阳区柳陂镇
刘家桥村居住空间形态

图 6-43　湖北省荆州市江陵县熊河镇
荆干村居住空间形态

---

① 谢超.基于时代性与地方性的乡村居住空间形态及营建策略探讨——以湖北三个乡村的营建为例[J].南方建筑,2017(4):86-91.

6.5.3.3 就地取材，因材施建

就地取材，因材施建是基于乡村的特点选择合适的材料与适宜的技术，并有效控制建造成本。地方建材具有经济、环保和加工便捷等优势。村民通常选择就地取材的方式，并根据材料特性将其运用于建筑的不同部位。例如，传统建筑的墙基采用砖石材料，墙身采用夯土或土坯，屋顶和檐部则采用木材和砖瓦（图6-44）。土、木、竹、砖、瓦、石都是乡村最为普遍且各具特点的建筑材料。生土具有良好的热工性能，还具有取材加工方便、成本低廉、可循环使用等优点，属于一种生态环保型建筑材料。夯土墙的蓄热性能较好，用作围护结构能降低能耗，实现空间"冬暖夏凉"的生态效果。随着社会各界对环境和能耗问题的关注，生土材料和夯土技术逐渐得到推广。安吉泥土建筑研究中心的任卫中先生多年来从事泥土性能、夯土技术和生态建筑的实践研究，其主持建造的生态屋是泥土作为优良建筑材料的最佳诠释（图6-45）。竹材盛产于南方山区，具有成材周期短、成本低、韧性高和抗震性强等特点，是一种可持续性的建造材料[①]。民间延续的"宁可食无肉，不可居无竹"的居住观，使竹材具备了物理特性之外的文化属性。木材易加工，可用作结构构件和装饰材料，在乡村建造中需要有度有序地利用。砖石材料的组合和砌筑方式因时代与地域差异而呈现出不同特点，如应对灾区重建的"再生砖"是以废墟材料为骨料，掺加麦秸作纤维，加入水泥、砂等材料制成的轻质砌块。木材和砖石是常用的建造材料，两者组合可以确保建筑的稳固和安全，砖石围护结构具有一定的防风、防火、防涝性能。

6.5.3.4 低技建造，高精品质

乡村聚落营建中存在场地、材料、技术、经济等现实问题，建筑师应秉持可持续的态度和立场，以一种低技建造的策略进行回应。从广义的角度来说，应带有社会性的思考，立足于节约资源、生态循环及村民意识建立。从狭义的角度来说，应对材料进行技术层面的综合考量，一方面，建造材料以简单易得、低成本、适应当地气候的地方材料为主；另一方面，建造技艺以简单实用的地方技艺为基础，结合适宜的构造技术进行创新（图6-46）。这种对建筑高精品质的追求是建筑师的用心营造与工艺的质朴呈现共同作用的结果[②]。

---

① 李慧，张玉坤.生态建筑材料竹子浅析[J].建筑科学，2007(8):20-26,31.
② 张男.关于"低技"的实践与思考[J].建筑技艺，2015(8):48-51.

图 6-44　湖北省鄂州市熊万隆湾　　图 6-45　浙江省安吉县剑山　　图 6-46　浙江省杭州市
　　　　　乡村记忆馆 B 楼外墙面　　　　　　　村生态屋一号屋　　　　　　　　文村村民住宅

6.6　本 章 小 结

　　本章首先建立乡村聚落营建模式的实施与建构原则,并结合第 5 章所归纳的长江中下游乡村聚落营建典型模式和关键要素进行适宜模式的建构。适宜模式的建构是以营建目标为导向来探寻不同营建阶段的主要做法,根据参与——村民意识提升、认同——村民素质提升、乐业——村民收入提升、安居——村居环境改善4 个目标,将乡村营建划分为营建共同体建立、乡村调查、乡村经营、乡村建造 4 个阶段。针对不同模式的各个阶段,分别从社区营造理念及调研案例的经验总结中探寻乡村聚落营建在整体层面和空间层面的主要做法。其次结合乡村营建的项目实践案例,对所建构的 3 种适宜模式进行实证研究。最后提出模式调适的可持续性整体策略和适宜性空间策略,分别对应乡村聚落营建主体、社会文化、自然地理、产业经济、环境景观和空间形态六要素,以及宏观的聚落空间层面、中观的街巷空间与公共空间层面、微观的宅院空间层面。这些策略将为适宜模式在引导乡建实践的过程中提供调适的可能性。

7 结论与展望

中国当代乡村聚落的营建行动正如火如荼地推进,其中不少村落盲目地将发展乡村旅游业作为营建目标,在此情形下难以顾及乡村自然生态的保护与发展,以及农耕文化的传承与复兴,也无法充分激发村民主体参与的积极性。为了破解这一困境,本书以社区营造为乡村聚落营建研究的视角,在社区营造理念与思维方式下对乡建模式开展建构和探索。

在研究理论层面,本书立足于建筑学与城乡规划学,整合社会学、文化人类学、地理学和生态学等学科的相关研究,对乡村聚落营建所涉及的内容作全面思考,并融合系统论、公众参与理论、自组织理论、生态学理论等社区营造相关理念,提炼出社区营造视角下乡村聚落营建涉及的层面和内容,同时,将类型学等作为营建模式建构和实证的重要工具。

在研究内容层面,本书首先从乡村生产、生态和生活所涉及的内容出发,重点对营建主体、产业经济、社会文化、自然地理环境景观、空间形态等构成要素展开系统解析,通过对调研案例的分析获得每种要素在营建中的具体特征,以此为营建模式类型划分及初步建构的依据。其次建立评价标准,对各类型营建模式进行比较,从而获得适宜模式的类型,并在整体层面和空间层面进行模式的建构。最后在乡建实践中对所建构的 3 种适宜模式加以论证,并提出调适的方法和策略。

在社区营造相关理念的影响下,当代乡村聚落营建应该采取一种渐进式、保守式、小微式的方式,而不应该开展急功近利、大刀阔斧式的建设,或许"未完成"才是乡建的最佳状态。

7.1　主要研究结论

7.1.1　结合历史经验梳理我国乡建及其代表模式的宏观背景及重要参照

本书通过对中国乡村社会发展及聚落演变的分析,辨明了乡村聚落在社会演变过程中所呈现的规律和发展方向,针对历史中出现过的乡建模式进行特征梳理,为适宜模式的建构提供可借鉴的经验。

首先,本书总结了我国乡村社会结构及乡村聚落的演变特征。20 世纪末以来,乡村的产业结构由过去以第一产业为主逐渐转变为第一、二、三产业关联发展,增加了就业机会和村民收入,促进了乡村经济组织的兴起。聚落演变作为乡村社会变迁的物质形态表征,呈现出从传统血缘型、地缘型到业缘型、后业缘型的演变趋势,逐渐朝开放、多元、有序的方向演进。

其次,本书以时间为线索探寻了各类乡建模式的特征、共性和差异,为模式建构提供了参照基础和经验。根据不同时期的特征,乡建可划分为 6 个阶段,通过对各阶段中不同模式在主导力量、模式类型、建设方略与举措、模式特征与成效等方面的系统分析,探寻出有关定位、开展方法、核心力量、乡建内容、工作路径、营建目标 6 项内容的共性和规律。与此同时,各模式之间存在主导力量、建设动机、乡村组织和建设成效上的个性特征。

最后,本书在对各模式特征的总结中发现,不同的主导力量与营建动机决定了每种模式所产生的成效不同,在营建过程中应注重能人、专家与其他社会力量的融合,并以提高村民的自组织能力和解决乡村实际问题为目标。

7.1.2 借由社区营造理念重新提炼乡村聚落营建体系的基本层面与构成要素

对社区营造相关理念的重新提炼是进行不同模式评价和适宜模式建构的重要支撑,主要从案例经验特征、相关理论延展、工作路径提炼出乡村聚落营建的基本层面与构成要素。

首先,本书通过分析台湾地区社区营造代表案例的特征及延展相关理论,重新提炼社区营造的理念,并将其运用于当代乡建研究。对社区营造在整体层面、主体层面、非物质层面和物质空间层面的理念进行梳理,结合系统论、公众参与理论、自组织理论、生态学理论等,总结出社区营造工作路径的 5 个阶段,依次包括组织搭建阶段、资源调查阶段、社区营造阶段、生产生活阶段和永续经营阶段,主要表现为从"人"到"文、地",再到"产、景",最终回到"人"的过程。

其次,本书在社区营造理念提炼的基础上,将乡村聚落营建体系划分为主体层面、软件层面和硬件层面 3 个基本层面。其中主体层面涉及自下而上与自上而下的动力机制,关乎村民主体、公众参与及协力营造等内容,尤为重要的是营建共同体的建立;软件层面涉及社会文化、自然地理和产业经济要素及与之相关的文化认同、地方认同和共同意识等;硬件层面涵盖环境景观要素和空间形态要素,包括村落的空间格局、公共空间、传统建筑、景观布局和场所营造等内容。

最后,本书将社区营造理念所涉及的层面与乡村聚落的构成要素进行整合,归纳出社区营造视角下乡村聚落营建体系的构成要素。其中,营建主体要素包括村民、村集体、政府、NGO、企业、能人、专家等;自然地理要素包括地形地貌、气候特征、水体和植被、土地资源等;产业经济要素包括农业、工业及第三产业等;社会文化要素包括社会组织、政治制度、文化观念、人口结构等;环境景观要素包括自然生态景观、农业生产景观和聚落人文景观等;空间形态要素包括整体层面的聚落选址、聚落格局、街巷肌理、院落构成等,以及建筑单体层面的建筑类型、空间形态、色彩材质、细部构成、建造技术等。社区营造视角下的乡建涉及村落各个方面的内容,其重点在于建立村民的主体性、要素之间的适应性、营建内容的系统性及营建过程的可持续性。

7.1.3　基于评价体系提炼长江中下游乡村聚落营建的典型模式及关键要素

本书基于对长江中下游乡村聚落营建中的 20 个重点调查案例的分析,归纳出长江中下游乡建模式的类型和特征,并通过建立社区营造视角下的乡村聚落营建评价体系,对各类模式进行综合评价,提炼出典型模式和关键要素。

首先,本书通过分析调查案例,梳理了长江中下游乡建模式的主要类型和特征。同时,将营建主体和营建目的作为决定性要素,总结出政府主导的激活与复兴模式、政府主导的就地异地新建模式、NGO 参与的激活与复兴模式、企业带动的激活与复兴模式、企业带动的就地异地新建模式、能人引导的激活与复兴模式、能人引导的农业产业发展模式、专家引导的激活与复兴模式 8 种基本模式类型,并概括了各模式的内涵、工作路径、营建重点和优缺点等。

其次,本书依照社区营造视角下的乡村聚落营建评价体系对各营建模式进行评价和比较,综合主观评价和客观评价的结果,提炼出政府主导的激活与复兴模式、NGO 参与的激活与复兴模式、企业带动的就地异地新建模式、能人引导的农业产业发展模式、专家引导的激活与复兴模式 5 种典型模式。同时,归纳出各模式在多元主体、要素、营建目标上的共同点,以及在参与程度、资金来源、营建内容与侧重点上的不同点。

最后,本书结合评价体系中不同层级的指标及其权重系数提炼出以下 5 种典型模式对应的关键要素。政府主导的激活与复兴模式应注重提高村民参与乡村聚落营建的程度,提高乡村政策与行政管理水平,加大文化教育活动的开展力度,对生活垃圾进行分类处理,完善基础设施。NGO 参与的激活与复兴模式应重视营建共同体的建立及各方力量的协作,促进村办工业与企业的发展,推动乡村组织的建立与运行,丰富宅院空间的功能与提高宅院空间的品质。企业带动的就地异地新建模式应注重地方特色产业的开发、景观的布局与设计,以及公共空间的设置与使用。能人引导的农业产业发展模式应注重村民认同感的建立、农业产业化发展,以及乡村聚落对生态环境的适应性。专家引导的激活与复兴模式应注重社区归属感的建立、地方历史文化的传承、适宜景观环境的营造、地域性风格元素与形态特征的重新演绎,以及地方建筑材料的开发与使用。关键要素是典型模式需要重点把控的内容,也是适宜模式建构的重要基础和依据。

7.1.4 通过对社区营造理念的整合建构长江中下游乡村聚落营建的适宜模式并提炼调适策略

本书将社区营造所延展的理念、特征、要素和工作路径等内容进行整合,在典型模式的基础上重新建构了适宜模式,并分别以湖北省的龙马村、郑家山村、熊万隆湾为例进行模式验证,提炼出整体层面和空间层面的模式调适策略。

本书通过整合运用社区营造理念,从营建目标、营建阶段、基本路径和主要做法4个方面建构了适宜模式。首先,提出村民意识提升、村民素质提升、村民收入提升、村居环境改善4个层次的乡建目标,分别对应营建共同体建立阶段、乡村调查阶段、乡村经营阶段和乡村建造阶段。其次,将适宜模式的基本路径概括为从营建主体要素到社会文化要素和自然地理要素,再到产业经济要素、空间形态要素和环境景观要素,最终回到营建主体要素的过程,各种模式呈现出特有属性。最后,从乡村聚落整体层面和空间层面,总结出政府主导以村民需求为导向的激活与复兴模式、能人引导以村民收益为导向的农业产业发展模式、专家引导村民主体参与的激活与复兴模式3种适宜模式的主要做法。

本书基于营建模式构成要素的分析,结合主要做法和实证研究,形成将模式应用于引导乡村营建活动的多项调适策略。整体层面的6项可持续性策略分别对应营建主体、社会文化、自然地理、产业经济、环境景观、空间形态六要素,具体内容为构建上下结合与内外协作的乡村营建主体、寻求地方特色的文化传承之道、塑造与人共生的自然生态环境、制定渐进持续的产业发展计划、建立适度整合的乡村景观系统,以及融合统筹管理与自主调适的空间营造。而空间层面的10项适宜性策略分别对应乡村聚落的宏观、中观和微观层面,并涉及建造方式、空间格局、尺度界定、空间形制、建造材料、建造技术及场所精神等内容。其中,宏观的聚落空间层面包括自主营建、协力建造,因地制宜、最小干预,格局延续、意象还原。中观的街巷空间与公共空间层面包括小微式与渐进式的建造,邻里重塑、尺度界定,原型再生、场所营造。微观的宅院空间层面包括院落回归、空间重构,建构兼具时代性与地域性的空间形态,就地取材、因材施建,低技建造、高精品质。

本书所建构的具有可操作性的适宜模式及调适策略为长江中下游乡村聚落营建提供了针对性的理论支撑和实践引导。

7.2 主要创新点

本书创新点主要体现在以下 3 个方面。

第一,将社区营造相关理念整合运用于乡村聚落营建模式的研究中,在重新建构社区营造理论体系的基础上,系统探讨了社区营造视角下长江中下游乡村聚落营建的构成要素和适宜模式。

乡建是一个复杂综合的社会命题,需要兼顾乡村社会各方面的内容,而社区营造应基于乡建各类要素的整体性和系统性的视角。本书结合社区营造的案例经验特征、相关理论延展、工作路径及基本层面的分析,重新梳理了社区营造的理论体系和思维方式,并在社区营造的视角下对乡村聚落营建体系的构成要素进行了系统剖析,提炼出营建主体、自然地理、产业经济、社会文化、环境景观和空间形态 6 个构成要素,以此为案例调查、模式比较和模式建构的依据。

第二,在研究思路上强调多种学科方法和相关理论的整合运用,以时间为线索和从空间维度对乡建模式进行类型化探讨和比照评析,实现了对乡村聚落营建模式系统化研究的突破。

本书在乡建模式的历史经验梳理中,利用文献资料对清末时期至 21 世纪初我国的乡村建设展开全面梳理,以时间为线索归纳出不同时期乡村建设的重点及出现的各类乡建模式的特征。在共时性乡建模式规律的探索中,注重建筑学与社会学、文化人类学、地理学、生态学等学科方法的整合运用,对不同调查案例及其要素之间的关联逻辑进行探寻,提炼出长江中下游乡建模式的类型、特征及关键要素。同时,以社会学相关理论为基础,结合系统论、自组织理论、公众参与理论、生态学理论进行融贯研究,将社区营造的相关理念融入乡村聚落营建模式的研究,建立社区营造视角下乡村聚落营建的评价体系,这种从理论延展到评价应用的过程本身就具有一定的创新性。而模式分类—模式比较—模式建构—模式调适的研究路径也开创了乡建模式系统化研究的全新思路。

第三,突破以往建筑学在乡村聚落营建研究中注重"建"而忽视"营"的局限。本书对乡村经营与建造的内容进行系统考量和综合评价,建构适宜模式,并总结出关于模式调适的整体层面的可持续性策略和空间层面的适宜性策略,夯实了建筑学在乡建模式研究领域的基础。

本书从时空维度展开乡建模式类型和特征的归纳,为可操作性营建模式的系统建构提供了重要支撑。在建构方式上,基于社区营造视角下乡村聚落营建客观评价体系的建立及运用,结合村民满意度调查的主观评价,对乡建模式进行分类评价和量化比较,获得典型模式及其关键要素,在此基础上完成适宜模式的建构。在模式内容上,一方面是涉及村落的整体层面和空间层面的主要做法,另一方面是与乡建"主体""软件""硬件"层面各要素相关联的基本路径,这些内容的凝炼成为乡村聚落营建中主体要素、非物质要素结合物质空间要素系统化研究的独特性成果。同时,本书通过实践案例进行模式验证,结合实证结果总结模式调适的策略,针对乡村聚落的营建主体、自然地理、产业经济、社会文化、环境景观、空间形态六要素,分别提炼出 6 种整体层面的可持续性策略,并从宏观的聚落空间、中观的街巷空间与公共空间及微观的宅院空间 3 个层面入手,总结了 10 种空间层面的适宜性策略。上述研究成果对于当代乡建实践而言具有参考价值和指导意义。

7.3　研究局限性

当代乡村的问题纷繁复杂,乡村聚落营建模式的研究涉及社会、文化、经济、地理和生态等其他学科,在此基础上还需要对影响乡村聚落营建的营建主体、自然地理、产业经济、社会文化、环境景观、空间形态等多种要素进行全面而综合的考量,研究范围和难度都非常大。而社区营造同样是一个宏观且涉及范围较广的研究视角,因此对于适宜模式及其要素的探究只能条目化地综合表述,同时,两个庞杂系统相互叠加,研究内容上难免会出现一些疏漏。由于研究主要立足于建筑学专业背景,研究聚焦于乡村聚落空间的营建模式与策略方法,而在其他相关学科领域所积累的专业知识有限,部分要素及内容的研究局限在宏观层面,有待今后继续深入研究。

长江中下游地域范围较广,乡村聚落营建的案例数量较多,受限于资料搜集手段和时间成本,调研案例在数量、类型和内容深度上受到一定制约。与此同时,学界和业界关于乡村聚落营建的研究和实践不断推陈出新,在此动态过程中建构的适宜模式主要是基于现阶段的研究和实践成果,所选择的实证案例有的尚处于投入使用的初期,还有待使用后进行评价、检验并加以修正。另外,评价体系研究实质上是一门科学,本研究在进行乡村聚落营建的评价分析中受限于专业领域,所建立的评价体系未能完全达到科学的程度。同时,受限于篇幅,本书仅将评价作为一种可能的研究方法,并未在评价研究方面展开,后续研究将结合更为科学合理的评价体系对乡村聚落营建进行评价。

7.4　研究展望

近年来,随着《美丽乡村建设指南》《乡村振兴战略规划(2018—2022年)》《全国乡村产业发展规划(2020—2025年)》《关于加快农房和村庄建设现代化的指导意见》等政策文件的出台,政府逐步加大了对乡村建设的支持力度。在民间层面,随着知识返乡、资本下乡,乡村的价值逐渐被发掘,乡村旅游和民宿业的兴起进一步激发了乡村发展的活力。越来越多的建筑师投身乡村,开启了新一轮的"上山下乡"模式。然而乡建并非易事,需要对"三农"问题综合考量。乡村建设离不开农业和农民,有业才有人,乐业才会安居,安居才能让村民更多顾及乡村环境和居住品质。因此,乡村营建是从产业到社会再到环境建设的过程。当代乡村的营建实践大致包括3种设计取向。其一,试图用建筑形式来塑造乡村文化图景;其二,采用竹、木、夯土等地方原生材料和传统营建技艺,推崇适应当地条件的低技建造;其三,通过空间尤其是公共空间的建构,激发社会活动的产生,重建村社共同体及其成员的认同感[①]。而建筑师、规划师作为重要的参与主体之一,如果能秉持一种"解决此时此地问题"和"让村民乐业安居"的基本价值观进行乡村营建,就不会偏离正确的乡村发展方向。

本书作为阶段性研究成果存在诸多局限性与不足,未来可从以下方面继续深入研究。第一,拓展研究范围。本研究主要是关于长江中下游乡村聚落营建模式的探索,可以扩展到其他地区,进行不同区域模式的比较研究。再者,本研究以远离城镇建设用地的乡村为主,然而对于城郊村甚至城中村的营建模式的探究能够更好地回应当前城市更新的问题。第二,关联研究视角。关于乡村聚落营建的研究视角和层面很多,本研究将社区营造视角作为一种参照,进而展开相关要素的分析与总结。后续研究可以深入社区营造相关理论体系的建构与应用,并尝试将此视角与其他视角关联,比如产业转型视角、城乡统筹视角、产权关系视角及相关的自然人文学科视角等。第三,深化研究内容。适宜模式建构归纳出的主要做法无论是在整体层面还是在空间层面,仍属于条目式和纲要式的结论。后续研究可以探讨这些层面的要素和内容的对应关系,进而探究更为具体和可操作的实施方法。第四,更新研究方法。建筑学科领域针对乡村营建的研究成果颇多,主要偏重于传统意义上的乡村规划、建筑设计及建造技术等内容。建筑师通常重视与村民在空

---

① 周榕. 乡建"三"题[J]. 世界建筑,2015(2):22-23,132.

间营造上的互动交流。然而,是否存在一种真正实现公众参与和自主营建的方法?未来,乡村空间建造是否可以结合 WikiHouse 这类"开源"的建造平台让村民参与设计、制造、组装自己的建筑,实现自主建造和智能建造? 近年来,随着乡村旅游业的快速发展,乡村网红建筑吸引了许多人来沉浸式体验,是否可以借助大数据、人工智能等数字技术和眼动实验等方法进行乡村建筑的风貌评测和设计研究? 基于这些问题,在乡村营建研究中引入哪些新技术和新方法,或许是下一步研究的方向。

参 考 文 献

[1] 李晓峰,谭刚毅.两湖民居[M].北京:中国建筑工业出版社,2009.

[2] 拉普卜特.宅形与文化[M].常青,徐菁,李颖春,等译.北京:中国建筑工业出版社,2007.

[3] 张小林.乡村空间系统及其演变研究(以苏南为例)[M].南京:南京师范大学出版社,1999.

[4] 费孝通.江村经济:中国农民的生活[M].北京:商务印书馆,2001.

[5] 王小斌.演变与传承:皖、浙地区传统聚落空间营建策略及当代发展[M].北京:中国电力出社,2009.

[6] 吴良镛.人居环境科学导论[M].北京:中国建筑工业出版社,2001.

[7] 亚历山大,伊希卡娃,西尔佛斯坦,等.建筑模式语言[M].王听度,周序鸿,译.北京:知识产权出版社,2002.

[8] 弗兰姆普敦.建构文化研究——论19世纪和20世纪建筑中的建造诗学[M].王骏阳,译.北京:中国建筑工业出版社,2007.

[9] 梁漱溟.乡村建设理论[M].上海:上海人民出版社,2006.

[10] 杨贵庆.黄岩实践——美丽乡村规划建设探索[M].上海:同济大学出版社,2015.

[11] 贺雪峰.乡村的前途[M].济南:山东人民出版社,2007.

[12] 熊培云.一个村庄里的中国[M].北京:新星出版社,2011.

[13] 温铁军.中国新农村建设报告[M].福州:福建人民出版社,2010.

[14] 叶齐茂.发达国家乡村建设考察与政策研究[M].北京:中国建筑工业出版社,2008.

[15] RUDOFSKY B. Architecture without architects:a short introduction to non-pedigreed[M]. Albuquerque:University of New Mexico Press,1987.

[16] THORBECK D. Rural design:a new design discipline [M]. London:Routledge,2012.

[17] SANOFF H. Community participation methods in design and planning [M]. New York:John Wiley & Sons,2000.

[18] 陈海波.鄂西北当代移民村落适宜营建技术策略研究——以郧县移民村落为例[D].武汉:华中科技大学,2013.

［19］　郭锐.基于自组织理论的传统村落当代更新模式研究［D］.武汉:华中科技大学,2013.

［20］　华娟娟.鄂西村集聚落的更新模式探析——以恩施市为例［D］.武汉:华中科技大学,2014.

［21］　陈刚.鄂西盐茶古道商贸聚落空间形态及保护利用研究——以恩施地区为例［D］.武汉:华中科技大学,2014.

［22］　黄华.大冶三湾:历史·现状·未来——鄂东南传统村落空间环境变迁探讨［D］.武汉:华中科技大学,2016.

［23］　徐怡昕.传统村落与周边新村营建关联研究——以湘南三个典型村落为例［D］.武汉:华中科技大学,2017.

［24］　赵逵.川盐古道上的传统聚落与建筑研究［D］.武汉:华中科技大学,2007.

［25］　贺勇.适宜性人居环境研究——"基本人居生态单元"的概念与方法［D］.杭州:浙江大学,2004.

［26］　李自若.桂林地区乡村实体环境的演进研究［D］.广州:华南理工大学,2014.

［27］　张蔚.国外生态村历史演进与整体设计研究［D］.天津:天津大学,2011.

［28］　段威.浙江萧山南沙地区当代乡土住宅的历史、形式和模式研究［D］.北京:清华大学,2013.

［29］　谭刚毅,阙瑾.乡村聚落的空间形态研究案例:石头板湾［J］.建筑师,2010(2):46-56.

［30］　杨宇振.歧路:20世纪20—30年代部分农村研究文献的简要回顾［J］.新建筑,2015(1):4-8.

［31］　贺雪峰.当前关于土地认识的几个流行错误［J］.新建筑,2015(1):9-11.

［32］　张群,成辉,梁锐,等.乡村建筑更新的理论研究与实践［J］.新建筑,2015(1):28-31.

［33］　王竹,王静.低碳导向下的浙北地区乡村住宅空间形态研究与实践［J］.新建筑,2015(1):32-37.

［34］　耿雪川,刘小虎,陈晨.返乡精英:乡村营造的中坚力量——以陈统奎的"理想国"为例［J］.新建筑,2015(1):42-45.

［35］　袁宇昕.现代化进程中的乡村变迁——《中国乡村,社会主义国家》评述［J］.新建筑,2015(1):46-48.

［36］　李华东.乡村的价值与乡村的未来［J］.建筑学报,2013(12):1-3.

［37］　李海清.建造模式:作为建筑设计的先决条件［J］.新建筑,2014(1):15-17.

[38] 韩冬青.在地建造如何成为问题[J].新建筑,2014(1):34-35.

[39] 叶齐茂.欧盟十国乡村社区建设见闻录[J].国外城市规划,2006(4):109-113.

[40] 吉田友彦,邓奕.日本:公众参与社区营造[J].北京规划建设,2005(6):50-53.

[41] 赵环,叶士华.社区参与:我国台湾地区社区建设经验分析[J].华东理工大学学报(社会科学版),2013,28(2):29-35.

[42] 刘东兰.台湾省彰化县社区营造的经验及启示[J].福建教育学院学报,2011,12(4):37-40.

[43] 田野,毕向阳.我们深信社区是可以改变的——台湾省社区营造运动之启示[J].国外城市规划,2006(2):35-39.

[44] 杨震鑫,王冬."城中村"自发性空间建构模式研究——以厦门市曾厝垵为例[J].华中建筑,2015,33(1):139-144.

[45] 田琦,伍利君,肖蕴峰.少数民族聚居区自主营造模式探讨——以第三届"中联杯"全国大学生设计竞赛二等奖作品为例[J].西部人居环境学刊,2013(4):107-113.

[46] 刘家琨."再生砖·小框架·再升屋"计划[J].时代建筑,2009(1):82-85.

[47] 韩冬青.类型与乡土建筑环境——谈皖南村落的环境理解[J].建筑学报,1993(8):52-55.

[48] 赵晨.要素流动环境的重塑与乡村积极复兴——"国际慢城"高淳县大山村的实证[J].城市规划学刊,2013(3):28-35.

[49] 张京祥,申明锐,赵晨,等.乡村复兴:生产主义和后生产主义下的中国乡村转型[J].国际城市规划,2014(5):1-7.

[50] 王伟强.从乡村建设走向生态文明与温铁军教授的对话[J].时代建筑,2015(3):10-15.

[51] 李昌平.回首乡建一百年,有待我辈新建设[J].建筑师,2016(5):24-29.

[52] 何兴华.振兴乡村的探索及其启示[J].建筑师,2016(5):30-36.

[53] 王磊,孙君.农民为主体的陪伴式系统乡建——中国乡建院乡村营造实践[J].建筑师,2016(5):37-46.

[54] 孟凡浩.抽象与重构——杭州东梓关农居设计策略探索[J].建筑师,2016(5):57-64.

[55] RICHTER D, ECKER A. Forum: taking to a common human stage[J].

Permaculture Magazine,2004(40):46-48.

[56]   TAYLOR P J. Places, spaces and Macy's: place-space tensions in the political geography of modernities[J]. Progress in Human Geography, 1999,164(1):41-45.

[57]   闫琳,曾婧.基于乡村可持续发展和社区营造理念的村庄规划方法研究——以北京市怀柔区北沟村村庄规划为例[C]//中国城市规划学会.城乡治理与规划改革:2014中国城市规划年会论文集(14小城镇与农村规划).北京:中国建筑工业出版社,2014.

[58]   杨晓丹,周庆华.公民参与视角下的宜兰经验解读及借鉴[C]//中国城市规划学会.城乡治理与规划改革——2014中国城市规划年会论文集(14小城镇与农村规划).北京:中国建筑工业出版社,2014.